THE ROCKS DON'T LIE
A Geologist Investigates Noah's Flood
David R. Montgomery

岩は嘘をつかない

地質学が読み解くノアの洪水と地球の歴史

デイヴィッド・R・モンゴメリー：著
黒沢令子：訳

白揚社

考えることの大事さを教えてくれた両親に
感謝を込めて

目次

はじめに　7

1　ヒマラヤの堰　11
チベットに大洪水の証拠——伝承はまったくの架空ではない

2　大峡谷　27
北米最大の谷を底から登ると実感できる、地球の古さと創造論者の地球観の根本的な問題

3　山中の骨　45
初期のキリスト教徒、化石や岩石にノアの洪水の証拠を見出す

4 廃墟と化した世界
一七世紀の碩学、創意に富む「神がもたらした洪水」説で近代地質学の基礎を築く
69

5 マンモスをめぐる大問題
化石は絶滅した動物の骨だった——大洪水の仮説が否定される
97

6 時の試練
一八世紀のスコットランドで地質時代の発見。「古い地球」説による創世記の再解釈
113

7 天変地異の地質学的証拠
一九世紀の地質学者、「地球規模の洪水は世界を襲った最後の天変地異」説を否定
139

8 粘土板の断片に記された洪水伝承
英国の若き彫版工が粘土板を解読。ノアの洪水譚はバビロニアが源流だった
169

9 焼き直された物語
人類学者によって世界各地の洪水伝承の起源が判明し、聖書の変遷が明らかになる
189

10 楽園の恐竜 209
なぜ二〇世紀に創造論が復活？ 謎を解くために天地創造博物館へ

11 異端視された洪水 233
地質学者、大洪水の証拠を発見。創造論者、ノアの洪水とは認めず

12 幻の大洪水 261
プレートテクトニクス理論を無視する現代の創造論者、一七世紀の説を焼き直す

13 信念の本質 285
語られなかった最大の物語——世界観は地球史観によって形成される

謝辞 297
訳者あとがき 301
註 310
参考文献 318
索引 323

はじめに

世界中の神話や民話に、大地がどのようにして形成されたかという地形の起源の話が登場する。そうした古代の物語は、どのように解釈すればよいのだろうか？　たとえば、地形の起源を説明するために持ち出される大洪水の話は？　有史以前に起きた出来事の伝承と考えるか、それとも古い時代の迷信として取り合わない方がよいのか？　私は地質学者として岩石や地形から世界の歴史を解釈する訓練を積んできたので、民話のもとになった地質学的な出来事や、地形や文化や伝統が人々の土地の見方に及ぼす影響にとても興味がある。

洪水伝説は世界各地に見られる人類最古の伝承で、その起源を探るのは一筋縄でいく試みではないが、とても興味をそそられる。多くの古代社会に洪水伝説があるのは、洪水が頻繁にあった自然災害だったからにすぎない、とたいていの地質学者は考えている。しかし、「ノアの洪水」のように空前の規模だった大洪水の伝承は、単に大洪水が起きた事実を伝えているだけではなく、もっと深い意味があると考えられないだろうか？

　科学の中でも、とりわけ地質学はノアの洪水の説話に縛られている。科学と宗教の間で、「天地創造」や「ノアの洪水」、地球の年齢、地形の生成に関する問題ほど大きな論争を引き起こしたものはないだろう。キリスト教徒は二世紀にわたり、伝統的な聖書の解釈と矛盾する地質学的発見に悩まされてきた。一方、ノアの洪水の証拠とされるものの解釈をめぐる論争は地質学の発展に驚くほど役に立ったが、同時に創造論者の台頭をうながし、地質学は信仰を根底から脅かすものだという考えを生み出す契機にもなった。

　創造論という考え方があり、それによると世界は数千年前に誕生し、地球の地形は山や丘や谷もすべて聖書に記された「大洪水」で形成されたという。本書を書き始めたときは、その創造論をかたくなに信じている人々に対して、その誤りを歯に衣着せずに指摘しようと考えていた。しかし、古書をひもといていくうちに、大洪水の説話は科学と宗教の両者の見方を形作ってきたことに気づいた。また、信仰についても異なる見方に出会った。

　洪水伝説、とりわけノアの洪水の起源を探っていけば、理性と信仰をめぐるありふれた対立点に行きつくだろうと思っていた。しかし、その代わりに見えてきたのは、世界とその中にいる自分の場所を説明しようと必死に努力している人間の真摯な姿だった。初期の地質学は、ノアの洪水は実際に起きた出来事であるという前提のもとに発展してきたので、当然のことながら、ノアの洪水の解釈をめぐって、推測の域を出ないままさまざまな説が提唱された。しかし、時代が下ると、地質学は文字通り手で触れて、足で踏みしめられる証拠に基づいて、神学に影響を及ぼすようになった。現在の世界を作り上げている岩石に照らし合わせてノアの洪水を検証し、一回の地球規模の洪水では力不足であることを明らかにしたのだ。一方、キリスト教徒は科学的発見と齟齬《そご》をきたさないように聖書の説話を巧みに解釈し直すので、科学者も往々にして旧来の常識に惑わされてきた。科学と宗教の歴史的関係は、私が思っていたよりも、つまり日曜学校や大学で教えられたよりもずっと柔軟で、互いに影響を与え合うものだった。

科学史は、理性の光明が神話や迷信の闇を照らすという単純な構図で描かれていることがとても多い。だから、近代地質学の父と呼ばれているステノことニールス・ステンセンが、化石の特性に関する重要な論文で、フィレンツェ周辺の地形の起源を説明するためにノアの洪水を持ち出していたのは実に意外だった。

さらに、かつてファンダメンタリズム〔キリスト教原理主義、または根本主義。聖書の無誤性を信じ、進化説を排する保守的な福音主義プロテスタントの一派〕を信奉する人々の間でノアの洪水と地形の解釈をめぐって論争が起こり、それに端を発して現代の創造論が生まれたと知ったのだが、それも同じくらい意外だった。歴史の中で、キリスト教徒による聖書解釈と科学者による地質学的証拠の再解釈はずっと影響を及ぼし合ってきたが、その歴史を知ると現代創造論の起源とアメリカで誕生した理由がわかるようになろうとは思ってもいなかった。また、創造論というのは誕生してまもないキリスト教の一派が提唱した説であることや、その創始者たちは、プレートテクトニクス理論が提唱される前夜の地質学に対してある程度は的を射た批判をしており、それに基づいて創造論を提唱したということも初めて知った。現代の創造論は、完全に否定された一七世紀の理論の焼き直しだとしても、ある程度は合理的な論拠に基づいていたのである。

科学と宗教の歴史や本書で触れた話題についてさらに深く知りたい方は、巻末の参考文献を参照していただきたい。これまで徒労に終わっている「ノアの方舟」の探索や、方舟の漂着地を特定する試みに関する考察は他書に任せる（ちなみに有名なアララト山も数多い候補地のリストに比較的最近追加された地点だ）。また、世界中の動物を手作りの救命ボートに収容する段取りなど、興味は尽きないが、方舟の大きさや形、ロジスティクスの議論にも踏み込まないことにする。検証がもともと不可能な信条の問題は神学者が扱うのがふさわしいと思うので、知的設計論《インテリジェント・デザイン》（神がすべての生物を創造したとする理論）の問題もそちらにお任せする。地質学の教育や訓練のおかげで、岩石に記録された物語や地形に刻まれた物語を読み解き、地球の歴史を洞察することはできるが、宇宙が今日見られるような形で存在し、動いている理由は私にもわからない。こうした疑問には、少なくとも今のところは答えられないだろう。

神学や自然哲学、科学の分野の歴史に残る業績をひもとくのは実に興味深い経験だった。聖書の解釈と地質学の発展は互いに大きな影響を及ぼし合ってきたことを実感した。今日でも自然界の観察結果に聖書の解釈を一致させるための努力がなされているが、科学と宗教の間で、ノアの洪水ほど長期にわたり論争の的になった出来事はないだろう。私たち人間は自分が何者かを理解しようとして、ずっと悩み、苦闘してきたし、これからもそれをやめることはないだろう。こうした二つの文化の対立をどう見るにせよ、ノアの洪水の解釈は今日でも両者の対立を理解する要である。古代の説話をどう解釈するかによって、世界観、ひいては人生観が変わるからだ。

1　ヒマラヤの堰

私は地質を研究しているので、調査地で思いがけない出来事に数多く出会ってきたが、チベットの奥地へ調査に行ったとき、聖書に記されたノアの洪水を考え直すようなことに出会うとは思ってもみなかった。私は地形が形成される過程を研究する地形学が専門で、数十年にわたって地形の生い立ちを調査・研究してきた。たとえば、河川の源流を突きとめたり、土砂崩れが丘陵の斜面を削る仕組みや、河川が山地を侵食して峡谷を作り出す理由などを調べたりするのだ。

二〇〇二年の春、チベットの南東部を流れるヤルツァンポ川の調査に同行した。ヤルツァンポ川がどのようにして数キロにわたって岩を削り、世界一深い峡谷を作り出したのか、その過程を調べるためには河川研究の経験のある地形学者が必要だったのだ。世界の屋根を訪れるまたとない機会だ、ふいにはできなかった。

峠からヤルツァンポ川へ向かって、ラサの南東に新しく建設された舗装道路を車で下ってくるとき

チベットのヤルツァンポ峡谷に形成された段丘。段丘の最上部はかつてこのあたりが湖だったころの湖岸線に相当する（著者撮影）

に、谷底に堆積物〔岩石片や火山噴出物や生物遺骸などが、地表や海底に堆積したもの〕が平坦な台地を形成していることに気がついた。こうした平坦な島状の台地は段丘と呼ばれ、さまざまな要因で形成されるが、もっとも一般的なのは川の侵食作用で河床が掘り下げられて流れが変わり、元の河床が取り残されたときにできる。私はこの段丘がどのように形成されたのかを明らかにするために、手がかりを探した。

この調査行は数週間にわたり、私はその間に地形を読み解く手がかりを集めた。支流が本流に流れ込むところに、礫《れき》〔砂よりも粒の大きな岩石の破片〕や砂、シルト〔砂より粒の小さな岩石片〕から成る、崩れやすい平坦な堆積物が百数十メートルの高さまで積み上がっていた。ここ以外でも、本流と支流の合流点には、必ず同じくらいの高さの段丘が形成されていた。私たちが利用したホテルは谷底の谷壁の近くにあり、数ブロック先の町はずれにはそそり立つ段丘の壁が見えた。河岸段丘の側面を削って作った未舗装の道を少し歩くだけで、シルトと肌理《きめ》の細かい粘土〔シルトより粒の小さい岩石片〕の層が交互に何百も重なっているのがわかった。粒子の大きさによってきれいに層に分かれているのは、堆積物が静かな水の中で徐々に形成されたことを意味している。流れの激しい川ではこれほど粒子の細かい物質は沈殿しなかっただろう。ということは、かつてこの谷は湖だったのだ。

谷沿いを車で移動しているとき、私は段丘表面の大きさを地図の上に書き込んでいき、巨人の運動場のような不思議な丘をもっとよく見たいと思うたびに、車を停めてくれと頼んでは調査仲間を困らせた。こうした堆積物は、現在の川よりかなり高い位置にあるが、乾ききった礫から成るかつての川底だったり、シルトと粘土の層から成る湖岸段丘だったりした。このような地形はどうやってできたのだろうか?

谷沿いをあちこちと移動しながら調査するうちに、全体像が見えてきた。川の礫でできた段丘はかつての汀線《ていせん》を示す湖水堆積物の最上部と同じ高さであり、谷底に向かって続いていた。そこで川が湖に流れ込んでいたのだ。現代の川から百メートルもそびえたつ段丘のほか、少し離れた峡谷の中腹にはさらに高い別の段丘の跡がいくつか残っており、もっと深い湖があったことを示していた。地質学的には最近の出来事と言えるが、少なくとも二度はヤルツァンポ峡谷の上流に数百キロにわたって湖が広がっていたのだ。大発見だ。

勘の域を出ない推測が、調査が進むにつれて徐々に裏付けられていくのは心躍る体験だった。得られた手がかりのつながり方がわかると、かつてヤルツァンポ峡谷を満たしていた古代の湖の姿があり

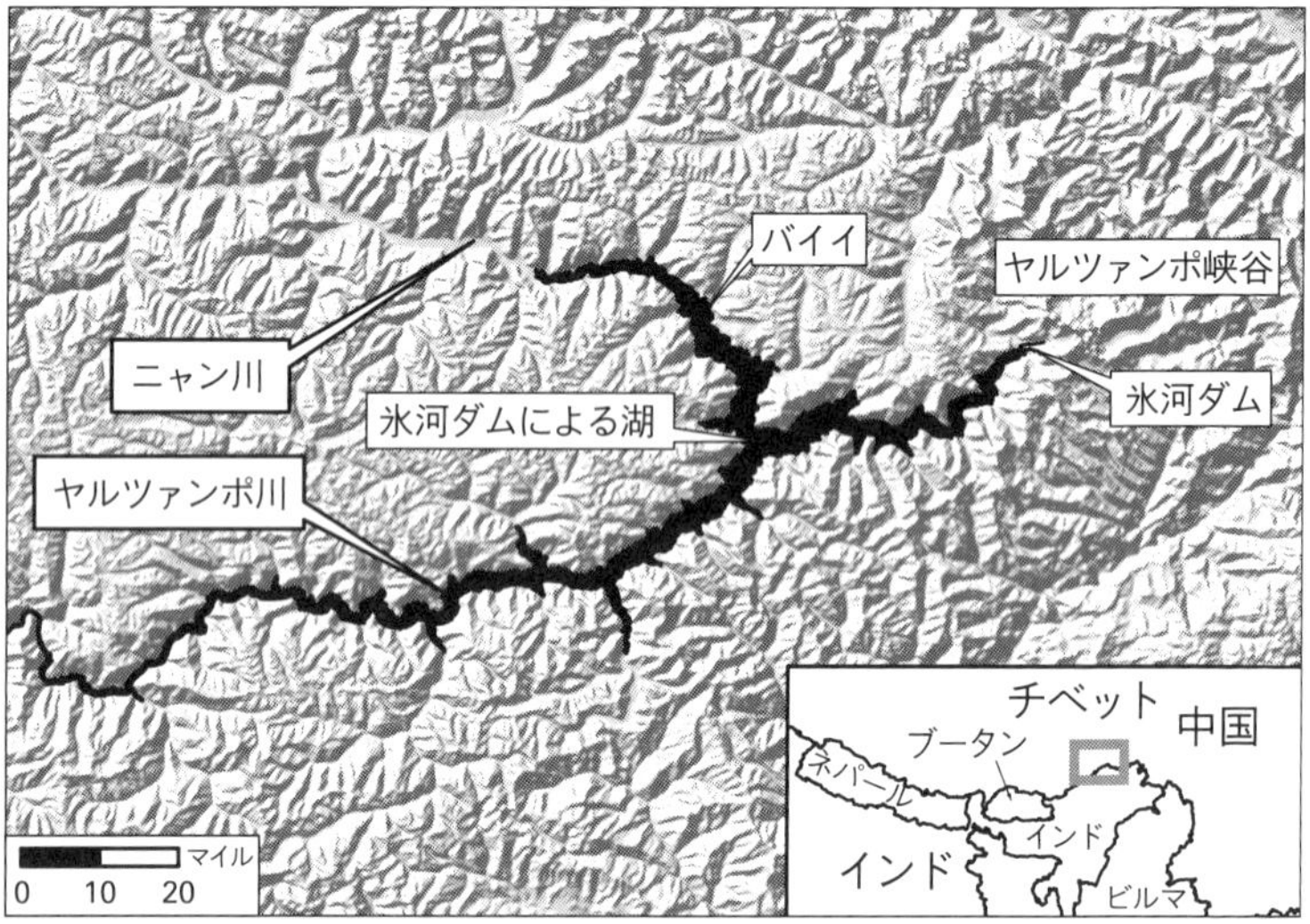

ヤルツァンポ川の地図。ニャン川、ホテルのあるバイイの町、ヤルツァンポ峡谷の入口にあるモレーン〔氷堆石〕ダムを示している。黒い部分は浅い方の古代湖の範囲を示す

ありと目の前に現れた。

大地を見たとき、何が目に留まるだろうか？　揺らぐことのない頼もしい強固さだろうか？　スキー好きなら、ゲレンデにふさわしい斜面が目に留まるかもしれない。舗装を必要とする地面が目に留まる人もいるかもしれない。人によって見方はさまざまだろうが、地質学者はこの世界を、常に変化し続けるきわめて動的なものと捉えている。とは言っても、その変化は途方もない時間をかけてゆっくりと起こるものではあるが。

私は地形の過去の姿を読み解き、未来の姿を予測する訓練を受けてきた。地形を読み解く作業は好奇心と問いかけが二人三脚で進んでいく過程だ。あの丘の斜面はなぜ岩がむき出しの裸地なのだろうか？　どうしてあの丘は土壌に覆われているのか？　地形を読み解く地質学者は自然の語り部だ。岩や地形に残された断片的な手がかりをつなぎ合わせて、

風景や山脈や大陸から証拠を集め、いわば年月を経るうちに風化して失われてしまった地形の物語を復元するのである。ヤルツァンポ峡谷には地質学者冥利に尽きる物語が眠っていたが、解明しなければならない大きな謎がまだ一つ残っていた。

地図を見るかぎり、私たちが発見した古代湖を堰き止めるようなダムはどこにも見当たらない。湖はどのようにしてできたのだろうか？　何キロも下流のヤルツァンポ峡谷の入口で、谷の両斜面に氷河堆積物が貼りついているのを見つけた。標高七七八二メートルのナムチェバルワ峰から舌状に流れ下った氷河が、かつて川を堰き止めていたことを裏付ける証拠だ。高さが異なる二つの段丘群があり、それがはるか上流まで続いていることからわかるように、氷と泥の壁が一度ならずヤルツァンポ川を堰き止めて、峡谷を巨大な湖に変えていたのだ。

想像がつくと思うが、氷はダムにはあまり向いていない。湖が満杯になったとき、氷が浮いたり割れたりして、水が堰を切って峡谷を流れ下り、流路にあるものをすべて削り取ってしまったのだ。峡谷の上流で、谷の斜面に残された水平な帯状のシルト層を発見した。これはかつての汀線で、氷河が前進してはくり返し川を堰き止めていたことを物語っている。おそらく氷期か、あるいは強力なモンスーンで氷河が生まれる山頂に大量の雪が降ったときのことだろう。ヤルツァンポ峡谷の入口をくり返し堰き止めていた氷河ダムが決壊するたびに、上流にできた湖から大量の水が一挙に放出され、大規模な洪水が起きたのだ。

ある日、ヤルツァンポ峡谷に向かって車で移動しているときに、大学院生の一人がもってきたガイドブックから地元の民間伝承を披露してくれた。伝承によると、チベットに仏教を伝えたグル・リンポチェが湖の魔物を打ち負かして湖の水を抜き、その住みかを干上がらせると、そこに肥沃な農地が姿を現したそうだ。いくつもの湖岸段丘に囲まれた小さな山を周回するコラ〔仏教徒の巡礼路〕が昔からあるが、巡礼者はグル・リンポチェの偉業を称えるために、このコラを巡るのだという。確かに地元民を改宗させるに足る偉業だが、もしかすると私たちが発見した氷河ダムの崩壊による洪水の記憶が言い伝えという形で残っているのではないかと思い始めた。

湖岸段丘から苦労して収集してきた樹木片を放射性炭素年代測定法を用いて測定した結果が出ると、それは私の単なる憶測にすぎないとは言えなくなった。放射性炭素年代測定法は、死んだ生物の体内に残された炭素の同位体（炭素12と炭素14）の比率を利用して、生物が死んだ年代を特定する。(1) 生物に取り込まれる炭素12と炭素14の比率は大気中のそれと同じで、もとを正せば植物が光合成によって大気中から取り込んだものだ。炭素14は時が経つにつれて、一定の割合で崩壊するが、その崩壊率がわかっているので時間の尺度として年代測定に利用できるのだ。高い位置にある古い時代の湖岸段丘に残されていた木片はほぼ一万年前のもので、一般には氷河時代と言われている最終氷期の末期と一致する。新しい湖岸段丘の木片はほんの一二〇〇年ほど前の八世紀の産物だった。

八世紀といえば、グル・リンポチェがチベットに仏教を伝えた時期だ。地形から読み解いた地質学的な出来事は、チベットの民話を裏付けているのか？　それとも、民話が地質学的な出来事を伝えているのだろうか？

私は湖の崩壊による洪水仮説を検証するために、二年後の二〇〇四年に再びチベットを訪れた。二年前の調査行のときに地元の農民夫婦を雇い、毎月、河川水のサンプルを集めてもらった。おかみさんに「ヤルツァンポ峡谷がかつては大きな湖だったことがわかったよ」と伝えると、「ええ、知っていますよ」と言われた。私は驚いて、おかみさんの話に耳を傾けた。おかみさんは谷の向こう側の急

上部が平らなモレーン〔氷堆石〕の写真。右奥に見えるナムチェバルワ峰の斜面をここまで流れ下った氷河が、かつてヤルツァンポ峡谷のすぐ上流で川を堰き止め、湖を作り出した（写真提供　バーナード・ハレット）

斜面を指さすと、湖の水が引き、現在の川底にある農地が姿を現したとき、斜面に三艘の小舟が取り残されたのだと話してくれた。この話は地元の寺のラマ僧から聞いたそうだ。

その寺は、古代湖の堆積物である段丘の上に建っており、丘は低い方の汀線の高さがあった。寺の参道の外壁には、ヤルツァンポ峡谷の両側にそびえる山々を背景にして、湖の上に浮かぶ勇壮なグル・リンポチェの姿が描かれていた。「グル・リンポチェはどうやって湖の水を抜いたのか？」と尋ねたところ、住職は「どうやったのかはどうでもよいことだ。大事なのは、グル・リンポチェがその偉業を成し遂げたことである」と答え、さらに「興味をおもちになると思うが、かつてチベットは海だったのだ」と続けた。そして、谷よりもはるか高い山腹に、水に磨かれて丸くなった石が転がっているのを見たことがあると語った後、「チベットの高い山もかつては海に覆われていたのは確かだ」と締めくくった。ラマ僧が話してくれた「世界を水没させた洪水」は聞き覚えのある話だと思った。

世界の各地に、独特な地形や地質学的現象を説明する説話がある。地形や大洪水に関する民間伝承が世界中に見られるのは、人類が生まれつき地形の起源に興味をそそられ、それを解き明かしたいという願望をもつからではないかと思う。少なくとも私自身はそうだ。私は地形学者という言葉を知る前から、この道にのめり込んでいた。

子供の頃、何時間も飽きずに地図を眺めては、一度も訪れたことのない場所の地形を調べていた。長じてからは、歴史に残る戦いの勝敗、都市の立地や形態、文明の特質などが地形の影響を強く受けていることに興味を覚えた。

ボーイスカウトに入った頃は、シエラネバダ山脈やカリフォルニアの海岸山脈をハイキングするのが楽しみだった。歩きながら地図と地形を照らし合わせて、ハイキングの進捗具合を確かめた。私はめったに道に迷わなかったので、家族で広大な西部を旅行するときには、両親から道案内役を仰せつかった。岩がむき出しで転がっていたり、断崖や尖塔状、またはメサ〔周囲が断崖状の岩石台地〕を形作ったりしている西部の旅は飽きることがなかった。私は膝の上に地図を広げ、窓の外の地形と地図を見比べては、現在位置を確認しながら道案内をした。横を走っている川は何川なのか？　地平線に見える山は何山脈なのか？　私の地形と地図好き（トポフィリア）は、こうして地形を理解する目を養ってくれた。

しかし、地球の表面が現在のような形になった過程を見抜くことや、地形を作り出す侵食や堆積の特徴の読み方を教えてもらったのは、大学に入ってからのことだ。大地は動かないものと考えている人が多いが、私は絶えず変化しているものと見なすことを学んだ。

今では世界のどこへ行っても、訪れた土地の生い立ちを読み解くために、丘陵や渓谷、山地や河川の形や配置を見るようになった。なだらかに波打つ丘陵の規則的な起伏、険しい山頂まで続く切り立った岩壁、広大な氾濫原を蛇行する大河の左右対称の川筋など、地形にはそれぞれに固有の美しさがある。この世界を形作っている自然の力を理解するようになることで、自然の驚異や美しさに感動する心が養われた。これまで旅行や調査で世界の各地を訪れたが、行く先々で地形にまつわる言い伝えに出会い、世界中の人々が私と同じように地形に魅せられていることを知った。

人類最古の説話には世界や地形の起源にまつわるものがある。どうして火山があるのだろうか？　海はどうやってできたのか？　世界の始まりはいつなのか？　人間はものを考えるようになって以来ずっと、こうした疑問を持ち続けてきた。どうしてそれがわかるかって？　私たちは地球の表面に住んでいるので、地形の影響をもろに受ける。山登りをしたり、洪水や地震に出くわしたり、火山の噴火を間近で経験した人なら、なおさらだ。地球に住んでいる者なら誰でも、地球の生い立ちや仕組みに興味が湧くものなのだ。

私はチベット以外でも洪水伝承に出会い、そこには想像していた以上に真実が隠されているのではないかという思いを強くした。二〇〇四年の一二月にインドネシアとタイに痛ましい被害をもたらした津波災害で、唯一の明るいニュースは「海のジプシー」と呼ばれるモーケン族が高台へすばやく避難して、一人の死傷者も出さずにすんだことだ。海に生きるモーケン族の間には、潮が突然、不可解な引き方をしたときは、大波が押し寄せてくるという口伝が今も残っていた。その言い伝えに従って高台へ逃げたので、彼らは生き延びてこの口伝をさらに将来の世代にも伝えることができたのだ。

民間伝承は科学に先んじて生まれたが、科学は巻き返しを図ろうとしているのだろうか？　人類史の大部分にあたる長い間、口伝は後世に知識を伝える唯一の手段だった。それならば、世界各地に残っている洪水譚は絵空事ではなく、実際に起きた災害を伝えていると考えてもおかしくないのではないか？　なにしろ、古代文明の発祥の地は定期的に洪水を起こす河川の氾濫原だったので、そこに築かれた農耕社会は洪水のたびに水没したはずだ。もちろん、もっとも知名度が高く、異論の多い洪水伝説は聖書に記されたノアの洪水だろうが、ノアの洪水譚も真実を伝えているのだろうか？

今日、ノアの洪水をまともに取り上げる地質学者はまずいない。昔話の類として一笑にふされるのが落ちだからだ。しかし、現在の世界はノアの洪水で作られたという考えは、何世紀もの間キリスト教徒や多くの自然哲学者の常識だった。ノアの洪水でないとしたら、ほかに何が考えられるというのか？　砕かれた岩や険しい山地は、怒れる神によって引き起こされた大洪水で破壊されたかつての完全無欠な世界の残骸と見なされていた。つまり、地形は怒れる神の恐ろしさを示す動かぬ証拠で、人間が世界の中の小さな存在にすぎないことを思い知らせているのだと考えられていたのである。聖書を言葉通りに解釈して、世界は誕生してから数千年しか経っていないと信じているキリスト教徒がいるが、もしそうなら地球全体は言うまでもなく、エベレストやグランドキャニオンを現在のような姿に作り上げてきた地質学的な作用をどうやって説明するのだろうか？　河川のゆっくりした侵食作用では、山脈を数千年削ったところで高が知れているだろう。

科学界でも宗教界でも洪水伝承については正統派と異端派があり、これまでずっとそれぞれの説を挙げて論争してきた。初めは両派とも、「もっとも優れた説とは、未知の事柄を予測できる理論である」という点で意見が一致していた。地形をどう読むべきかという問いに対する答えは、実際に手にすることのできる物的証拠をどう解釈するかにかかっている。ある仮説を立てたら、物的証拠を検査し、分析し、検証しなければならない。つまり、仮説とは証拠に照らし合わせて証明できるものでなくてはならない。

日曜学校では、聖書に記された物語は文字通りに解釈するのではなく、教訓を読み取るものだと教えられた。ノアの洪水譚は、人間は環境の管理者たれと教えるたとえ話だ。たとえ人間の都合に合わせてねじ曲げることになろうとも、自然のすべてを管理しなければならないと説いているのだ。大人になってからは、イエスは人の生き方を説き、科学は自然の仕組みを明らかにしているのだと考えて満足していた。

社会に出るまで、科学と宗教の矛盾について考えたことはほとんどなかったが、三〇代になって陪審員として裁判所に招集されたときに、ファンダメンタリスト〔ファンダメンタリズムの信奉者〕の女性に出会った。新聞を読みながら陪審員の選任手続きを待っていると、隣に座っていた中年の女性が社交的な人で、新聞をちらっと覗き込むと、「セントヘレンズ山が、ノアの洪水がグランドキャニオンを削った証拠になるなんて、すごいと思いません?」と言って、話しかけてきた。

私はちょうど、セントヘレンズ山の山腹を流れる川が噴火後に積もった火山堆積物を削って深い峡谷を作ったという記事を読んでいたところだった。新聞から目を上げて婦人の方を見ると、彼女はさらに、「何千年も前にノアの洪水が世界を作り変えたことを思い出しません?」と尋ねてきた。私は呆気にとられて眉を吊り上げ、口を開けたので、おそらく私の考えは伝わっただろう。「地球規模の大洪水はまったくの作り話で、地球の年齢にはさらにゼロをいくつか付け足す必要がありますよ」と返事をした。その婦人は「世界がそんなに古いと信じるのは無神論者だけだわ」と言い放った。地質学者の面目丸つぶれだが、私は返す言葉を失って呆然と座っていた。幸い、その婦人はスピーカーの呼び出しに応じて席を立ったので、気まずい会話はここまでで終わった。

ノアの洪水で地球の歴史をほとんど説明できると信じている人はこの婦人だけではない。数千年前にノアの洪水が一挙にこの惑星を作り変えたとする考え方は、地質学者が「洪水地質学」と呼ぶもので、科学的には否定された仮説だが、信奉者があとを絶たない。ガリレオを異端審問にかけたキリスト教は、その後四〇〇年経つうちに、地球が宇宙の中心だという天動説の誤りを受け入れるようになった。なぜ地質学的発見を、天文学的発見と同じように扱ってはいけないのだろうか？ 地質学とキリスト教（すなわち、科学と宗教）の間では、何世紀にもわたりノアの洪水の解釈をめぐる論争が続いているが、これまでの流れを知れば知るほど、この論争に対する私たちの文化的見方はあまりにも短絡的だと実感するようになった。真実はもっと興味深いものだったのだ。

一九九〇年代に、ビル・ライアンとウォルター・ピットマンという著名な海洋学者が、水位の上がった地中海から空前の規模で海水が低地に流れ込んだときに黒海が形成されたという説を提唱したが、私がノアの洪水を裏付ける地質学的根拠に興味を抱き始めたのはこのときだ。この出来事が実際にはノアの洪水だったと二人の海洋学者が唱えると、キリスト教徒の多くは聖書の物語を裏付ける科学的な根拠ができたことに興味をかき立てられたが、創造論者は逆に激怒したのだ。聖書に記されたノアの洪水が科学者に支持されたのに、なぜ創造論者は怒ったのだろうか？ それはこの仮説による洪水が、世界中の地形をずたずたに引き裂き、作り変えるような地球規模の大洪水ではなかったからだ。つまり、聖書に記されていると創造論者が考えているような洪水ではないのだ。ノアの洪水が局地的な災害で、地球規模の出来事ではなかったという主張を、キリスト教に対する攻撃と受け取ったのである。一方、多くの地質学者もまったく別の理由からだが、この「ノアの洪水説」に対して疑念を抱いた。ノアの洪水は古代の神話として、科学の世界から退けられたのではなかったのか？

私にはライアンとピットマンの説は理に適っていると思えた。地質学的に考えて、十分に可能性がある。では、これでノアの洪水の謎は解けたのだろうか？

ノアの洪水ほど地質学に大きな影響を及ぼした説話は他に例がない。今日、アメリカ人のほぼ半数は、「若い地球説」を信じている。地球の年齢は六〇〇〇年ほどで、今日見られる地表面は、キリストが誕生する数千年前にノアの洪水によって再形成されたという創造論の仮説だ。[2] 創造論者が認めているよりも地球がはるかに古いことに疑いの余地はないが、創造論者が真っ向から地質学を否定するのは、非常に長い時間を扱うという、地質学のもっとも基本的な特質のためなのだ。では、なぜそんなに否定するのか？ 世界が地質学者の言うように古いとすると、その長い間に山が隆起したり侵食されたりするだけでなく、さらに大きな問題である「進化」も起こるからだ。地質学から神の言葉の解釈と矛盾する証拠を突きつけられると、創造論者は解釈の正当性を主張するために、「岩は嘘をつかない」というキリスト教の伝統的な教えを惜しげもなく捨てるのである。

キリスト教徒は、神の言葉（聖書）と創造物（自然）が食い違うことはないと信じて、何世紀にもわたって科学的発見を解釈してきた。地質学と神学の歴史的資料をくわしく調べてみると、先人は地質学的証拠とノアの洪水の解釈を調和させてきたことがわかった。激しい非難の応酬は今に始まったことではないが、科学と宗教が不倶戴天の敵同士だと考える者は何世紀もの間ほとんどいなかった。初期の地質学者の多くは聖職者で、聖書に神の言葉が記されているのが間違いないように、岩に残された記録は神の御業を明らかにするものだと信じていた。科学に関心をもっていた聖職者は、自然界に関する発見は聖書の解釈に光明を投ずると信じていたからだ。自然の仕組みに関する理解が深まれば、神の理解も深まるはずなので、科学の研究は必ず聖書の権威を高めると確信していたのだ。

ノアの洪水に関する地質学的解釈の歴史をひもといてみると、科学界と宗教界とを問わず、文化的な衝突がどのように対立や変革をもたらしたかが明らかになる。結局、ノアの洪水譚は、野外の現場にある物的証拠と照らし合わせて検証しなければならない最初の地質学的仮説をもたらしたのだ。峡谷の起源や山地で発見される海生生物の化石といった難問が、ノアの洪水をめぐる大論争に油を注いだ。さらに、地球規模の大洪水を裏付ける証拠をめぐる論争も、科学の進歩と矛盾しない聖書の解釈を生むのに一役買った。今日では、洪水伝承の起源を解き明かすためには、ユダヤ・キリスト教の根本的な教えを解するだけでなく、科学界と宗教界における正統派と異端派の間にある衝突を理解することも必要になる。

創造論者にも科学に関心のある人はいるが、工学や化学や物理に携わる人が多く、地質学の教育を受けた人はほとんどいない。地球の年齢は数千年だという創造論者の考え方が地質学と著しく異なるのは、おそらくそのせいもあるのだろう。地質学の教科書を読めば、数十年にわたる研究によって、地球が四五億年前に誕生したことは実証されたとわかるはずだからだ。創造論者はノアの洪水がたったの一年で化石を含む岩石をすべて堆積させ、世界の地形を作り上げたという考えを裏付けるために、地質学が蓄積してきた知見をためらいなく否定して、地質学的記録を都合のいいように解釈している。一年でこれだけのことができる地質学的機構は未曾有の超巨大洪水しかないので、ありえない大洪水を想定しないと、創造論者の考える地球の歴史は説明できなくなり、創造論は砂上の楼閣のごとく崩壊してしまう。

進化の問題はおくとしても、地球の年齢が数千年で、ノアの洪水によって作り変えられたという創造論者の考えは、太陽が地球の周りを公転しているというのと同じくらいに科学音痴な話だ。いずれの考えも数世紀前に否定されているからだ。地球の歴史を創造論者のような見方で捉えるのは、岩石のページに記された地球の自叙伝を否定することと同じである。

私たちの足下にある大地は不変ではなく、毎日、どこかが動いている。地質学から学んだことはとうてい無視できない。地質学の知見は油田の発見、建築物の立地や設計、氾濫原の地図作成、鉱床の評価などに利用されている。つまり、科学は自然の仕組みを説明できるから役に立ち、人々の信頼を得ているのだ。

大洪水の解釈をめぐって、地質学とキリスト教の間で論争が行なわれてきたのは確かだが、その間に実りある交流があったこともわかった。初期の地質学者は聖書に記された天地創造やノアの洪水の解釈から大きな影響を受けたし、科学の発見は地球史を想像力豊かに解釈する役に立った。聖書の解釈を地質学的発見に合わせていく試みが保守派にも改革派にも影響を与え、現代のキリスト教を形作るのに一役買った。

それでは、地質学者が足下の岩や頭上の丘から地球の歴史を読み解く方法を学んだ足跡をたどって、地質学の歴史探訪に出かけることにしよう。ダーウィンの進化論をめぐる論争は有名だが、ここでは、地質学の発見が契機となった、もう一つの進化の話をしよう。キリスト教の神学の進化と現代の創造論の誕生の話だ。その途中で、周囲の自然や地形を観察するという人間の基本的習性から、想像を絶する大洪水の話が生まれた過程を紹介する。ノアの洪水譚とチベットの洪水譚は、前者の方が知名度が高く、いまだに論争が絶えないだけで、両者に大きな違いがないことはもうおわかりだろう。創造論者が理性全般、とりわけ地質学を敵視するあまり、聖書の物語を裏付ける科学的発見にも拒否反応を示すようになったことにも触れる。それでは、アリスがウサギ穴に落ちたところから『不思議の国のアリス』が始まったように、私も深い地の底から話を始めることにしよう。

地質学者にとっては、大地の記録の一番下に埋もれている最古の岩石から話を始めるのが理に適っている。岩や地形から地球の歴史を読み解く舞台としては、グランドキャニオンほどふさわしい場所はないだろう。目をみはるような壮大な峡谷は、気が遠くなるほど長い地球の歴史をはるか昔まで遡って伝えてくれる。岩石の記録を読み解くための常識程度の基礎知識さえ備えていれば、グランドキャニオンに残された遠い昔の出来事を見出すことができる。その物語は、北米随一の深さを誇るこの谷の壁にはっきりと示されているからだ。

2　大峡谷

最後の一歩を踏んで、やっと頂上に着いた。丸一日かかったが、露出した岩に記された地球の記録を読みながら、グランドキャニオンの谷底から上まで登ってみたいという夢をかなえることができた。崖の縁に立って下を覗くと、一六〇〇メートル下の谷底まで見渡せた。登山道沿いの岩壁に記された驚くべき記録に興奮さめやらぬ思いだったが、たいそう疲れも覚えたので、国立公園の土産物屋へ向かった。

『グランドキャニオン――もう一つの見方』という気を惹くようなタイトルがついた小ぶりの豪華本を手に取った。「ノアの洪水がミキサーのように世界の表面を引き裂き、谷の壁に露出している岩をうず高く積み上げ、水が引くときに巧みに谷を掘った」と書かれていた(1)。

さらに読み進めると、谷の壁に現在露出している岩を形成した堆積物がまだ柔らかいときに、谷自体が侵食作用でできあがったと書いてあった。しかし、たっぷり水を含んだ堆積物が一六〇〇メートトルもの高さに積み上がって、どうしたら谷底に崩れ落ちないでいられるのか、また緩い砂や泥の堆積物がどうやって硬い岩になったのかと首をひねったが、その説明は一切なされていなかった。「聖書によれば、一年足らずのうちにノアの洪水が岩を削り、グランドキャニオンを作り上げた」と述べてあるだけだった。谷の壁には、幾重にも重なるさまざまなタイプの岩石層や多様な化石を含む見事な地層が見られる一方、侵食作用によって失われてしまった岩石層もあり、グランドキャニオンが一朝一夕に形成されたのではないことを物語っているが、こうした現象の解説はまったくなかった。その本に書いてあった話は、私が一日かけて谷を登りながら読み解いてきた岩石の歴史とはまったく異なっていた。

私はその本を店の棚に戻すと、外へ出た。谷を登ってきた重い足音が頭の中でまだ響いていたが、地質学三昧に過ごした一日を振り返りながら、グランドキャニオンの風景を満喫した。地球の歴史を読み解くことと、実感することはまた別の体験である。

この朝、谷底から見たそそり立つ岩壁は、夜明けの朝日に灼かれていた。私が目にしたこの光景は悠久の昔からくり返されてきたはずだ。谷の底まで下りたのは二日前のことで、まだ膝が痛かった。今度は目の前にそびえる一六〇〇メートルの岩壁の上まで、アリゾナの焼けつくような日差しを浴びながら登山道を登っていくのだ。下りに勝るとも劣らない厳しい行程になるだろう。しかし、徒歩以外に移動の手段はない。谷底から頂上まで、生命の誕生から現在の砂漠へと至る年月をたどりながら、世界屈指の深い谷を歩いて登る覚悟はできていた。

コロラド川の水は清く、トルコ石のような青緑色をしていた。私は川縁の登山道の入口へ向かった。徒歩用の橋を渡るとき、下を流れる川を見て、一五〇キロほど上流にあるグレンキャニオン砂防ダムがコロラド川へ流入する砂の量を減らし、谷底に露出した岩盤を侵食する力を弱めていることに気がついた。

橋の途中まで来ると、橋の先にそそり立っている岩の壁にトンネルがあるのが見えた。橋を渡り、トンネルに入ると、はるか昔にタイムスリップしたような錯覚に陥った。

滑らかな岩の壁は、濁流が谷を削りながら勢いよく下っていった証だ。谷底に見られる基盤岩はヴィシュヌ片岩と呼ばれる硬い結晶片岩で、石英、長石、雲母の連晶〔複数の結晶が接合して成長した組織〕が高温高圧のもとで引き延ばされたり褶曲《しゅうきょく》させられたりして、巨大な渦巻き模様になっている。目の前にあるこの基盤岩は恐竜が現れるはるか前、地質時代を三分の一ほど遡った頃に、今はなき山脈の下、地下深いところで結晶したものだ。とはいえ、最初から硬い岩だったわけではない。かつての泥の層が高温のためアルミニウムに富んだ雲母とザクロ石に変化した暗褐色の層の間に、かつての砂の層が石英と長石に富む淡色の層として挟まれている。このような層構造は海底に堆積した砂と泥が土中深くに埋もれて、溶けかけたアイスクリームのように変形したり再結晶したりしたときに、ヴィシュヌ片岩が形成されたことを物語っている。

硬い岩を変形するためには、きわめて高い温度と圧力が必要になる。ヴィシュヌ片岩に含まれる鉱物に再結晶や変形が生じるには四八〇~七〇〇度の温度と大気圧の三〇〇〇倍以上の圧力が必要だ。ところで、深層掘削ドリルで掘った穴底の温度を測った結果から、地中の温度は一キロ深くなるごとに三〇度ほど上昇することが知られている。この温度上昇率に基づいて計算すると、このヴィシュヌ片岩は地表のおよそ一六キロ下、エベレストの高さの二倍に相当する深さの地中で形成されたと推定できる。かつての山脈の基盤が谷底に露出しているのだ。露出した原因は、その上に堆積していた岩石の層が侵食されたからにすぎないのだが、その岩石層は谷の壁よりも高い位置まで堆積していたはずだ。それだけ堆積しないと、砂や泥を硬い岩に変えるのに必要な圧力が生まれないからである。

では、このヴィシュヌ片岩が太古の山脈の下で形成されたのはいつ頃だろうか。一〇億年以上前と思われるが、見ただけでは正確にはわからないので、放射年代測定法を用いて年代の推定を行なう。放射性同位体は一定の割合で崩壊するという特性があるので、この特性を時計として利用するのが放射年代測定法だ。新しい岩石ほど放射性元素にもともとある同位体を多く含み、古い岩石ほど放射性崩壊によって生じた同位体の割合が高くなるのである。半減期（放射性元素の同位体の半量が崩壊するのに要する時間）がわかっていれば、もともとある同位体と崩壊によって生じた同位体の比率から、その岩石が結晶した年代を推定することができる。

ウラン238は崩壊すると鉛206になり、その半減期が地球の年齢に近いおよそ四四億七〇〇〇万年なので、古い岩石の年代を特定するときには、ウラン－鉛年代測定法が一般に用いられている。この測定法にうってつけなのが花崗《かこう》岩などに含まれる希少鉱物のジルコンである。ジルコンは結晶するときに鉛を徹底的に排除するので、結晶後のジルコンに含まれている鉛206はすべてウラン238の崩壊によって生じたものだからだ。一粒のジルコンに含まれる鉛206とウラン238の量は質量分析計を用いて測定し、両者の比率から岩石の年齢を特定する。

グランドキャニオンの登山道を登っていくと、ピンク色をした花崗岩の細い帯がヴィシュヌ片岩の渦巻きを突き抜けて縦に走っていた。この細い帯は岩脈と呼ばれるもので、ウラン－鉛測定法による年代測定の結果では、この花崗岩の岩脈が形成されたのは、古いものは一七億年近く前と推定されている。この岩脈はヴィシュヌ片岩の縞模様をきれいに断ち切って、谷底付近の岩壁に見られる流水模

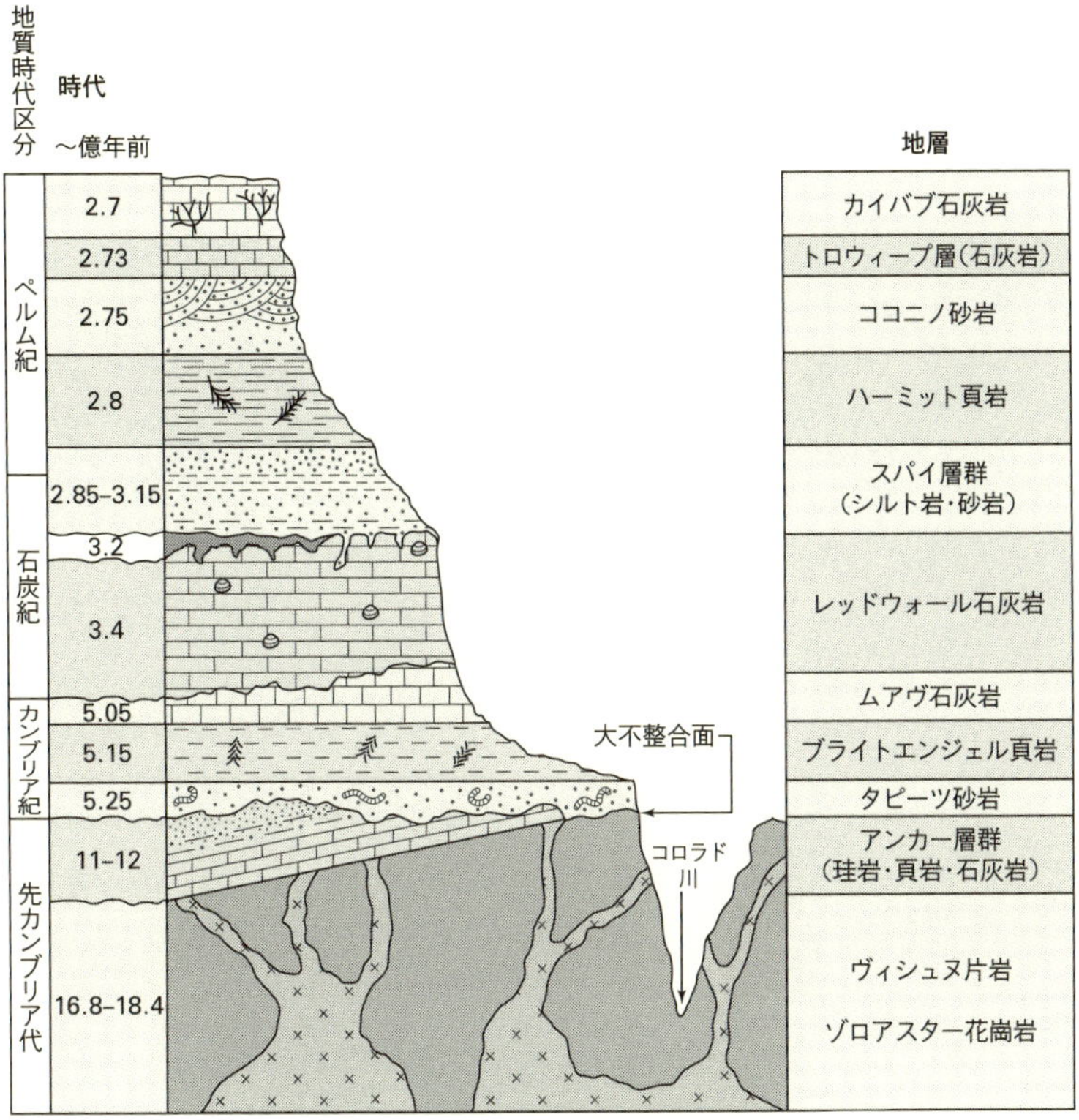

グランドキャニオンの岩壁に露出している岩石層を示す地層図（ヴェロニク・ロビゴーのスケッチより）

様に幾何学的な美しさを添えている。花崗岩の岩脈はヴィシュヌ片岩内部の亀裂の中で冷え固まったものなので、ヴィシュヌ片岩の方がはるかに古いのは明らかだ。花崗岩が冷え固まったときには、ヴィシュヌ片岩はすでにそこにあったのだ。

最深部にあたるインナー峡谷の底から九十九折《つづら》りの登山道を登っているとき、道を這い回っているアリになったような気がした。ある程度の高さまで上がると、下を流れる川と向こう岸が見えてきた。ヴィシュヌ片岩の上には斜めになった岩石層があり、インナー峡谷の最上部を示す平らなタピーツ砂岩層との間に、幾重にも折りたたまれて挟まれていた。一〇～一二度に傾斜したこの岩石層（アンカー層）は石灰岩、頁岩《けつがん》、珪岩が積み重なったもので、太古の海の水位が変化したことを物語っている。まず深海底で石灰岩が生まれ、次には沖合に堆積した泥から形成された頁岩に、その後、海岸付近でできた砂岩に入れ替わっていったのだ。ちなみに、珪岩は砂岩が地中深くで熱せられてできた岩石のことだ。

ヴィシュヌ片岩の上面は削られている。それは、上に堆積して固まった海洋堆積物と共に、かつては何キロも下の地中深くに埋められていた岩石が地表に持ち上げられて、河川か風か波のいずれかの侵食作用にさらされた後、再び海底深くに埋められたことを裏付けている。こうした経過をたどった後に、全体が隆起して傾斜し、再度、侵食作用で表面が平らに削られ、その上にまた堆積物が分厚く積もり、高くそびえる平らな岩を作り上げた。二度にわたる隆起と侵食がくり返された跡が、向こう岸の九〇〇メートルの岩壁の下に残されていた。太古の物語が明らかになったのはコロラド川がグランドキャニオンを削ってくれたおかげだ。

地質学者は何世紀にもわたり、単純な法則に従って、岩石に残された記録を読み解いてきたが、グランドキャニオンの谷底付近に露出した目をみはるような岩壁はそうした法則によく当てはまる。たとえば、砂岩や頁岩のような堆積岩の層は時間を表し、水平に堆積している。コップに入れた泥水の泥がコップの底に溜まるように、重力の作用で水の中に泥が堆積して岩が形成されることを考えると、この法則は納得が行く。また、層の一番下にある岩はその上にある岩よりも古い。これも当然のことだろう。もう一つ例を挙げると、ある地層が別の地層を突っ切っている場合は、突っ切っている方が新しい層である。こうした単純な法則に基づいて、地質学者は岩石に残された記録から、その年代や変遷を読み解くのだ。もちろん、地球の歴史を読み解くためには、火成岩や変成岩の形成過程などの知識も必要だが、ここで挙げた基本法則はどのタイプの岩石にも当てはまる(2)。

地球には侵食作用で物質が失われていく場所がある一方で、侵食された物質が堆積している場所がある。場所は時代によって変わるが、地球の表面では侵食と堆積が絶えずくり返されている。たとえば、グランドキャニオンの岩壁に露出している、海底で生成した岩石を見れば、その変化の様子が非常によくわかる。堆積から侵食へと状況が一変しているのだ。侵食された高地の環境は岩石の記録に残されていない。侵食作用で失われてしまったからだ。地球と生命の歴史は、地質学的な長い時間をかけて低地や海底に堆積した堆積物に保存されているが、山地があったことを示す地質学的証拠は、痕跡の欠如、つまり地質学的記録に空白が生じていることで示されている。

地球の歴史を読み解くためには、岩石層間の基本的な関係や両者が接する境界の特性を明らかにすることが必要になる。上下にほとんど乱れがなく連続して堆積している二つの岩石層は、地質学では整合的と見なす。表面が侵食されると、二つの岩石層の間に不連続面が生じる。これはいわば失われた時間を表す時間の空白で、地質学では不整合と呼ばれ、太古の地形が次の堆積が始まるまでの間に

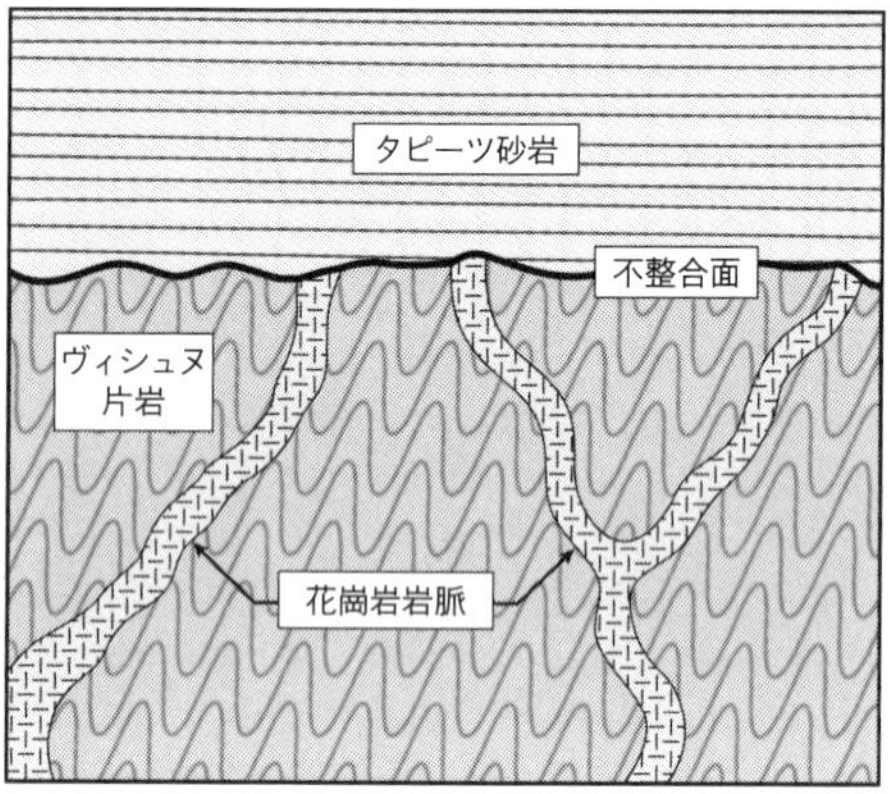

グランドキャニオンの基部に見られる大不整合面。上部が切り取られたようなヴィシュヌ片岩の上にタピーツ砂岩が乗っている（ヴェロニク・ロビゴーのスケッチより）

受けた侵食作用の規模を示している。グランドキャニオンの岩壁の至るところに露出している不整合面は、この地域の岩石が海底から現在の位置に隆起して侵食を受けるまでに、堆積、変形、侵食という過程を幾度となく経てきたことを物語っている。

九十九折りの山道を何度も折り返してインナー峡谷を登り終えると、平たい岩の崖を越えた。途中で、ヴィシュヌ片岩のでこぼこした上面とタピーツ砂岩が接する不整合面を指でなぞってみた。後に固まって砂岩になる砂が、岩石の露出した海底に堆積した場所だ。年代は植物が陸上に進出する一億年ほど前のカンブリア紀である。

この不整合面が表している時間は気が遠くなるほどの長さだ。ヴィシュヌ片岩が形成されたのは一七億年前で、タピーツ砂岩は五億二五〇〇万年前である。ということは、この二層の間で失われた時間の方が、その上にそそり立つ一〇〇〇メートルを超える岩の壁に記録されている時間よりも長いのだ。山脈を消し去り、太古の世界の痕跡を覆い隠すのに十分な長さだ。そうした太古の世界は、基本構造はわかるものの、くわしいことはわからない。私にはどうすれば一〇億年分の地質学的記録が消えてしまうのか、なかなか思いつかなかった。二つの世界が現れては、岩石の骨組みだけを残して消えていったのだ。

　不整合面をあとにして、さらに登山道を登っていくと、タピーツ砂岩の壁にミミズのような生き物が這い回った跡が残っていることに気づいた。私の目の前には太古の海底を海生生物が這い回っていたことを裏付ける証拠があり、それは創造論者のグランドキャニオン解釈に重大な問題を突きつけている。地球を作り変えてしまうような大洪水が起きたとき、ひ弱なミミズのような生き物がどうしたら海底を這い回っていられたのか？　グランドキャニオンの岩壁に露出している千数百メートルの堆積物を一年間で堆積させるためには、ノアの洪水は毎日三メートルを超える堆積物を運んでこなければならなかっただろう。

　やっと、谷を三分の一ほど上ったところにある、インディアンガーデンと呼ばれている平らな場所に着いた。九十九折りの険しい山道を登ってきたので、平らな地面はありがたかった。木陰も用意してくれて、ひと息つくことができた。山道の脇に泥が固まってできたブライトエンジェル頁岩が露出していたので、足で蹴ってみると、石のかけらが飛び散った。谷の斜面にこのような比較的平らな場所がある理由がこれでわかった。頁岩の崖はもろいので、崩れてしまうのだ。

　頁岩を注意して見ると、紙のように薄い石の層の上に生き物が這い回った跡や掘った穴が残っていた。これは、太古の海底でゆっくりと堆積する泥の中で生物が這い回り、採食し、そして死んでいったことを物語っている。私よりもっと時間をかけて調べた人や、運のよい人が、クモやカニの遠い親戚にあたる三葉虫の化石を発見している。ちなみに、三葉虫は五億一五〇〇万年前から恐竜が絶滅した時代よりも二億年近くも古いペルム紀まで海底で暮らしていた生き物である。

　インディアンガーデンのなだらかな斜面で休んでいるとき、雄大な景色が一望のもとに見渡せたが、頂上の縁はまだ見えなかった。地平線の彼方まで続く巨大な渓谷を目の前にすると、これだけの谷を侵食するのに崩落が一回ずつ起きたとして、いったい何年かかるのか見当もつかなかった。

インディアンガーデンの木陰でひと息つきながら、大地の見方が人によってたいそう異なることに思いをめぐらせた。岩石や地形よりも、信条や経験の方がグランドキャニオンの生い立ちに対する見方に大きな影響を及ぼしてきたようだ。グランドキャニオンの近辺で暮らしていた民族は、地質学者や創造論者がそれぞれの説を提唱するずっと前から、その生い立ちに興味をもっていた。

チベットのヤルツァンポ川流域の村人と同様に、コロラド川流域に住んでいるアメリカ先住民にも大洪水の説話がある。アリゾナのハヴァスパイ族には、ホコマタといういたずら好きの神が大雨を降らせたときに、大洪水が起きてグランドキャニオンができたという言い伝えがある。また、プケフエというもう少し思慮のある神が、穴をくりぬいた丸太に娘を乗せて、すさまじい勢いで海へと流れ下る大洪水から救ったという伝説も残っている。水が引いた後に娘は急ごしらえの舟から出てくると、人類の母になったそうだが、この点を除けばノアの洪水の説話と大筋は似ている。

岩に記された物語を楽しみながら、再び谷の上を目指して登り始めた。インディアンガーデンのはずれで、頁岩はムアヴ石灰岩と入れ替わった。ブライトエンジェル頁岩の上に乗っている炭酸塩岩の層である。私がたどってきた砂岩、頁岩、石灰岩という地層の順序は、長い時間をかけて海が深くなったことを示している。ムアヴ石灰岩の上の境目にも不整合面が見られ、その上は切り立った断崖になっている。ここでも土地が海の上に隆起して侵食され、一億年分の岩石記録が失われてしまった。

ムアヴ石灰岩の上に乗っている岩石層は場所によって異なる。私がいた場所からは、山道が二〇〇メートルほどの高さの赤みを帯びた断崖を九十九折りに上っていた。その部分は、「レッドウォール

（赤壁）」というぴったりの名前をつけられた石灰岩層で、道は岩壁の破砕帯の溝に沿って続いていた。途中で二枚貝に似た化石を見つけたが、岩に記録された生き物が体の大きさや複雑さを増して、見覚えのある種類に近づいていることを実感した。レッドウォール石灰岩層の上にも不整合面があるが、こちらでは雨水が浸み込んで石灰岩を融かしたときにできた洞穴やドリーネ〔陥落穴〕が見られる。スイスチーズを彷彿させる景観だ。この不整合はレッドウォール石灰岩層とその上に乗っているスパイ層群と呼ばれる岩石層の間に二五〇〇万年の年月が経過したことを示している。

この崖の上に出ると、山道はシルト岩〔頁岩〕と砂岩の間を何度も往復しながら上がっていく。まるで大地が生み出した階段を登っているようだった。頁岩の踏み板と砂岩の蹴込み板〔縦板〕でできた階段の各段には、太古の海の栄枯盛衰が記されている。もろい頁岩はなだらかな岩棚に、硬い砂岩は崖になっており、この谷が侵食される前に堆積物が岩になっていたことを示している。侵食され始めたときに、現在の硬い岩が水を含んだ柔らかい状態だったとしたら、グランドキャニオンの壁には岩の強度はなく、軟弱な堆積物の強度しかなかったはずだからだ。固まっていない砂は四〇度以上の傾斜には耐えられないので、砂では切り立った崖はできない。八百屋の店先に積んであるオレンジの山の下の方から一つ抜き取ってみればわかるはずだ。しかも、これは乾いた砂の話で、水を含んでいる場合はその半分の傾斜で崩れてしまう。要するに、切り立った崖など問題外なのだ。一方、水を含んだ粘土やシルトはかなり凝集力が強いので、低ければ、切り立った崖を形成することができる。堆積物がまだ水を含んでいるうちに谷の壁面が形成されたという創造論者の説が水も漏らさぬ完璧なものだとすると、壁面は頁岩の崖と砂岩の平面の組み合わせになるはずだ。しかし、実際に山道に沿って見られる壁面は頁岩の平面と砂岩の崖なので、創造論説とは逆である。

非常に細かい堆積物が沈殿するのにどのくらいかかるのだろうか？　バケツに粘土を混ぜた水を入れても、泥がすべて底に沈むまでに数週間はかかるだろう。グランドキャニオンの壁面には、堆積物の肌理の粗い層と細かい層が周期的にくり返して見られるが、これは土砂が幾度となく運ばれてきて堆積したことを物語っている。数百万とはいわないまでも、数十万を数えるシルト層がたった一度の洪水の激流で堆積したはずはない。一度の激流では細かい堆積物は巻き上げられてしまい、このように何層にも分かれて沈殿することはないからだ。粘土、シルトや砂がそれぞれ分かれて堆積し、一層を形成するだけでも長い年月を要するが、徒歩で登るのに何時間もかかる高さに幾重にもこうした層が積み重なっているのだ。

さらに頂上に近づいていくと、ハーミット頁岩層に入った。ここの地層はもろくて侵食されやすいので、傾斜はなだらかで、ピニョンマツとセイヨウネズが薄い土壌をなんとか支えている。土をかぶった赤褐色の頁岩には、シダや針葉樹の化石、爬虫類や両生類の足跡化石が残されていて、当時の生態系を垣間見ることができる。私は太古の海から登ってきて、温帯の海岸林の跡にたどり着いたのだ。

ハーミット頁岩層を越えて、さらに九十九折りの山道を上がると、今度は白く輝く分厚い砂岩層に出た。純粋な石英でできたこの砂岩層はココニノ砂岩層と名づけられ、古代の砂丘が化石化して切り立った崖になっており、登山道に沿って壁面を斜めに走る斜交層理〔クロスラミナ、地層面と斜交する細かな縞模様〕が見られる。この砂岩層には無脊椎動物の足跡や掘った穴が化石となって残っている。また、登山道の近くに露出した砂岩には爬虫類の足跡も見られ、足の後ろに砂が押し出された様子もわかる。この砂丘が水中で形成されたものではないことは、このような微細な跡が化石に残っていることでわかる。波打ち際の砂に残った足跡が打ち寄せる波で消されてしまうように、水中ではこのような跡もかき消されてしまうだろう。この砂丘を形成したのは風である。

さらに登ると、黄灰色のトロウィープ層に出たが、この層は下のココニノ砂岩層があった砂漠が海の底に沈んだことを裏付けている。ここを過ぎると、いよいよカイバブ石灰岩層の白い断崖絶壁を登る胸突き八丁だ。このあたりは日帰りの観光客が下りてくるので、すれ違いながらゆっくりと登っていった。この層では二億七〇〇〇万年前のサンゴや軟体動物の化石が見られ、オーストラリアのグレートバリアリーフでスキューバダイビングを習ったときに見た、海の生き物が織りなす複雑で多様な生態系を思い出した。

ついに、グランドキャニオンを登り切った。頂上の縁に佇むと、失われた山脈、浅海や深海、海岸林、風の吹きすさぶ砂丘、サンゴ礁など、一日かけて登ってきた太古の世界が脳裏を去来した。谷底付近に散見された単純な生き物は、頂上付近に見られた複雑なサンゴ礁の生物群集と著しい対照を成していた。生命誕生の時代まで遡る谷底の岩から、恐竜以前に存在した頂上付近の岩に至る地質時代をめぐる大旅行を通して、私は太古の山地や海の栄枯盛衰を垣間見てきた。グランドキャニオンの壁面が頂上に至るまで完全な岩石であるということは、堆積していた砂や泥が上からの圧力で凝固し、その後、岩の層が侵食作用によってすべて削り取られてしまったことを裏付けている。現在、私たちが目にしている世界が現れる前にも、数多くの世界が現れては消えていったのだ。

一度の洪水がこれだけの岩石を堆積させ、その直後に岩を削ってグランドキャニオンを作り出したという説に反論するために、わざわざ千数百メートルの断崖を登る必要はない。家庭でできる簡単な実験でわかることだ。魚を飼うガラスの水槽に水を張って、粉末粘土と砂と小石をいっしょに入れると、大きな粒子や重い物質は先に沈み、下から小石、砂、粘土の順に堆積する。さらに、その上から同じ大きさで色が異なる石か砂を入れると、カラフルな堆積物ができあがる。石や砂を入れるごとに色を変えれば、堆積層を色分けすることができる。グランドキャニオンの壁面に露出している幾重にも重なった岩石の層は互いに色や粒の大きさ、組成が異なるので、一度の洪水の間に堆積したはずがない。

今回の旅で印象に残ったのは、グランドキャニオンの壁面に残されていた化石はどれも絶滅してしまった生物のものだということだ。こうした生き物がノアの洪水によって千数百メートルの岩壁に埋められたのであれば、その中に現生の動物がいないのはなぜだろうか？　化石の大部分が絶滅してしまった生き物だという事実は、ノアがあらゆる動物のつがいを救った大洪水で化石ができたと主張する者に根本的な問題を突きつけている。

さらに、グランドキャニオンの「ノアの洪水起源説」が直面している致命的な問題は、タピーツ層やココニノ層などで見られる砂岩や、足で蹴ると簡単に崩れたブライトエンジェル層のような頁岩は、ムアヴ、レッドウォール、トロウィープ、カイバブ層などの石灰岩とは形成される条件がまったく異なることだ。石灰岩は、サンゴや貝、微細な有孔虫のような炭酸カルシウムを豊富に含む生物が死に、その遺骸の殻や骨格が海底に堆積し、適当な温度で長時間、十分な圧力をかけられるとできあがる。こうした石灰岩のもとになる生物は成長するのに時間を要するし、濁った水域には棲めない。生物に由来する石灰岩の層と、濁った水域で土砂が堆積してできる砂岩や頁岩の層が幾重にも重なった地層が、一度の出来事で生まれるはずはないのだ。異なるタイプの岩石層が幾重にも積み重なったグランドキャニオンの壁面は、環境の変化や出来事が幾度となくくり返されてきたことを物語っているのである。

グランドキャニオンの生い立ちを一回の大洪水で説明することは、どだい無理な話だ。これから述べていくが、ノアの洪水が世界の地形を作り上げ、岩石を形成したという説は、一九世紀の初めに地質学的に否定されている。最初の調査団がグランドキャニオンの谷底まで下りる数十年前のことである。創造論者は学校で地球の歴史を教える際に、「われわれが誹謗している進化論だけでなく、創造論も教えるべきだ」と主張しているが、ノアの洪水が地形を作ったという、創造論者が唱える「若い地球説」は、ダーウィンが進化論を思いつく前に否定されたことを言い忘れている。

グランドキャニオンの形成をめぐって現在行なわれている地質学的な議論は、地形の歴史（グランドキャニオンの形成過程）が中心で、地質の歴史については見解が一致している。六〇〇〇万年前まではカリフォルニア湾に注ぐコロラド川の現在の流路ができあがっていただろうと一般に考えられている。放射年代測定法を用いて洞穴の堆積物を測定した結果、コロラド川に流れ込む地下水の水面は、少なくとも過去三〇〇万年は、一年におよそ〇・二五ミリの割合で下がっていたことがわかった。より後の時代にグランドキャニオンに流れ込んだ溶岩流も、谷の侵食が過去五〇万年間にわたって徐々に進んだことを物語っている。しかし、八〇〇〇万年から七〇〇〇万年前には、現在のコロラド川とは逆の方向へ流れる川があり、それが現在のグランドキャニオンの前に存在していた峡谷を削ったのだと示唆する研究結果が最近発表された。そこで、現在の議論は、グランドキャニオンが形成されたのは、川が上流のコロラド高原へ向けて侵食を進めたためか、高原にあった湖が分水界を越えてメキシコ湾に注ぐ新しい流路を作り出したためか、あるいは局地的な隆起が起きて、川の周辺の岩石を押し上げ続けたために、流路を維持できるだけの侵食力が備わったためか、という点に絞られている。

一回の大洪水でグランドキャニオンができあがったわけではないが、大きな洪水が一度ならず起きたことを示す証拠はある。川を堰き止めていた溶岩のダムが決壊したときには、想像を絶する大量の水が谷を駆け下っただろう。こうした自然のダムには高さが六〇〇メートルを超えるものもあった。巨大な丸石が川から百数十メートル上に取り残されているところもある。こんな高い谷壁に大きな岩を持ち上げてしまう洪水は、見る者の目を奪ったに違いない。しかし、こうした洪水が起きたのは人類が新大陸にやってくるずっと前のことだ。グランドキャニオンの生い立ちをめぐるアメリカ先住民の説話は、神秘的な地形を説明しようとする試みにほかならない。

創造論者が信奉する地球規模の大洪水説を論破するのはたやすいことだが、人類は地球の歴史の概略をまとめあげるまでに何世紀も要した。地質学者たちは何世代にもわたって、重要な露頭〔岩石や地層などが地表に露出している部分〕を見つけて、新説を提唱し、研究者仲間の仮説の誤りを指摘してきた。地形の形成には天変地異だけでなく、自然の緩やかな作用も必要だという認識、地質時代の発見、プレートテクトニクス理論による地殻形成に関する知見をはじめとする地質学の目覚ましい進歩により、地形の形成過程を地球規模で把握できるようになった。現在の地質学者が再現した地球の歴史は、世界各地の地形の知見や相互関係、放射性同位元素を用いた年代測定、化石記録のいずれとも矛盾するところがないので、地質学者は結果に自信をもっている。地質学は地球の生い立ちという長年の疑問に対して個別に検証できる答えを用意したのだ。

地質学者を含めて、人は誰でも自分の居場所を理解するために、世界の在り方を説明しようとする。グランドキャニオンの見方が異なれば、それが意味するものの解釈も異なってくる。地球の歴史を知るよすがが聖書しかないならば、地球規模の大洪水でグランドキャニオンができあがったと考えたとしても無理はない。しかし、岩石に語らせれば、聖書に勝るとも劣らない壮大な話を聞かせてくれる。

未曾有の大洪水ではなく、想像をはるかに超えた遠い地質時代の話だ。

グランドキャニオンを登るブライトエンジェルトレールで見られるものが、グランドキャニオンの「キリスト教的な」解釈と食い違うようになったのはなぜだろうか？　この疑問に答えるためには、自然やノアの洪水の解釈をめぐって二〇〇〇年にわたりくり広げられてきた論争の歴史をひもとく必要がある。それでは、世界の頂上から歴史探訪を始めることにしよう。

3　山中の骨

世界の最高峰であるエベレストの地層を考えてみよう。この山は二つの断層で隔てられた三つの地層群から成っている。断層とは地層が破砕された面のことで、その面に沿って地層はずれ動き、食い違いが生じている。グランドキャニオンの谷壁には、レイヤーケーキのように積み重なった岩石層が露出しており、地質時代を概観させてくれる。また、エベレストの地層は、元は海底だったところが三種類の岩石層に変わった後、入れ替えられ、さらに世界の頂きまで積み上がったという想像を絶するような時間を経て変成した作用の力を表している。こんなことは初期のキリスト教徒には想像もつかなかっただろうが、エベレストに登ってみれば実感できることだ。

カトマンズを出てから、氷河に削られたドウド・コシ川の渓谷沿いに一週間以上歩くとようやく標高五三六一メートルのベースキャンプに着くが、そこから頂上まではさらに三五〇〇メートル以上の登りがある。七〇一〇メートルより下の部分は「ロンブク層」という花崗岩に似た変成岩から成る。

グランドキャニオンの谷底付近に見られたヴィシュヌ片岩のように、ロンブク層も海洋堆積物が地中深くに埋められたときに生成したものだ。

ロンブク層の鉱物群はこの地層が約五三〇〜六八〇度の温度で大気圧の八〇〇〇〜一万倍の圧力が加えられたときに形成されたことを示している。こうした条件に合うのは地下二四キロを超える地殻の内部だ。ロンブク層に含まれる鉱物で変成していないものを放射年代測定法で測定した結果、元の堆積物が海底に堆積したのは、およそ四億九〇〇〇万年前だということがわかった。ロンブク層が十分に積み重なり、熱が生じて変成し、基部が融け始めると、無数の花崗岩の岩脈が表面に向かって伸びていき、結晶化した蔓のような形になった。

破砕された岩石地帯を通り抜けて、「ローツェ断層（デタッチメント）」（二つの断層の低い方）を越えると、八五九五メートルまで伸びている「ノースコル層」に着く。この層は、四億九〇〇〇万年前にできた大理石や片岩や千枚岩から構成されている。これらの岩石は、石灰岩や砂岩や泥岩が、溶解が始まるほどではないが、硬い岩石に変成するには十分な圧力を受ける深さに埋もれてできたものだ。鉱物の組み合わせから、この層は三二〇〇〜六四〇〇メートルの地下で、約四五〇〜五一〇度の温度と一〇〇〇〜二〇〇〇気圧の下で変成作用を受けたことがわかる。すぐ下の層ほど深くは埋められていなかったのだ。この二つの岩石層は、現在は隣り合っているが、かつてはその間に何キロメートルにも及ぶ岩石層が挟まっていたに違いない。

ノースコル層の上では、「イエローバンド〔黄色い帯〕」と呼ばれる黄色みを帯びた大理石の層が山体を横切っている。ちなみに、大理石は石灰岩が変成したものだ。イエローバンドの上には、岩石がすっかり破砕されている二番目の断層（チョモランマ断層）が走り、下の大理石層と上にあるチョモランマ層（エベレスト層）の石灰岩層を分けている。山頂付近の岩石もおよそ四億九〇〇〇万年前のもので、標高八八五〇メートルの頂上まで続いている。(1)エベレストを形成している三つの岩石層群は同じ海で生まれたが、継ぎ合わされて世界の最高峰になるまでにたどってきた歴史はまったく異なるのだ。

凍てつくエベレストの山頂で、足元に転がっている石灰岩を拾い上げて顕微鏡で見れば、世界の頂上が熱帯の海底に降り積もった三葉虫のかけらや微小な糞粒からできていることがわかるだろう。現在は世界の一番高いところにある岩が、かつては海の底にあったのは紛れもない事実である。

しかし、海の底がどうやって世界の屋根になったのだろうか？　山頂の石灰岩に含まれる鉱物が冷えた過程を調べた結果、およそ五〇〇〇万年前にインドがアジア大陸に衝突したとき、海底から隆起し始めたことがわかった。インドが北上する際に、動かないアジア大陸に押しつけられて、浅海に堆積した岩石は皺が寄り、折りたたまれたり、断層が生じたりした。インドに押された海底の堆積岩はいわば巨大な万力に締めつけられたように、押しつぶされながら一年に数センチもの割合で隆起して、八〇〇〇メートルを超える標高に達したのである。断層は、インドに押された岩石が砕けて、押しのけられたときにできたものだ。砂の山に向かってブルドーザーが力をかけていくと、砂がてっぺんや斜面から徐々に落ちてくるように、チベット高原の南の縁はインドへ向かって崩れ始めた。

プレートテクトニクス理論を知らなかったら、太古の海底が世界の最高峰になったことをどのように説明できるだろうか？　エベレストに限らず、高山で海生生物の化石を発見した人が直面した疑問と同じ類のものだが、こうした謎に対しては二通りの考え方ができる。かつての地球は高い山の頂上まで（したがって、全世界が）海に覆われていたとする説と、海底が高い山になるまで隆起したという説である。「ノアの洪水でヒマラヤが水没した」という考えは、インドがアジアに衝突して、目には見えないほどゆっくりとヒマラヤを押し上げているという現代の地質学的仮説に劣らず直観的な捉え方だ。

世界は変化しないと考えている人には、変形や崩壊により元の岩石層がまったく別の岩石層に変わるということは思いも寄らないだろう。地質時代という概念が生まれる前は、太古の海底がインド大陸に押し上げられてヒマラヤができたと考えるのは正気の沙汰ではなかった。大洪水と謎めいた山の隆起のどちらを選ぶかを迫られた初期の自然哲学者は、隆起説よりは洪水説の方がまだしも信憑性があると考えていた。

当然のことながら、教義の解釈と自然界の発見との整合性をめぐって議論が噴出した。人間に生まれながらに備わった好奇心と議論を好む性癖が、論争を活発化させるからだ。創世記が意図したのは、ユダヤ民族の歴史を簡潔に伝えることだったのだろうか？　それとも、世界の歴史全体を文字通りに表すことだったのか、または、後世の人たちにたとえ話で教訓を与えることだったのだろうか？　初期のキリスト教徒は、自然界の発見は聖書に記された真実を裏付けるものだと信じていたので、信仰と理性の間には根本的な相克があるという現代の創造論者の考え方にショックを受けることだろう。

初期の自然哲学者は、聖書に記されたノアの洪水に基づいて岩石や地形、風景そのものを説明したので、ノアの洪水譚は地質学の発展に大きな影響を及ぼした。海の生き物の殻が山の上にあるのをどうやって説明したらよいのか？　海生生物の化石が海よりはるかに高いところで発見されたせいで、ノアの洪水は地球を水没させた大災害だったという見方が強まった。大洪水により世界が作り変えられたという考えは聖書に記された真実であると同時に、中世に至るまで地質学の学説でもあった。

しかし、古代ギリシャでは、山地で海の生き物の化石が見つかる現象に対して、驚くほど近代的な理由が考え出されていた。初期の著名な哲学者の中には、こうした化石は人類が現れるずっと前に生きていた生き物のものではないかと考えた人もいた。貝の化石は陸地が海に覆われていたことを物語っていると考える哲学者もいた。ときおり発見される巨大な脊椎骨や歯は、太古の生物の骨だと広く認められていた。有名な古戦場の近くで見つかった化石は、伝説の英雄や神話に登場する怪物の亡骸として神殿に飾られた。ギリシャには、現在見られる動物や人間は過去の栄光に比べると影にすぎないという思想があり、世界は年を重ねるに従ってすり切れ、衰えていくという広く信じられていた考えはそれに裏打ちされていた。

偉大な哲学者のアリストテレス（紀元前三八四〜三二二年）は、地形は想像を絶するほど長い時間をかけて進化してきたと考えていたので、地質学者の元祖と呼びたくなる。陸と海は絶えず入れ替わり、山地で見つかる海生生物の化石は海が陸になったことを裏付けていると考えていた。河川が土砂を海へ運び、次第に海が埋められて、海水面が上がり、沿岸地域が水没する。このような陸と海の入れ替わりは長い年月をかけてゆっくりと進むので、その間に幾多の文明の興亡がくり返されたにもかかわらず、入れ替わる様子が記録に残されていないのだ。世界には始まりも終わりもなく、絶えず変化し続けているとアリストテレスは信じていた。

フィロン（紀元前二〇頃〜紀元五〇年頃）は紀元一世紀に著した『創世記に関する質疑』でノアの洪水を論じているが、現在知られているかぎり、ノアの洪水に言及したのはフィロンの書が最初である。ギリシャ人の植民市、アレクサンドリアのユダヤ人貴族の家に生まれたフィロンは、ノアの洪水の史実を疑っておらず、その関心は聖書に記されている文の真の意味を明らかにすることだった。フィロンにとって、真意を明らかにするとは、奥に隠された寓意的な意味を探究することを意味した。文字通りの解釈は皮相的に過ぎると考えていたのだ。ノアの洪水をめぐっては、新しい解釈や相矛盾する解釈が次々と出てきて長く論争がくり返されるのだが、フィロンは一人で両陣営の立場をとって、その幕を切って落とした。ノアの洪水は際限なく、地球を水没させたとも、ジブラルタルを越えそうになったとも述べているが、後者の場合だと、洪水の範囲は地中海にとどまることになる。

フィロンの意図はともかくも、神学者と自然哲学者の間で何世代にもわたる大論争に発展する種を蒔いたことになった。ノアの洪水で水没したのは地球全体だったのか、それともノアの知る世界だけだったのだろうか？　キリスト教徒は科学が論争に加わるはるか前からこの問題を議論していたが、議論の争点になったのは、伝統的な考え方を堅持するか、それとも新しい知見に合わせて考え方を変えるかという点であり、世界の真理の評価方法だった。以来、この問題は信仰と理性の対話の中核を成してきたが、信念を異にする両者の間に対立を生み出した契機として、進化論を除けば、ノアの洪水譚ほど大きな役割を果たしたものはないだろう。

ノアの洪水譚の解釈をめぐる論争には、ギリシャの哲学者ケルスス（紀元前二五頃〜紀元五〇年）も加わっていた。キリスト教に敵対するケルススは、ノアの洪水譚はユダヤ人が異教から借用したものだと非難した。ケルススのように聖書を批判する者は、ノアの方舟に世界中の動物のつがいをすべて乗せられるとは思っていなかった。どうすればそんな舟が造れるのか？　あらゆる生き物を乗せる救命ボートを一人の農夫が造ったという途方もない話は、ユダヤ人が考えたおとぎ話のように思えたのだ。

これに対して、神父のオリゲネス（一八二頃〜二五一年）は、創世記は寓意として理解すべきだと反論した。

一日目と二日目と三日目、太陽も月も星もないまま夜と朝が存在したなどと、知的な人物ならば誰が信じるだろうか？……これは神秘なことを物語風に伝える比喩的表現であり、実際の出来事だと思う人などいないだろう。(2)

ノアの洪水譚の比喩的な解釈を広めるために、オリゲネスはギリシャ文化を引き合いに出した。ギリシャ神話については比喩的な見方を認めているくせに、なぜノアの洪水に対しては文字通りに解釈することを求めるのか？　オリゲネスにとっては、「洪水譚」に表されている寓意は洪水が史実であったことに劣らず重要であった。ノアはキリストの降臨を予示し、動物と方舟はそれぞれキリストの国と教会を表していた。さらに、方舟の三層のデッキは天国と地上と地下の世界を象徴していた。オリゲネスはノアの洪水譚を文字通りに解釈するのは一面的に過ぎると思っていた。

聖書は比喩的に解釈すべきだと力説したのはオリゲネスだけではなかった。同時代のキリスト教徒は道徳に適った行動を奨励するために、聖書の物語を寓意的に解釈することが多かったのだ。キリスト教思想家はケルススなどの異教徒から批判されることに神経質になっていたので、聖書の理解を深めるために、自然界に関する知識を使うことを勧めていた。オリゲネスの師で、アレクサンドリアで教理学校長だったクレメンス（一五〇頃〜二一五年頃）は信仰と理性には同じ価値があると説いていたので、聖書を解釈するにあたって論理と理性を使わない者をたしなめている。神の創造物に示されている真理を理解することは、神の理解を深めることにほかならない。世界は創造主に反するようなことをするわけがないので、キリスト教徒は真理を理解するために、あらゆる知識を活用すべきだと考えていた。クレメンスにとって、信仰と理性の絆は神とキリストの絆と同じくらい強いものだった。
こうした問題に取り組んだ初期のキリスト教徒を代表する神学者が聖アウグスティヌス（三五四〜四三〇年）である。四世紀にローマ領のアフリカで、キリスト教徒の母と異教徒の父の間に生まれ、カルタゴで教育を受け、古典の知識やラテン文学と共に異教の教義にも精通していた。若い頃は享楽的な生活を送っていたが、頭脳明晰なアウグスティヌスは当時、教授職としてもっとも誉れ高いミラノの宮廷の修辞学教授に上り詰めた。三〇代の初めにキリスト教に改宗したが、それまでの社会的経験を通じて、自分の目で確かめられるものを信じるという考え方が育まれた。自然は嘘をつかないと考えていたのだ。岩に埋め込まれている貝や骨の化石は、ノアの洪水の史実を裏付ける自然の証と解釈していた。
理性と信仰の関係を明確に理解していたアウグスティヌスは、理性に反する聖書の解釈を信奉するのは危険だと警告している。教会からお墨付きを得た聖書解釈と矛盾する証拠が出てきたとき、キリスト教徒が信仰心を失うのではないかと恐れたアウグスティヌスは、このように書き記している。

詩篇に「神は大地を水の上に創りたもうた」とあるからと言って、知的な議論で相手に反論するために、聖書に記されたこの言葉を持ち出してはならない。……論戦相手は聖書の言葉の意味を知らないので、確固たる論拠に裏付けられた知識や経験に裏打ちされた知識を否認するよりは、聖書に嘲笑を浴びせるだろう(3)。

アウグスティヌスは聖書と自然界の創造者は同じだと確信していたので、自然界について学んだことに照らし合わせて、聖書を柔軟に解釈することを推奨し、自分の目で見たことと矛盾する聖書の解釈は認めないように忠告している。

一方、アウグスティヌスも当時の知識に基づいて、ノアの洪水は地球の全域を水没させたという考えを擁護している。批判派がオリンポス山にかかる軽い雲の上まで水が上がったわけがないと反論すると、アウグスティヌスは「オリンポスは土というもっとも重い元素からできているにもかかわらず、雲の上にそびえている。したがって、短時間で水がそこまで上がったとしても、おかしくはないではないか」とやり返した。この反論は理屈になっていないが、当時は筋が通っていると思われていたようで、アウグスティヌスの自然界に対する発想の柔軟さを示している。鋭い目と好奇心をもってさえいれば、自然現象を理解することができると考えていたのだ。

アウグスティヌスは、広く分布する動植物の化石が地球を水没させた大洪水を裏付けるもっとも有力な証拠だと考えていた。化石は聖書に劣らずはっきりと大洪水のことを物語っているように思われた。それよりずっと興味深く、議論の的になっていたのは、ノアの洪水譚が象徴する意味と意義に関する問題だった。

アウグスティヌスと同時代の聖ヒエロニムス（三四〇頃～四二〇年）は聖書をラテン語に翻訳し、寓意的な解釈を定着させた。また、聖書を理解するには慎重に考えることが大切であると説いた。聖書を文字通りに解釈して、地表にできた裂け目やねじれを神の怒りの証拠だと見なすのは浅はかな考え方だと思っていた。ヒエロニムスは文字通りの解釈は読み書きのできない大衆用で、寓意的な解釈は知識階級の聖職者用と見なすキリスト教の伝統を築いた。こうして一〇〇〇年にわたり、興味ややる気のない者や、知的能力の低い者に代わって、奥深い聖書解釈を行なうのが聖職者の仕事となった。

一六世紀になるとようやくこの流れは変わるが、流れを変えた立役者はマルティン・ルターだった。ルターは文字通りの聖書解釈を求めて、寓意的な解釈を重視する上層の聖職者階級に対して反旗を翻したのだ。

ヒエロニムスは創世記をラテン語に翻訳したとき、三章一七節でヘブライ語の「アダマ」を「土」を意味する「フムス」ではなく、「大地」を意味する「テラ」と訳したが、これが図らずも相反する解釈を生むもとになったのである。「土」ではなく「大地」と訳したことで、神の呪いが及んだのは地球全体だったのか、それとも人間が耕す農地だけだったのか、その範囲をめぐって大論争が起こったのだ。大地が土を意味しているのであれば、アダムに科せられた罰は生活のために土地を耕さねばならないというものになる。しかし、神に呪われたのが地球そのものならば、地形は神の報復のしるし、つまり、世界を引き裂いた天変地異のいつまでも残る爪痕ということになるだろう。この（誤）訳は、アダムとイヴが神の恩寵を失った後、人間と世界は堕落の一途をたどっていると信じていたキリスト教徒に大きな影響を与えずにはおかなかった。

ユダヤ教と初期のキリスト教では、神が世界を創ったとき、山はまだなく、世界は球か卵型のような美しい形をしていたと伝統的に考えられていた。また、神は人間を創る数日前に、海底からすくい取った泥を積み上げて大陸や山を創ったと考える者もいた。一方、時期については意見が分かれているが、地形は原罪から生じたと考える者もいた。神はアダムとイヴをエデンの園から追放したときに、罰として山という不便を与えたのだろうとか、アベルの血が流されたとき、それを受け入れた大地を呪って山を創ったのではないかとか考えたのだ。そのように考える者の多くは、地形はノアの洪水が地球の表面を作り直したときに形成されたと信じていた。ノアの洪水の前か最中かは別にして、不ぞろいな形をした山々は、神が人間に罰を加えるために、かつては完璧な楽園だったこの世界に傷をつけることも厭わなかった証だと考えたのである。

こうした初期のキリスト教徒は、貝の化石とは、人間がかつて堕落したことを忘れないようにと、ノアの洪水が身近に残していったものだと考えた。中世のキリスト教神学者は、荒廃の一途をたどる世界は人間の精神的・道徳的堕落を反映しているのだと教えていた。今日の私たちは高山や雄大な地形を見ると、創造の驚異を象徴する壮大な自然の大聖堂のようだと思うが、キリスト教では何世紀にもわたって、正反対の見方をしていたのだ。

アウグスティヌスの思想は一三世紀のイタリアの神学者・スコラ派哲学者である聖トマス・アクィナス（一二二五頃〜一二七四年）に引き継がれた。アクィナスも創世記を柔軟に解釈すべきだと説いた。キリスト教会は不滅なので、たとえ明らかに矛盾する事態に直面しても、自然哲学者が自然界の観察結果と照らし合わせて、創世記のどの解釈が妥当か判断するまで待つことができると考えていた。アクィナスはノアの洪水を史実だと認めていたが、聖書だけでなく、身の回りの世界も理解しようと努めるうちに、神が記したもう一つの書である「自然」の理解を深めていったのである。神は理性を創造し、人間に真実を判断する能力と、その判断を受け入れるか否かの自由意思を与えた。アクィナスは、神と世界の仕組みの間に矛盾が生じる余地をまったく認めなかった。そのような矛盾はありえないと考えていたのだ。

アクィナスもアウグスティヌスも、理性とは役に立つ授かり物であり、人間が自己よりも大きく意義深いものに関する知識を受け入れ、実践するための手段だと見なしていた。この見方は、私のような地質学者だけでなく、天文学から動物学まで、さまざまな科学分野の研究者が調査研究を行なう方法にぴったり当てはまるように思える。科学の根底にある基本原則を初期のキリスト教思想の中に見出すとは思ってもいなかった。

それでも、時代は変わった。アクィナスの時代には、地球史に関して三つの事柄が事実として一般に受け入れられていた。それは、「世界は数千年前に誕生した」「ノアの洪水で地形が作り変えられた」「(時期については異論があるが)至福千年〔キリストが再臨してこの世を統治するという神聖な千年間〕の終わりには業火が下り、最後の審判によって終焉を迎える」というキリスト教の教えに由来するものである。

ルネサンス期に入り、ギリシャ語やアラビア語で書かれた権威のある哲学書の原典が再発見されたり翻訳されたりすると、生物と無生物の区別が曖昧になった。岩石の中に見つかる奇妙なものは何でも化石と呼ばれていたが、地球そのものが生きているのならば、化石も岩の中で育つのではないかと考えられたのである。洞窟の天井からしたたり落ちる鍾乳石が地下で成長するのだから、化石が成長してもおかしくはないだろう? このような考えが生まれると、自然哲学者は化石を生き物の形によく似た物体にすぎないと見なすようになった。たいていの自然哲学者は、化石は珍しい形をした鉱物にほかならないと考えるようになったが、レオナルド・ダ・ヴィンチの見方は異なっていた。

一五世紀に、イタリア北部のアルバノ山麓にあるヴィンチの町で公証人の子として生まれたレオナルド・ダ・ヴィンチ(一四五二～一五一九年)にとって、まわりにある川や丘陵は魅力的な場所だった。幼少時代にはアルバノ山に登り、壁面に貝や魚の骨などが詰まっている洞窟を発見した。生まれつき疑い深い性格だったので、貝殻がノアの洪水で山に運ばれたという話を信じてはいなかったが、後に運河の建設に携わったとき、掘削中に岩に埋め込まれた化石が多数出てきたのを見て、ノアの洪水説に対する疑念を強くした。掘削現場をつぶさに調べてみた結果、海の生き物が岩石に閉じ込められたのは大洪水のためではないと結論を出した。生きたまま埋められたかのように、堅く殻を閉じた貝もあれば、浜辺で見られるように、殻が粉々に砕かれて散らばっている貝もあった。岩石層の表面にはミミズのような生き物が這い回った跡も残っていた。未曾有の大洪水の最中に海底を這い回った痕跡が乱されることなく完全な形で残っていることに疑問を抱いたのは、ダ・ヴィンチが最初だったかもしれない。

水流が堆積物を運ぶ様子を観察すると、水よりも重い化石などの物体は流れの底に沈んでしまうので、太古の貝殻が山まで運ばれることはありえないとダ・ヴィンチは考えた。化石は洪水の置き土産でも、奇妙な鉱物でもない。神が自分を騙そうとしているか、または、創世記を文字通りに解釈したのではわからない、もっと深遠な意味が隠されているかのどちらかだろうと考えた。

また彼は、高山の岩石に見られる貝の化石は海水面が高かった時代に堆積したものと考えた。堆積岩の層は太古の海底に沈んだ泥が固まってできたと考えていたからだ。理性と自分の目で確かめたことに基づいて、神の大いなる計画を読み解くことを試みたが、大洪水を裏付ける証拠は見つからなかった。

ノアの洪水で世界が水没したとしても、どうしたら地形を刻むことができたのかについては見当がつかなかった。最高峰を水没させるほどの雨が降ったとしたら、世界は巨大な水の玉になったはずだから、水面の高さに差は生まれなかっただろう。差が生じなければ、水が一方向に動くことはない。洪水の水が動かずに、どうすれば谷を侵食できたのか？　さらに、世界を埋め尽くした水はその後どこへ行ったのだろうか？　ダ・ヴィンチのような明晰な頭脳の持ち主にとっては、考えれば考えるほど疑問が湧いてくるだけだった。

洪水の水処理は、地球規模の大洪水を引き起こすことに劣らず説明がつかない厄介な問題だ。地球を水没させるほど大量の水を蒸発させるためには、太陽の熱だけでは足りないだろう。さらに、貝殻は重いので逆巻く水の中でも底に沈むだけでなく、波の底の水は沖へ向かって進むので、ノアの洪水は化石を山の上に押し上げたのではなく、海へ運び去っただろう。山地の岩石で見つかる貝の化石は地球規模の大洪水を裏付ける証拠と見なされてきたが、ダ・ヴィンチにとっては、まったく話にならなかった。

その後、新大陸の発見と探検に伴い、地球規模の大洪水説にとって頭の痛い問題が新たに出てきた。とりわけ厄介な問題は、探検家が膨大な数の新種を発見したので、ノアの方舟に収容する動物の数が飛躍的に増加したことだ。さらに、新たに発見された動物の収容に劣らず説明に窮したのは、こうした動物がどうやって洪水の前にノアの方舟までやってきて、洪水の後で旧世界に子孫を残さずに、故郷へ帰ったのかという問題だった。

レオナルド自身は遠征はしなかったが、当時のヨーロッパ人は探検する先々でユダヤ系には見えない人々に出会った。キリスト教の真理を弁護する護教論者は、アメリカ先住民はイスラエルの失われた部族の子孫だとか、ヴァイキングの遠征隊の末裔だとか、太古に大陸間をつないでいた陸橋を通って新大陸に渡った人たちの子孫だとか説明したが、こうした安易な説明は問題を解決するどころか、かえってこじらせた。その陸橋とやらは、今はどこにあるのか？　ギリシャ・ローマ時代の彫像を見るかぎり、ギリシャ人やイタリア人はこの二〇〇〇年の間、容姿が変わっていないのに、ノアの子孫はわずか数千年で容姿が変わり、ピグミーやヴァイキングやアボリジニのような外見になってしまったのか？　人間の変化する速度がギリシャ人やイタリア人のように遅いのならば、ノアの洪水の後で万華鏡のように多様な民族がどうやって生まれたのだろうか？　いずれにしても、聖書に記された地球史観は不完全である。

新教（プロテスタント）の登場に伴い、聖書の解釈に変化が現れた。カトリック教会では伝統的に聖書を寓意的に解釈していたが、教会から分離した改革派はその伝統と決別した。とはいえ、ノアの洪水の解釈に関しては改革派内で意見の一致を見ることもできなかった。プロテスタントは聖書の文字通りの解釈と自由な解釈の両方を導入して、信徒は各自が自分なりに解釈するようにと説いた。

当時のカトリック教会と異なり、マルティン・ルター（一四八三～一五四六年）とジャン・カルヴァン（一五〇九～一五六四年）は新大陸で発見されたものを無視した。二人は宗教改革者で、風変わりな動物や民族が具現する謎に直面している探検家ではなかったからだ。しかし、ここでも意見の一致よりも論争が先に立った。ルターとカルヴァンはプロテスタント教会とその宗派の知的基盤を築いた偉大な指導者だったが、ノアの洪水に対しては正反対の解釈を示した。二人の注釈書を読むと、不可解なデータの解釈をめぐって議論する研究者を見る思いがする。

一五四五年に出版された『創世記講解』で、ルターはノアの洪水の注解に一〇〇頁以上も割いている。「モーセははっきりと厳密に話したのであり、寓話や比喩は使っていない(4)」とルターは明言している。ノアの洪水によって地上の楽園は跡形もなく消え去り、地球は元の姿の痕跡もとどめていないと考えていた。人類の揺籃の地が破壊されたことを裏付ける証拠は、鉱山で掘り出される樹木や動物の化石に象徴される過去の世界の残骸だけだ。神にとって大洪水を起こすのはいともたやすいことだった。大陸は神が与えた浮力で海の上に浮いていたので、命令一下それを撤回し、浮力を無効にすればよいだけなのだ。

さらにルターは、平坦だった地表に皺が寄ったのは、犬が水浴びの後で身震いして水を切るときに毛皮に皺が寄るのと同様だと説明している。ルターの洪水起源説を一言でいうと、ちょっと水に浸かった後で水切りをしたら、現在の地形ができたことになる。持ち上がって山地になったところもあれば、海の底に沈んだところもあった。地球の土壌は豊穣で、ほとんど働かなくても多くの収穫が得られたが、それも洪水で失われてしまった。「洪水以前に穫れたカブは、洪水後のメロン、オレンジ、ザクロよりもおいしかった[5]」と述べる一方で、「新しい年へ期待を寄せていた人々を恐怖のどん底に落とすように、洪水は春に起きた[6]」とも明言している。カブの話は恐竜と同様に聖書のどこにも出てこないことを考えただけでも、ルターのこの見解は、創世記を文字通り解釈する立場を明らかに逸脱している。自分なりにくわしく述べないと気がすまない性格だったとはいえ、字義通りに解釈することを信条としていたルターでさえ聖書の解釈に手こずっていたのだ。

ルターは低地ドイツのなだらかに起伏する丘陵地帯に育ったので、馴染みのない山岳地帯の地形には威圧感を覚えていたようだ。ルターには山岳地帯の荒々しい姿は人類の精神的堕落を映しているように思えた。大洪水が地表を作り変え、山地という爪痕を残して去った後、人類は堕落の一途をたどってきたのだ。

ジャン・カルヴァンもノアの洪水を字義通りに解釈するように説いたが、ルターのように詳細を付け足すことはしなかった。また、化石の解釈には異論が多いことを知っていたので、化石を洪水の証拠として挙げることもしなかった。さらに、ルターとは対照的に、洪水の後でも世界の元の姿はおおむね残っていると思っていた。ノアの洪水は地形を激変させた天変地異ではなく、リセットボタンを押すような穏やかな修復作業だったと考えていたのだ。

カルヴァンはルターとは違って、スイスのアルプス地方で生涯の大半を過ごした。自然を愛したカルヴァンには、神が洗練さに欠ける醜い世界を創造したとはとうてい信じられなかった。また、人間が犯した罪のために、神がこの世界そのものを呪ったとも思われなかった。人が理性の働きによって獣より優位に立てるのと同様に、自然は人が神の姿を見るためのレンズの働きをしてくれる。地球が神の呪いを受けたわけでなければ、ノアの洪水で一体どうやって山地が作られたというのだろうか？

プロテスタント教会の伝統の基礎を築いた二人ではあったが、科学と宗教の関係に対する考え方は根本的に異なっていた。カルヴァン派のプロテスタントは、宇宙と人間の役割の理解を深めるために、自然界を研究することを奨励した。これは、カトリックのイエズス会による伝統的な自然哲学の取り組みとよく似ている。カルヴァンの寛容な考え方は科学的研究の精神を育んだが、ルターは字義に忠実な聖書解釈の信奉者を育てたので、自然界の出来事に対する解釈も柔軟性を欠くことになった。ノアの洪水の解釈では二人の意見は分かれたが、「地動説」を提唱したニコラウス・コペルニクス（一四七三～一五四三年）に関しては、伝統的な「天動説」に異論を唱える異端者と見なすことで一致していた。

コペルニクスは一五〇〇年頃にイタリアに留学していたときに、地球が太陽の周りを回っているという過激な仮説を提唱した。当初、コペルニクスはこの仮説を知的好奇心、あるいは奇抜な頭の体操と呼んでいた。しかし、数十年熟考した後に、仮説の妥当性を確信するに至った。ヴァチカンの庭園で、教皇クレメンス七世はこの仮説に好意を示したが、一五四三年に教皇パウルス三世に『天体の回転について』を献呈したとき、教皇の検閲官と問題を起こしたくなかったので、コペルニクスはローマからポーランドの故郷へ戻った。しかし、「内容は事実ではなく、推測に基づく仮説だ」と釈明する序文を、出版監督が著者に無断で付け加えていた。コペルニクスが出版されたばかりの著書を目にしたのは、死の床であった。

『天体の回転について』を読んで失望したのはコペルニクスだけではなかった。聖書を言葉通り単純に理解していたルターは、地球が宇宙の中心ではないという説に愕然としたが、「このたわけ者は天文学を根底から覆そうとしているが、ヨシュアが止まっているように命じたのは太陽であり、この地球ではない」(7)と聖書の一節を引き合いに出して、この甚だしい異端を非難した。エルサレムが世界の中心で、地球は宇宙の中心であるという思想はキリスト教の教義にしっかりと根付いていたからだ。さらに、伝統的な天動説は天体の動きに適っていると思われた。さもなければ、ヨシュアが太陽に止まっているように命じることなどできなかっただろう(ヨシュア記一〇章一二～一三節)。とはいえ、自然現象の解釈に柔軟なカルヴァンの姿勢が一助となって、その後の数世紀の間に何世代ものプロテスタントは科学的発展を受け入れていったのだった。

それから半世紀後の一六一〇年に、みずから改良した天体望遠鏡で木星の観察を行なったガリレオ・ガリレイ(一五六四～一六四二年)は図らずもコペルニクスの地動説を立証することになり、教皇の堪忍袋の緒を切るはめになった。ガリレオが地球以外の惑星にも月〔衛星〕があることを発見したので、コペルニクスの仮説は単なる憶測ではなくなったからだ。他の惑星でも月が周りを回っているのなら、地球が太陽の周りを回っていてもおかしくはないのではないか? ガリレオは思慮深く、木星の衛星に後援者のメディチ家に因んだ名をつけたが、それでもキリスト教の敵として弾劾を免れなかった。

聖書の擁護に熱心な学者たちは、ガリレオの発見は理屈に合わないと口をそろえて誹謗した。ガリレオは自分の発見を疑う人たちにも折に触れて望遠鏡を覗かせたが、望遠鏡を覗くのは神を冒涜する行為だと非難したり、木星の衛星は悪魔の仕業による目の錯覚だと言いふらす者も多かった。

木星に次いで月面に望遠鏡を向けたとき、ガリレオはまたしても異端的な発見をしてしまった。山がはっきりと見えたのだ。これは大問題であった。山はそこにあってはならないものだったからだ。地球の地形がノアの洪水か「アダムの堕落」でできたのだとしたら、なぜ月の表面にも似たような傷痕が残っているのだろうか？　人間に降りかかった呪いが、人の住んでいない世界にまで及ぶのは理屈に合わない。

今度は、ガリレオはやりすぎてしまった。コペルニクスの地動説を支持することは異端と見なされ、ローマで異端審問にかけられた。

ガリレオは事態を打開するために、友人のクリスティーナ大公妃に宛てて手紙をしたため、文字通りの聖書解釈を科学の問題に当てはめるべきではないとも、自分に対する批判は的はずれで、もっと自由に考えるべきだとも述べている。

> 聖書の意味や教皇の意図に反して、……言葉の表面的な意味の下に別の意味があるかもしれないにもかかわらず、五感で確かめた証拠や理性ではなく、聖書の一節を信じさせようとしているのです。(8)

さらに、自然を研究すれば、世界の仕組みに関する事実を知ることができるが、聖書は周知のように解釈が難しいとも述べている。

聖書の権威と曇りのない明白な理性を敵対させる者がいたら、自分のやっていることがわかっていないのだろうと思います。その人が真実に反対するために持ち出すのは、自分に理解できない聖書の意味ではなく、自分自身の解釈だからです。つまり、聖書に記されていることではなく、自分自身の中に見出し、そこにあると思い込んでいることを持ち出して真実に敵対するのです。(9)

ガリレオによれば、問題は聖書の読み方であって、自然界について観察や研究ができる事柄の方ではない。ガリレオは、自然を注意深く観察して得られた事実に基づいて聖書を解釈し直せば、聖書と理性の間にあるように見える矛盾は解消できると考えていた。新発見は自然界の事象に関する聖書解釈の指針になってくれるだろうと思っていた。

さらにガリレオは、モーセは聴衆にわかりやすい言い方で話をしたのだと述べて、コペルニクスの地動説と自説を擁護した。今でも、ふつうは高校で量子物理学を教えたり、読み書きできない人にジェームズ・ジョイスを教えたりはしないだろう。基礎知識のない者にいきなり難しいことを教えるのは無理なのだ。

異端審問はガリレオの観察行為をとがめるわけにはいかなかったが、聖書の解釈となると話は別だった。トリエント公会議はキリスト教の伝統的な見解と相容れない聖書の解釈を禁止していた。そして、地球を宇宙の中心に据えた宇宙観はカトリック教会の伝統の大事な一部だったので、その宇宙観に異論を唱えるのは異端であった。

異端審問所は一六一五年にガリレオの手紙について報告を受けると、手紙から抜粋したガリレオの主張を判定するために、厳選された神学者の一団を招集した。招集された神学者たちは従順に、「太陽が中心にあり、地球の周りを回っているわけではないという主張は、神学的に誤った、理屈に合わない馬鹿げた考えで、聖書に記されていることに明らかに反するので異端である」という裁定を下した。[10] 翌年の二月、教皇パウルス五世がガリレオを異端審問に召喚したとき、ベラルミーノ枢機卿が太陽の周りを惑星が回るという主張はキリスト教に悪影響を及ぼすと非難した。地球が宇宙空間を運行している惑星の一つにすぎないということになれば、その住人も特別な存在ではなくなってしまうだろう。ガリレオの望遠鏡は神が人類に特別に与えた場所だけでなく、聖書に記された救済の約束も脅かしたのである。

ガリレオの立場はますます悪くなった。当時の政治文化の最大権力にたった一人でどうやって立ち向かうことができようか？　ガリレオは権威のある聖アウグスティヌスの考えを引き合いに出して弁明を試みたが、功を奏しなかった。

数週間後、異端審問はすでに亡くなっていたコペルニクスを断罪しただけでなく、地球が太陽の周りを回っていることを肯定する書物はすべて禁書にした。地球が宇宙空間を運行していると説くと、この世で危険な目に遭い、あの世では地獄に落ちることになった。

ガリレオは教皇ウルバヌス八世からコペルニクス体系〔地動説〕に対する賛否両論を概説する書を執筆する許可を得ると、一六三二年に『二大世界体系に関する対話（天文対話）』の出版に漕ぎつけたが、教皇の見解とコペルニクスがすべてを捏造したという屈辱的な序文を付け加えるという条件がつけられた。しかし、今度は、但し書きが強要されて付け加えられたことは明らかだったので、ヨーロッパ中の学者が一笑に付した。しかし、ガリレオがこれで汚名を返上できたと内心思ったとしたら、それはとんでもない思い違いだった。ガリレオは教皇の伝統的な見解を語る人物に、思わずシンプリチオという名をつけてしまったが、「間抜け」という意味にとれることもあり、きまりの悪い思いをさせられた教皇は怒り心頭に発して、ガリレオに法廷の前でひざまずき、異端的な地動説を放棄するように命じた。

ガリレオの事例は、科学的発見が伝統的な考え方と相反したときに軋轢《あつれき》が生じたことを示しているが、同時に、依然として物議をかもしている問題も提起した。キリスト教徒は自然哲学者の発見に対して、どのように対応すればよいのか？　観察結果の方が聖書に記された啓示に勝るのか、それとも逆なのか？　理科の授業内容をめぐって今日でも論争が続いているのを見れば、この問題がまだ解決されていないことがわかる。

ガリレオが地球は宇宙の中心ではないという異論を唱えたために、ローマ教会から糾弾される憂き目に遭ったのは、古代ギリシャの天文地理学者プトレマイオスが提唱した「天動説」が当時は絶対視されていたからだ。一方、聖書には天動説や天地創造の年代に関する直接的な記述は一切ない。われわれが住んでいる地球は宇宙の中心に位置し、齢《よわい》六〇〇〇年に満たないと聖書に記されているという信念は、一つの解釈にすぎないのだ。徐々にではあるが、聖書の説話にはさまざまな解釈が成り立つという見方が認識されるようになってきた。一九九二年に教皇ヨハネ・パウロ二世が、ローマ教会によるガリレオの迫害を公式に謝罪した。それまでに、ローマ教会はノアの洪水が地球規模だったという見解を放棄していたが、ガリレオの糾弾者が聖書の平易な言葉にさまざまな解釈が成り立つことを認識していなかったという見解を新たに表明した。

試しに、真実ではないとわかっているような事柄でも、聖書の字義通りに解釈すると真実のように思えてしまうという問題について考えてみよう。たとえば、地球が平面だという説がよい例だ。創世記の天地創造には、地球は巨大なアーチ型の天空に覆われていて、その上を天体が動いていると記されている。これは、地球が大寺院の床のように平らだと考えたときだけ、意味をなす話だ。預言者ダニエルは、地の果てからも見える大木の夢の解釈を行なったとき、地球は平らだと考えていたに違いない（ダニエル書四章二〇節）。地球が平らで、実際よりもずっと小さくなければ、そうした解釈は不可能だ。球体をした惑星の上では、はるか彼方の土地を見ることができないのは明らかなので、比喩と受け取るべきなのである。

これは旧約聖書に限った問題ではない。新約聖書でも文字通りに解釈すると、地球は平らだということになる。マタイ伝には悪魔がイエスを非常に高い山に連れて行き、その頂きから世界のすべての国々を見せるという話が登場する（マタイによる福音書四章八節）。これも、地球が平らでなくてはできないことだ。もちろん、当時のユダヤ人に知られていた世界は中東だけだったので、マタイが指していたのは、「中東にあるすべての王国」だったのかもしれない。また、ヨハネの黙示録には、球体には隅がないにもかかわらず、「地の四隅」という表現が出てくる（黙示録七章一節）。つまり、われわれが惑星に住んでいるという事実を認めるためには、ここに挙げた聖書の一節、したがって他の節に対しても比喩的・寓意的な解釈をする必要があるのだ。

宇宙の仕組みや世界の起源、ノアの洪水の証拠などをめぐる論争が修道院から公開討論の場に移るにつれて、プロテスタントはカトリック教会とその寓意的聖書解釈との確執を通して、字義通りの聖書解釈（直解主義）を推し進めた。しかし、今日ではあまり知られていないが、宗教改革以前には、厳密な直解主義は読み書きのできない大衆に聖書を理解させる方便と神学者は考えていたのである。

ガリレオが異端審問にかけられてから数十年経つと、自然界に対する伝統的な聖書の解釈に異論を唱えても、弾圧される危険は小さくなった。宗派間では激しい軋轢が生じた（戦争に発展したことさえあった）が、それにもかかわらず、地球や宇宙を研究する自然哲学者は観察に基づく研究手法を考案して、ノアの洪水を奇跡ではなく、二次的な自然の要因によって合理的に説明する独創的な仮説を提唱するようになった。現代的な科学はまだ誕生していなかったが、自然哲学者は、自然を研究することは神の創造の謎を解く鍵となると信じるようになった。観察によって洞察への道が切り開かれたのだ。自然を研究する者は、地球を水没させた大洪水を実証するだけでなく、首尾よくやり遂げた神の手腕を明らかにすることや、聖書に記された「大いなる淵の源はことごとく破れ、天の水門（窓）が開けた」（創世記七章一一節）が示す意味を解明することもできると確信していた。

聖書の解釈の仕方は、聖書に記されていることに劣らず大きな影響力があることを歴史が示している。世界に関する知見が蓄積されるに従って、ノアの洪水の史実を確信する人は、地質学的証拠を聖書の物語に調和させる独創的な説を提唱するようになった。しかし、こうした努力は問題を解決するどころか、新たな対立を生み出した。地球を水没させた大洪水の証拠探しを行なえば行なうほど、洪水の信憑性が疑わしくなってきたからだ。

4　廃墟と化した世界

ノアの洪水で世界が形成されたという見方については、一九世紀に地質学が科学の一分野として独立するずっと前に、斬新な説が山ほど提唱されていた。ガリレオと同時代の一七世紀の地形観は、神が世界を創った二日後（天地創造の三日目）に地形を創ったという素朴な見方、ノアの洪水で山や谷が形成されたとする多少学問的な見方、一部の自然哲学者が提唱した、過去にときどき起きた地震も地形の形成に一役買ったとする説の三つに大別できる。しかし、いずれにしても、世界は誕生以来、少しずつすり減っているので、地形が侵食され、土壌が豊かさを失うにつれて、ますます衰退していくという考えが根強く残っていた。

世界はいずれ瓦解して廃墟と化すという世界観に変化の兆しが現れたのは、一六四四年に著名な哲学者ルネ・デカルト（一五九六～一六五〇年）が『哲学原理』の中で、ノアの洪水も自然の原理（物理法則）に従っていると唱えたときだった。デカルトは地球の起源と進化に関する説も提唱している。

しかし、自説がローマ教会の見解と相容れないことを十分に承知していたデカルトは、ガリレオが受けた迫害を他山の石として肝に銘じていたので、自説が誤りであることをはっきりと断り、ローマ教会の糾弾を巧みにかわしたうえで、自然の理解を深めるのに役立つ仮説として論じた。

デカルトは、隣接する恒星の渦に取り込まれて恒星になり損ねた星が地球の起源であると述べている。この原始地球は冷めるにつれて、幾重にも重なった層をもつ惑星になったが、金属を多く含む内殻に囲まれた核はまだ火の玉のように熱い。この内殻と、岩石や砂、泥などから成る外殻との間には海が閉じ込められていた。しかし、この海の水は時間が経つにつれて、太陽の熱で徐々に蒸発し始め、外殻と内殻の間に空洞が生まれる。空洞ができたために、重力に耐え切れなくなった外殻には亀裂が生じて、内側の海の中に崩れ落ちるが、その衝撃で大洪水が起こり、山地や海が形成されたのである。

デカルトの独創的な仮説は、世界の地形が一度に形成された仕組みを示すものであった。地球規模の大洪水が発生するメカニズムを解き明かそうとした壮大な物理学的仮説に触発されて、自然哲学者の間にノアの洪水が引き起こされた仕組みを考え出す気運が高まった。いかに常軌を逸した説だろうと、反論や論駁に利用できる証拠がないので、相容れない洪水仮説が次々と提唱され、破壊されることが前もって決められた世界を神がどのように設計したかについて、独創的な説明が試みられるようになった。

今日のわれわれから見ると、荒唐無稽としか言いようのない仮説ばかりだが、当時は世界を説明するために真剣に提唱されたものだった。論理より想像が先走りしていた時代で、地形の起源を説明するために提唱された仮説では、ノアの洪水の信憑性に疑いはもたれていなかったのだ。こうしたけっこうな説明に対して事実が邪魔になり始めたのは、地質学の原理が体系化された後のことだった。

ガリレオが異端審問にかけられた後、自然史に興味を示した代表的な聖職者はイエズス会の神学者アタナシウス・キルヒャー（一六〇一〜一六八〇年）である。キルヒャーは教授の職にあったコレッジョ・ロマーノ〔イエズス会が創設した学院〕で数学、物理、東洋言語を教えるかたわら、挿絵が豊富に入った自然史の本を出版し、ヨーロッパの名士の間でもてはやされた。かなりの変人で、洞窟や峡谷を探検し、地下がどんな様子か見ようとしてエトナ火山やヴェスヴィオ火山の火口にも下りたことがある。アルプス山脈で地下の水脈を発見したとき、水が満ちている洞窟と火が満ちている洞窟があるという事実は、地球の大きな謎の一つである「川の起源」を解く鍵になると考えた。地質学的事実や説話を編纂した百科事典的な『地下世界』（一六六四年）で、海水は海洋潮汐によって、河川の水源にある泉につながっている地下水脈を通じて、山地まで押し上げられると提唱している。火山の地下深くにある火は巨大な放熱装置のような機能を果たしており、海底の穴から水を押し上げ、山地の泉に供給しているというのである。キルヒャーが唱えた水循環という概念は正しかったが、循環の方向は逆だった。今日では、水は海洋から蒸発すると、雨として大陸に降り注ぎ、河川を通じて再び海に流れ込むことがわかっている。

それから一〇年後に、キルヒャーは『ノアの方舟』で、神は地下にある広大な湖をあふれさせて、ノアの洪水を引き起こしたと論じている。地球の外殻が割れて、大きな塊が地下の湖に落ち込んだので、海底や低地に砕けた岩が幾重にも積み重なり、ねじ曲がった層ができた。山地は崩れ落ちた地球の外殻の残骸であるというのである。

ノアの洪水が地球規模だったとすべての人が信じていたわけではない。たとえば、キルヒャーと同時代のオランダ人神学者で、スウェーデン女王の司書も務めたイサーク・フォシウス（一六一八〜一六八九年）は、地球の水をすべて集めても、高い山を水没させるには全然足りないことを理由に挙げて、洪水の地球規模説を否定している。神が奇跡を起こして足りない水を補い、洪水後はまた奇跡を起こして余分な水をすっかり取り除いたという説は、神を敬っているように見えるが愚論だとして退けた。また、アダムからノアまでのわずか数世代では、全世界は言うまでもなく、メソポタミア地方でさえ人が住み着くまでには至らなかっただろうと述べ、人の住んでいない場所に天罰を加えても意味がないので、ノアの時代に人が住んでいた地域は限られていたはずだと論じた。さらに、古代の人は一地域の出来事を記すときに、まるで全世界の出来事であるかのような大げさな表現を使うことが多かったので、ノアの洪水は人類の先祖代々の故郷が水没したという意味で、大袈裟な表現で記す必要があっただけのことだと述べた。フォシウスは聖書に記されたノアの洪水は地域的な出来事だったと解釈したのだ。

世界を水没させるに足る水の量は、ウスター州の英国国教会の主教エドワード・スティリングフリート（一六三五〜一六九九年）にとっても悩みの種で、その著書『聖起源』（一六六六年）で、局地的な洪水と考えるのは聖書の正統な解釈と一致すると述べている。スティリングフリートは地球の全降水量を算出し、それで地球を覆ったとしても五〇センチに満たないだろうと論じている。地球を水没させるにはとても足りる量ではない。スティリングフリートもフォシウスと同様に、人類の住んでいた地域が中東だけだったとすれば、地域的な洪水で人類を滅ぼすことができただろうと考えた。一地域を襲った洪水なら、その地域に生息する動物を方舟に乗せるだけですむ。また、世界規模の大洪水や、世界中の植物が水没している洪水の最中に、方舟に乗せた動物たちの食料を調達するという難題を説明するために、聖書に記されていない奇跡を持ち出すのは好ましいことではないと思っていた。

スティリングフリートとフォシウスによって、神学者たちはノアの洪水が局地的な出来事だったと考えるようになったが、それにもかかわらず、地球規模の大洪水だったという解釈もあとを絶たなかった。一七世紀の著名な自然哲学者も地質学的な観察結果を説明するために、相変わらずノアの洪水を持ち出していたが、その中には地質学の父と呼ばれているニールス・ステンセン（一六三八〜一六八六年）もいた。

ニールス・ステンセンはステノというラテン名の方が有名だが、裕福な金細工職人の息子として、一六三八年の元日にデンマークのコペンハーゲンで生まれた。ルター派の家庭に育ったステノは、世界が終末を迎えるまで、あと数世紀しかないと教えられた。ステノが近代地質学の基礎を築くことになったのは、篤い信仰心と自然哲学に対する強い関心に負うところが大きかった。ステノは聖書の直解主義を信奉するプロテスタントの中心地で育ったが、大人になってからは、寓意的な聖書解釈が根を下ろした南のカトリックの国々で暮らした。好奇心旺盛で、感動する心を失わないステノは、南ヨーロッパの暮らしが長くなるにつれて、広い視野に立って物事を考えるようになり、世界観も変わった。

一八歳のときにコペンハーゲン大学の医学部に入学し、グロッソペトラ（舌石）などの結晶や化石にあるとされる治癒力や薬効について学んだ。グロッソペトラは縁がギザギザになった、石のように硬い三角形の物体である。その粉末は魔除けや愛を呼ぶ力があるとされて昔から珍重されてきたが、一方、疫病の治療薬や口臭防止薬としても広く利用されていた。暴風雨の後に地面に転がっているのが見つかるので、どうやってできるのかについて、さまざまな説が唱えられていた。空から落ちてきたと考える者や、落ちた雷が石になったと考える者もいた。ステノはグロッソペトラや化石も面白いと思ったが、一番興味をもったのは、人体の解剖実習を伴う解剖学の授業だった。

一六五九年にコペンハーゲンがスウェーデン軍に包囲されたとき、ステノは密かに町を脱出した。アムステルダムに短期間滞在した後、ライデン大学で医学を修めるが、在学中にステノの名声を高めることになる解剖学的発見をする。気晴らしにヒツジの頭部を解剖しているときに、唾液管を見つけたのだ。それまでは、唾液がどうやって口の中に出てくるのかは謎だった。さらに涙腺も発見し、涙は痛みや悲しみを感じると、脳から絞り出されるという当時の常識を覆した。

一六六五年の冬に大学を卒業すると、ステノはパリに出た。注意深く人間の脳を解剖していたところ、大脳基底部の近くにある小さな松果体が固定されていて、回転できないことがわかった。すなわち、この豆に似た小さな腺に人の心が宿っており、糸をひねったり引っ張ったりして人体を巧みに操っているという大哲学者デカルトが唱えた説に、大胆にも異論を唱えることになったのである。さらに、人間の心臓の仕組みを解明するのに大いに貢献して、パリの科学界を驚かせた。

科学界の寵児となったステノは、トスカナ大公フェルディナンド二世（一六一〇〜一六七〇年）の主治医に抜擢され、当時の最初で唯一の正式な研究機関であったアカデミア・デル・チメント〔実験アカデミー〕の入会も認められた。この機関はガリレオの教え子たちによって創設され、大公の財政支援を得ていた。ステノはフィレンツェへ赴く途中でアルプスとアペニン山脈を越えたが、そのときに、どんな大波も届かないと思われる標高の高いところで、岩の壁面に露出している化石の層を見つけた。水平な層ばかりでなく、ねじ曲がったものや大きく傾いたものもあった。フィレンツェ周辺の丘陵地に見られる化石は貝のように見えたが、たいていの自然哲学者は太古の生き物の痕跡とは思っていなかった。カキやハマグリに似ているだけの取るに足りない鉱物の変わり種で、いわば自然の悪戯だというのが学者の一致した意見だった。

ステノがフィレンツェに到着してまもない一六六六年一〇月に、トスカナ地方の漁師がアルノ川の河口近くで巨大なホホジロザメを引き上げた。数トンもある巨大なサメの知らせがメディチ家に届くと、フェルディナンドはアカデミアに調べさせるために、フィレンツェの宮廷に運ぶように命じた。しかし、サメは大きすぎて運べないうえに、すでに腐り始めていたので、ブタ一頭分ほどもある大きな頭部だけを荷馬車に乗せて、アルノ川沿いに運んだ。

アカデミアの新入会員だったステノは、千載一遇の機会を得て、巨大なサメの頭部を解剖できるのは名誉なことだと思った。大公と宮廷に仕える人たちが固唾を飲んで見守るなか、ステノは執刀した。サメの顎は人間を丸ごと飲み込むことができるほど巨大だったが、脳はたったの八五グラムしかなかった。巨大な殺戮マシーンをこんなにちっぽけな脳がどうやって操ることができるのだろうか？

ステノはまず初めに歯に注目した。縁がギザギザの歯はどれも謎めいたグロッソペトラにそっくりだった。サメの歯とグロッソペトラは「卵が互いによく似ているように[1]」よく似ていた。グロッソペトラが実はサメの歯だったことがわかると、今度は巨大ザメの歯がどうして硬い岩石の中に埋め込まれることになったのかという疑問が湧いた。太古の海底の泥に埋まった歯が化石になった後で、何らかの理由で海底が海よりも高く持ち上げられたに違いない。

ステノは解剖の結果を手短にまとめて大公へ報告したが、報告書の中でグロッソペトラの起源と化石に対する認識を改める必要性についても触れている。当時、化石は岩石の中に自然に生まれて成長すると一般に考えられていたが、ステノはそうした考えの矛盾点を指摘したのだ。岩の中に成長するものがあったら、岩にはひびが入るはずだが、化石のまわりにひびが入った岩を見たことがない。しかし、それ以上に重要なのは、グロッソペトラがどれもサメの歯の完璧なレプリカだったということだ。それとは対照的に、結晶体は実験室で人工的に作ったものでも、往々にして何らかの欠陥が見られる。ステノは、イガイの左右の殻に似た化石が岩の中の数センチ離れたところに埋まっていたら、それはかつて生きていた貝の殻だとしか考えられないと論じている。

ステノが解剖結果に基づいて、グロッソペトラはサメの歯が化石化したものだということを明らかにしたので、学者たちも化石が生物の死骸だと認めるようになった。さらに、ステノは硬い固形物が硬い固体の中に埋め込まれていること、すなわち化石がどうやって岩石の中に入ったのかという問題に興味をもち、堆積物の一番下の層が最初に堆積したのだろうと考えるようになった。堆積物の下の層は上の層よりも古いというステノのこの見解こそ、「地層累重の法則」と呼ばれている、近代地質学の基本原理である。この法則は何世紀も経った今日でも通用する。第2章で私がグランドキャニオンの地層を読み解いたのも、この基本法則に則ってのことだ。

ステノは、岩石の中には陸地から洗い流された堆積物が固まってできたものや、鉱物を大量に含んだ水の中で鉱物が析出してできたものがあると考えた。また、化石は海底の堆積物の中にゆっくりと埋められた海生生物の死骸なので、歯や骨、貝殻などの硬くて頑丈な部位は化石になりやすいが、軟組織はすぐに腐ってしまうので化石として残らないのだと考えた。

ステノが生きていた時代と、当時の学者がまったく違う意見を信じていたことを考えると、彼の洞察力は驚くばかりだ。サメの頭部の解剖と一六六七年の春に発表した簡潔な報告書は大反響を巻き起こした。そこから、科学は偶然の発見で進歩することがわかる。続いてステノは代表作に着手するが、地質学の基礎はこの論文で築かれた。ステノは、サメの歯が岩石の中に閉じ込められた過程を解明しようとしていたときに、岩石そのものから地質の歴史を読み解く規則を考案した。デカルトとキルヒャーは地質学的裏付けがほとんどない伝統的な考えに基づき、包括的な一般論から理論を展開したが、ステノは指導原理と論理を当てはめながら、地球の歴史を研究したのだ。ステノは都合のいい理屈を考え出したのではなく、事実に裏打ちされた理論を構築するために、実際にフィールドに出てデータを収集した。

ステノは地質学的な問題にますますのめり込んだため、トスカナ地方の山を歩き回り、化石を集め始めた。大公もステノの好奇心を満足させてやろうと、石切場や鉱山を開いて、地下に埋まっているものを掘り出させた。ステノは観察を重ねれば重ねるほど、太古の海の堆積物が化石を含んだ岩石になったと確信するようになった。さらに、斜めに傾いた地層のことにも言及して、こうした地層は水平に堆積した後で片方が持ち上げられたのだと述べている。

ステノは岩石の歴史を読み解くために、異論を唱える余地がないほど簡潔明瞭にまとめた指導原理を導入したが、この原理は近代地質学の発展に画期的な役割を果たした。たとえば、第一の法則は、「堆積物の一番下の層は最初に堆積したもので、したがって一番古い」というものだ。また、第二の法則は、「堆積層は水平に堆積する」。こうした単純な原則に従うことによって、ステノはトスカナ地方の地形の歴史をひもとく作業に取りかかることができた。地層や過去の出来事の相対年代を決定する方法を定めることによって、地球の歴史を読み解く道が開かれた。ステノは、天地創造のときに創られた結晶化した岩石と、元の岩石の岩屑から後に形成された層状の岩石を、それぞれ一次岩と二次岩に分けて区別したが、この区別が地質時代という考え方を生む契機になった。

ステノは周辺の丘陵地を探索した結果、一六六八年の春までには、古代ギリシャ人の化石観は正しかったと確信するようになった。その年の夏、化石やトスカナ地方の地質に関する調査の結果を論文にまとめ、ローマ教会の検閲官に提出した。ローマ教会は、自然界に関する学術的な発見や見解、解釈が神学的に容認できるかどうかを定期的に審査していた。こうした手順を踏んだために、『固体の中に自然に含まれている固体についての論文への序論』(『プロドロムス』とも略称される)の発表は翌年に持ち越されたが、ガリレオの轍を踏まずにすんだ。ステノは従来のしきたりを破って、聖書ではなく、岩石や化石の研究に基づいて地球の歴史をひもといたが、「地質学的証拠はノアの洪水の史実を裏付けている」という解釈を示したので、その論文はローマ教会に認められたのだ。

当時、ステノより著名な学者が荒唐無稽な説を唱えていたのとは対照的に、彼は野外観察の結果に基づいて、ノアの洪水がトスカナ地方の地形を作り出した過程を解き明かした。化石が岩石の中に閉じ込められた仕組みを明らかにすると、フィレンツェ周辺の丘陵地で読み解いた地質学的出来事を順序立てて説明した。

地球の歴史には聖書の記述に対応する時代が六つあるとステノは結論づけた。一番下にある地層、つまり一番古い地層には化石が一つも見当たらなかった。したがって、この地層を形成している岩石は、天地創造のすぐ後で世界が水に覆われていたときにできたものだ。生命が創られる前に、原初の海に化石を含まない堆積岩が堆積して、水平な層を形成した。この新しく堆積した岩石が海の上に出て陸地になると、地下の火か水の作用で下層の岩に巨大な空洞が生まれた。この空洞が崩れて谷ができると、海水が谷の中に一気に流れ込み、ノアの洪水が引き起こされた。ノアの洪水で新たにできた海に堆積物が溜まると、前と同じことがくり返され、空洞が生じて、それが崩壊し、傾いた地層を含む現在の地形が形成された。「ノアの洪水は歴史的事実」と信じていたので、ステノは自分が観察し

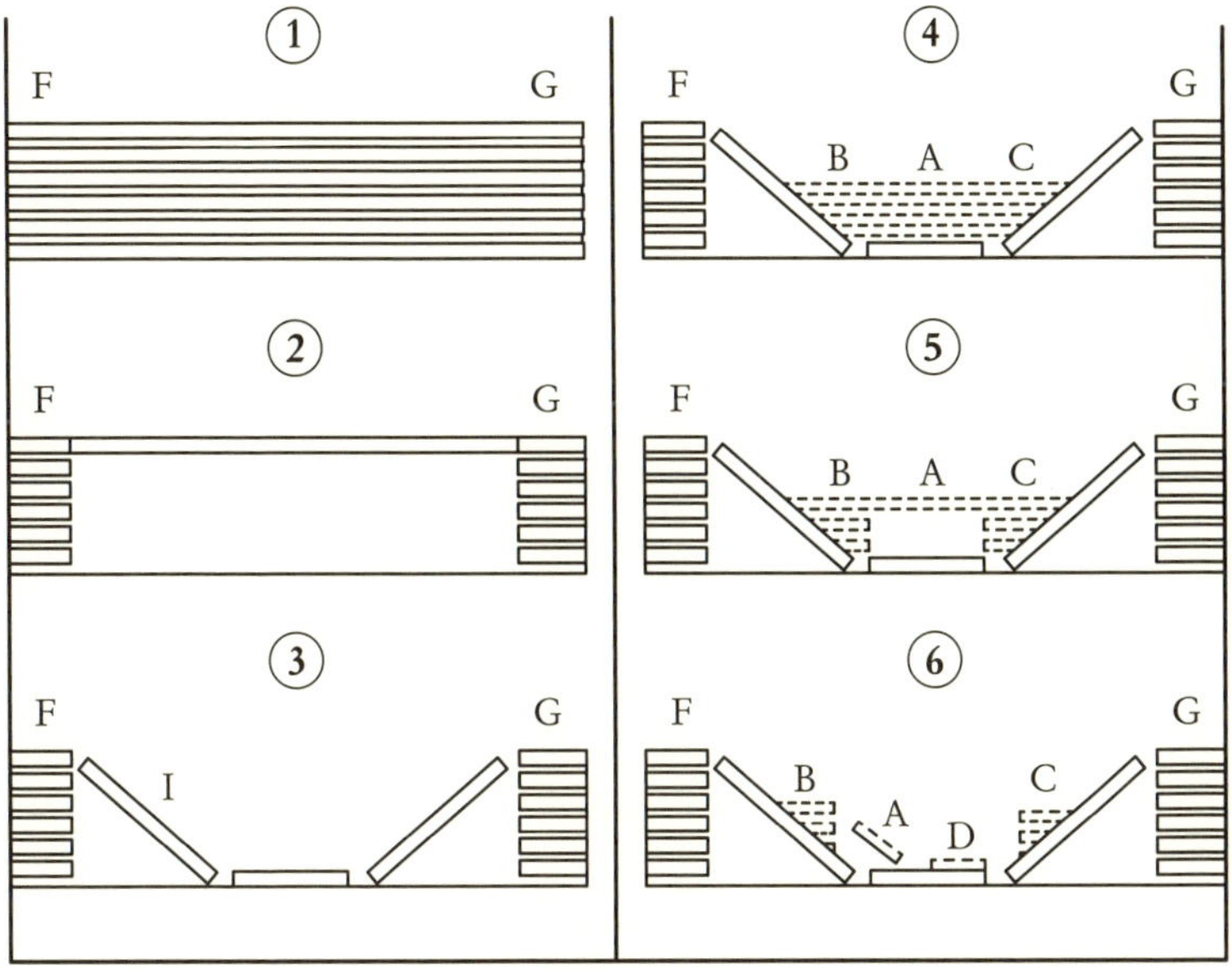

ステノが提唱したフィレンツェ周辺の地形形成の6段階仮説
①化石を含まない堆積岩が原初の海に堆積する。
②火または水の作用で原始地表の地下に巨大な空洞が形成される。
③地下の空洞が崩壊して、大洪水（ノアの洪水）が起きる。
④水没した谷に化石を含む堆積岩が層状に新たに堆積する。
⑤新たに堆積した岩石の下にも空洞が形成される。
⑥新たに形成された空洞が崩壊して、現代の地形が生まれる。

た事象を以上のように解釈したのである。

ステノが描いたトスカナ地方の地史は、創世記を史実とする伝統的な解釈と見事に調和しているが、洪水の水はどこから来たのだろうか？　ステノはさまざまな自然要因を組み合わせて、ノアの洪水を解き明かそうと試みている。崩れ落ちた地球の外殻の岩屑に行く手を阻まれた海水が山地に押し寄せた。海水があふれる間、雨が間断なく降り注いだ。河川が侵食された土壌を海に運び込んだので、海水がさらにあふれた。つまり、ステノはありとあらゆる場所から水をかき集めたのだ。ステノが推測した岩石の形成と化石がその中に取り込まれる過程は今日でも十分に通用するが、トスカナ地方の地形の地史は時の試練に耐えられなかった。

しかし、ステノはたいして気に留めないことだろう。科学とは、神と聖書の理解を深めることを目指す精神的な営みだと考えていたからだ。科学でも宗教でも謙虚さが大事だと考えていたステノは、同僚のつまらない競争意識や傲慢さ、功名心に嫌気がさして、一六六七年一一月二日の万霊節にカトリックに改宗した。

プロテスタントもカトリックも己の信仰を唯一絶対と固く信じて譲らないことに困惑していたステノは、生まれついたプロテスタントを捨てて、カトリックに改宗すべきかどうか、何ヵ月も悩んだ。両者とも正しいということはありえなかった。この世界観の相違はステノを悩ませ、最終的に人生を左右する一大決心をさせることになる。ステノが苦悩した根源は、聖書に曖昧な記述や不整合性が見られるときに、プロテスタントは聖書を文字通りに解釈するが、カトリックは比喩を通して解釈する傾向があるという対立点だった。さらに、ヘブライ語、ギリシャ語、ラテン語のどの言語で記された聖書に権威があるのか？　ステノは公認の翻訳版を当てにせず、メディチ家の図書館でヘブライ語とギリシャ語の原典にプロテスタントとカトリックの主張を突き合わせて、両者の比較を行なった。しかし、ステノに改宗を決断させたのは、学術的な聖書研究ではなく、偶然の出来事だった。こうした問題を考えながらフィレンツェの街を歩いているときに、二階の窓から女性が向こう側へ行ってくれと叫んだのだ。女性は窓から何かを投げ落とそうとしていたので、通りの反対側を歩くように警告したようだが、ステノはそれを神の言葉と受け取った。

ステノはカトリックに改宗すると聖職者になって、清貧の誓いを立て、神に帰依するために研究を捨てた。非凡な才能に恵まれていただけではなく、聖人でもあったステノは、日頃から貧しい者に金銭を与え、ひもじい思いを耐え忍んだ。みずから望んでそうしたこともあるが、たいていは無一文で食べ物を買えなかったからだ。声を大にして貧しい人々を救うことを訴え、司教の指輪を売り払ってまで食べるものに困っている人々を助けたので、裕福な教区民や聖職者仲間からは煙たがられた。一六八六年に死去したとき、手元には擦り切れた服が数着残っているだけだった。しかし、ステノがローマ教会から聖人と認められたのは、それから三世紀経った一九八八年のことである。後の章で紹介するが、ステノと同時代のアッシャー主教が「地球の誕生日」と称した一〇月二三日に、ようやくローマ教皇ヨハネ・パウロ二世によって列福されたのだ。

ステノは、自分の提唱した地質学原理が聖書の伝統的な解釈に抵触するところがあることを認識はしていたが、科学とキリスト教の間に根本的な対立が生じる可能性には気づいていなかった。ステノも当時の例に漏れず、理性は創造の驚異に光明を投ずるのに一役買ってくれると考えていた。

ステノの論文は存命中にはほとんど読まれることがなかったので、神の最高の創造物である地球の理解を深めるために正式な原理を利用したいと望んでいた後世の自然哲学者が、ステノの説を検証して広めるまでは、日の目を見ることはなかった。敬虔なカトリック教徒だったステノにとっては皮肉なことに、トスカナ地方の地形形成に果たしたノアの洪水の役割を解き明かすために打ち立てた基本原理が、最後には天地創造の年代とノアの洪水が地球規模だったという常識を揺るがすようになった。

ステノは創意に富む重要な人物として地質学者から認められているが、ノアの洪水が世界を作り変えた証拠として、地質学的特徴をどの程度読み解いたかという点は、ともすると見過ごされがちだ。ステノ自身は神のもう一冊の書である「自然」を読み解くことに心血を注いでいたのだが、地質学者は、ステノが世界の生い立ちは岩石によって物語れると信じていた点を強調する。ステノのおかげで、岩石は身の上話をできるようになった。自然界とその仕組みのおかげで、天地創造やノアの方舟といった聖書物語の神学的な解釈にいくつか選択肢ができたし、おそらく制限や反証もできるようになった。

ステノ自身は存命中に次第に忘れ去られてしまったが、提唱した原理は時の試練を乗り越えてきた。一方、ケンブリッジ大学の神学者で英国国教会のトマス・バーネット師（一六三五頃〜一七一五年）も、ノアの洪水と地質学的特徴を調和させることを試みた人物だが、ステノとは異なる遺産を残した。バーネットによるノアの洪水解釈は一七世紀には非常に影響力があったが、今日では、聖書の解釈に自信をもつあまり、荒唐無稽な説を生み出した好例として記憶されているにすぎない。一六八一年に『地球の神聖な理論』という格調の高い著書を著し、大洪水の水はどこから来て、山地はどうやって形成されたのかというお馴染みの疑問を解き明かそうと試みた。

バーネットはケンブリッジ大学で、モーセは創世記を一般大衆には文字通りに、上層の聖職者には行間を読むように意図して記したと学んだ。三五歳のときにヨーロッパ大陸の芸術の中心地をめぐる

露頭の岩石パターンに表れているアルプス山脈の変形した内部構造（画　アラン・ウィットションク。『神聖自然学』の図版より）

大旅行に出るが、その折にもこの教えは心に強く刻まれていた。英国の緑豊かな田舎で育ったバーネットは、アルプスの山々の無秩序な景観に大きな衝撃を受けた。「無秩序に荒々しく積み上がった膨大な岩石と土の塊」から成る瓦礫がそびえているように思えたのだ。(2)

アルプス山脈の複雑な内部構造はバーネットを神学的危機に陥れた。神は万物を美しく整えて創ったと信じていたので、アルプスを秩序やデザインが欠如したカオスの世界と受け取ったのだ。このような醜悪なものを神が創ったとはとうてい信じられなかった。神が創造するなら、故郷の英国のように、釣り合いの取れた美しい風景であるはずだ。山地は、元は完全な球体だった地球が受けた破壊の跡に違いない。いったい何が起きたのだろうか？

バーネットは三年後に英国に戻ると、元は完全だった世界がいずれ壊れるように、神はどのようにして運命づけたのか、その手立ての解明に本格的に取り組んだ。まず、海洋にある水の量と、最高峰を水没させるのに必要な水の量を綿密に計算してみた。しかし、海の水ではとうてい足りないことがわかった。最高峰を水没させるには八倍の海水量が必要になるのだ。さらに、一時間に五〇ミリという驚異的な豪雨が四〇日間続いたとしても、水の深さは五〇メートルに届かない。バーネットは奇跡を持ち出すことはしなかった。足りない分は必要に応じて神が補充したのだという考えは、安易な辻褄合わせに過ぎないだろう。「力ずくで難問を解決するようなものだ」[3]。ほかに水の供給源があったはずだ。

そのときだった。大洪水が起こる前の世界は今とはまったく違うものだったことに思い至ったのである。地球が山や谷のない滑らかな球体だったのなら、今の海水の量で、聖書が記しているように、最高峰からさらに一五キュビト〔七・六メートルほど〕の上まで水を満たすことができる。しかし、元の地球が滑らかな球体だったら、地表に海はなかったはずだから、原始の海は地下にあったに違いない。

バーネットの考える天地創造では、神が各元素に密度に従って分かれるように命じると、重い元素は中心へ沈み、軽い元素は外側の層を形成した。つまり、重力の作用で、元の混沌とした塊は密度の高い中心部、それを取り巻く水の層、その外側を覆う空気の層にきれいに分かれたのだ。表面に浮かんでいた油のような層はやがて固まると、卵の殻のような外殻（地殻）を形成した。このようにして、混沌とした塊が生き物の暮らせる惑星になったのだ。原始の地球は、楽園という神の創造物にふさわしく球体に近い完璧な形をしていた。

バーネットの考えた原始の地球も常夏の惑星だった。英国人には楽園のように思われたかもしれないが、真夏の太陽に暖められた地球は膨張し始めて、地殻の底に亀裂が生じる。さらに外殻も乾燥し、ひびが入り始める。地下の海洋が熱せられるにつれて、水蒸気の圧力が高まり、もろくなった外殻を押し上げる。

バーネットは想像力を逞しくして、人類の堕落が頂点に達し、ノアが方舟を造り終えた直後に、亀裂がちょうど地表に届くように神が図ったと考えた。外殻が地下の海に崩れ落ちると、人類の祖先が暮らしていた楽園も奈落の底に消えていった。水が空高く吹き上げられ、何ヵ月にもわたって逆巻く波が世界に襲いかかり、山や谷を作り出した。こうして、滑らかだった地表は険しい山地に変わり、地球は廃墟と化したのである。

世界中にあふれた大量の水は、海底にできた裂け目に流れ込ませて、いとも簡単に処理している。深い洞窟や火山が示しているように、大陸の下に空洞があるのだから、海の下に同じような空洞があってても不思議はないだろう。蒸発作用の方が適切な説明だが、地下に排水されるという考えは、河川の水が常に流れ込んでいるのに海があふれないという現象を説明するのにも役立った。

自然哲学から得た手がかりに基づいていたので、バーネットはノアの洪水を説明するときに、奇跡を想定する必要はなかった。その代わりに神の計画を持ち出したのだ。理性に基づいて、世界と現代の地形の起源を解き明かしたバーネットは、自説を明確にするためというより、裏付けるために聖書の記述を利用している。「自然界に関する真理は宗教の敵になりうると考えるべきではない。真理は真理の敵にはなりえないからであり、神は自身に対して相反する考えをもつことはないからである」(4)。ちょうどよいときに洪水を引き起こすように世界が創られていたことは、神の摂理を裏付けていると考えたのだ。バーネットの大胆な説は哲学の勝利として大いにもてはやされた。

バーネットは自著の新刊見本をアイザック・ニュートン(一六四三～一七二七年)に送り、意見を求めた。ニュートンは、創世記は文字通り解釈するべきではないことと、モーセは大衆に理解できる言葉で真実を表現したことを指摘して注意を促した。さらに、丘陵や山地は混沌とした原始流体が凝結してできたのではないかという奇抜な自説も披露した。「ミルクはかつてのカオスと同じような、一様な混濁液である。そこにビールを注いで混ぜ合わせ、放置して乾燥させると、凝固した物質の表面はごつごつした山地のようになる」(5)。ニュートンがバーネットの説でとりわけ困惑したのは、海洋がノアの洪水の後で誕生したことである。もしそうだとすると、魚などの海生生物は天地創造のときに創られなかったことになり、聖書には記されていないが、二回目の創造が必要になる。しかし、それは考えられない。

バーネットが提唱した雄大な説はさらに困った問題をいくつか抱えていた。特に、ノアの子孫が大洪水の後でアメリカ大陸に住み着くようになった問題は、地球が破壊されてしまっているはずなので、バーネットの「地球破壊」説では納得の行く説明ができないのだ。ちなみに洪水の前ならば、歩いてアメリカ大陸へ行ったと言えばすむので、説明は簡単につく。そこでバーネットは、アメリカ先住民もアダムの末裔ではあるが、ノアの子孫で最初にアメリカ大陸に到達したのがコロンブスだと提唱した。すると、ノア以外にも他の大陸で洪水を生き延びた人類が少数いたことになる。バーネットはこのように苦しい議論をする羽目に陥り、聖書の直解主義に基づく説を唱えたはずなのに、自説を守るために字義通りの解釈を断念することになった。

『地球の神聖な理論』はこうした問題を抱えていたが、たいそう注目を集めていたので、イングランド王ウィリアム三世(一六五〇~一七〇二年)がラテン語から英語に翻訳させて、バーネットは栄誉と世に出る機会を得た。国王付きの牧師に任じられ、いずれは英国国教会の大主教と目されていたが、人類の堕落と天地創造は比喩的に解釈すべきではないかと迂闊にも述べてしまい、早期退職に追い込まれることになる。

ノアの洪水が起こる前のバーネットの地球には海は存在しえないので、洪水の前にできた岩石には海生生物の化石があるはずがないと、バーネットの説を批判する人たちはいち早く指摘した。海生生物の化石は洪水の後で堆積した若い地層だけに見つかるはずだ。しかし、洪水前に地球の外殻の一部として形成され、後に地下の海に崩れ落ちたとバーネットが主張する岩石にも、海生生物の化石は広く分布している。バーネットが正しければ、これはありえない現象なのだ。

海洋が洪水の最中にできたのだとしたら、海生生物は神による二回目の創造を経ずに、どうやって生まれたのだろうか？　アダムは海のない世界で、海の魚に対する支配権を与えられていたのだろうか？　ヘレフォードの高齢のハーバート・クロフト主教はバーネットの説を「過度の空想とあさはかな虚栄心のなせる業」と決めつけ、おそらく「己の空想の産物に熱を上げすぎて、頭がいかれたのだろう」と述べている。(6)

バーネットは自説が聖書の教えと一致していると考えていたが、単に信仰と理性を調和させようとしていたわけではない。理性は聖書と矛盾しないだけでなく、それに匹敵する啓示をもたらしてくれるもう一つの拠りどころになることを立証しようとしていた。

時はすべての物事を明るみに出すものなので、われわれの聖書解釈が明らかに誤りだと後世の人に指摘されるといけない。そこで、自然界に関する論争で理性に反対して聖書の権威を持ち出すのは危険なことである。(7)

バーネットの壮大な仮説は、自然哲学者の評判はあまりよくなかったが、それに代わる仮説を数多く生み出した。

とりわけ注目に値するのは、一六九五年に出版されたジョン・ウッドワード（一六六五～一七二八年）の『地球の自然史について』である。聖人のようなステノとは対照的に、ウッドワードは自己顕示欲の強い鼻持ちならない男だった。まわりからは疎まれていたが、天才を自任していたウッドワードは競争相手に対しては病的なほど疑い深く、情け容赦しなかった。また、自分に対する批判は取り合わず、批判する者を許さなかった。名にし負う自惚れ屋で、いつでも自分の姿が見られるように、家中に鏡が置いてあったそうだ。

ウッドワードはダービーシャーの村に生まれ、ロンドンのリンネル商に奉公に出るが、そこで国王の主治医の目に留まり、実質的に養子に迎えられる。その後、ケンブリッジ大学で医学を学び、博士号を取得すると、弱冠二七歳でロンドンのグレシャムカレッジの医学部教授に任命された。

ウッドワードは、グロスターシャーで岩の中に貝の化石を見つけたのがきっかけとなって、自然史に名を残すことになる。海の生き物が岩の中に取り込まれることが、どうしても不思議でならなかった。何としてもこの謎を解き明かす決意で採石場や鉱山を訪ね、国の最奥地にまで歩き、目についたことを記録に残す一方、膨大な数の化石も収集した。さらに、最高峰を含め、世界中の地層に化石が含まれているかどうか、自然哲学者に手紙で問い合わせた。教授に任命された年には、化石の専門家として名声を博していたので、王立協会の会員にも選出された。ここまでは順風満帆の人生を送ってきた。

一六九五年に発表した論文でウッドワードは、原始地球の地殻はノアの洪水で失われ、元の世界は跡形もなく消えてしまったと論じた。その際に、ステノの原理に従って英国の岩石と化石の調査を行ない、裏付けとなる証拠に基づいて自説を提唱した。化石はノアの洪水で死に絶えた生き物の死骸だと固く信じていたので、洪水が起きた経緯よりも、洪水がもたらした結果に強い関心をもっていた。

ウッドワードも当時の自然哲学者の例に漏れず、関心の対象は自国の地形や地質学的特徴だった。英国の学者が、化石になった生物の解釈に大きな影響を与えたのは偶然ではない。英国の、とりわけ地層が露出している沿岸地帯は化石が豊富だ。私が故郷の北カリフォルニアを出ることもなく、ヤルツァンポ峡谷やグランドキャニオンのような自然の驚異を目にする機会がなかったら、大洪水に対する地質学的な見方はまったく異なっていたと思う。

優れた研究者は他の研究者の経験や観察結果も活用するので、ウッドワードは名うての傲慢さにもかかわらず、地層はどれも水平に堆積するというステノの指導原理を借用し、元は平らに堆積していた岩石層の方向から、変形の歴史を読み解くことができると論じた。ステノと同様に、岩石を破壊した出来事が地形を形成したと考えたのだ。注意深い観察に基づいていなければ真の科学とは言えないと確信していたので、自分の読み解いた地球史が、大洪水によって世界が作り変えられたことを裏付けていると信じていた。

地下にある深淵から大洪水が噴き出したという説は、当時の自然哲学者に広く受け入れられていた。当時の伝統的な考えに従って、ウッドワードも地球の外殻を引き裂いて粉々に砕き、かき混ぜる役目を大洪水に担わせている。水が引くにつれて、重い物質から先に堆積し始め、地表が再形成されて現代の世界ができあがるが、化石は洪水の水がすべて排出され、再び固まった堆積物の中に取り残されたのだ。

ウッドワードの頭を悩ませた問題は、地表をことごとく打ち砕いてしまった大洪水の誘因だった。

重力が固体同士を結びつけているというニュートンの説を裏返して、ウッドワードは何らかの原因で重力の作用が一時的に止まり、世界がカオスの塊と化したと提唱した。神が重力のスイッチを切り、その後再び入れれば、それだけで一瞬のうちに大洪水を引き起こすことができるだろう。重力の作用が復活すると、物質は重さに応じて、現在見られる岩石層のように、きれいに層に分かれて堆積した。自然界の基本構造である有機繊維によって動植物の組織は結びつけられているため、化石も再び固くなった岩石の中に元のままの状態で残るだろう。大洪水の後で新たに地層が積み重なったり隆起したりして、現代の地形ができあがったというのである。

また、ウッドワードは作り変えられた世界が神学に及ぼす影響も認識していた。彼にとってもっとも重要なことは、それが神の計画の後半部を示している点だった。「大洪水は人類を罰するためだけに引き起こされたのではないことは明らかである。第一の目的は地球を作り直して、生まれ変わらせることだった[8]」。洪水が起こる前の世界は信じられないほど豊饒で、耕作や種蒔きをしなくても、自然の実りが手に入る申し分のない楽園だった。しかし、小人閑居してのことわざのように、人類が暇をもてあまして堕落したので、生きるためには常に労働しなければならない、ただ乗りのできない場所に神が世界を作り変えたのは理に適っている。人類を道連れにして世界を破壊したのは、親切の極みというものだろう。

地球を破壊したのは遠謀深慮というだけでなく、人類の生みの親である神の善意と慈悲と思いやりを示す大いなる証でもあるのだ[9]。

自然哲学者の目から見ると、化石が岩石の中に閉じ込められた仕組みを解き明かす点で、ウッドワード説の方がバーネット説よりも優れていた。それにもかかわらず、バーネットよりも手厳しい批判を浴びた。今日では優れた学説の証と見なされている、単純で検証可能な予測をウッドワードがしたからだ。彼の説が正しければ、岩石とその中に閉じ込められた化石は堆積物の下層に重いものが、上層に軽いものが含まれているはずだ。これが堆積した順序だからだ。

批判者がさっそく指摘したのは、重い化石が地下の深いところではなく、地表付近によく見られるということだった。また、地殻を破壊するほどの大洪水の最中に堆積したはずの堆積層に、静水中で堆積した形跡が見られると異論を唱える者もいた。

ウッドワードを高く評価する者もいたが、傲慢な態度と敵を作りやすい性格が災いして、身の破滅を招いた。一六九七年にロンドンの医師ジョン・アーバスノット（一六六七～一七三五年）が『ウッドワード博士のノアの洪水論を検証する』で、嬉々としてウッドワードをこき下ろしている。問題点を指摘しただけでなく、ステノを盗用したことも明らかにしたのだ。知名度の低いステノの論文の一節と評判になっているウッドワードの論文の一節を並べて、そっくりであることを示した。ウッドワードは出典を示さずに、無断でステノの論文から引用していたのだ。盗用行為が明るみに出されたことで、結果的にステノの説が一般に知られることになった。

アーバスノットの痛烈な批判で、ウッドワードの説は自然の法則に反していることが明らかになった。洪水が地球の地殻を粉々に砕き、かき混ぜてしまうほど激しいものだったら、海の生き物や壊れやすい植物の化石が保存されているはずはないだろう。さらに、岩石や化石は比重に従って層を形成しているというウッドワードの主張は誤りである。アーバスノットはみずからアムステルダムにある地下六〇メートルの立坑に下りて、地層の密度と深さの間には何の関係も見られないことを確認した。ウッドワードの説に反して、軽い地層の上に重い地層が乗っていたのだ。ロンドン王立協会の会員も、密度の小さい地層の上に密度の大きい地層が乗っているのはけっして珍しいことではないという調査報告を出して、アーバスノットの調査結果を裏付けている。

アーバスノットはウッドワード説の根幹をなす主張が誤りであることを立証するために、研究室で実験も行なった。水を張った容器に牡蠣の殻と同じ重さの金属粉を入れると、牡蠣の殻の方が先に底に沈んだのである。この簡単な実験でわかったのは、物質の堆積には大きさと形が影響するということだった。アーバスノットは、泥と水が混ざった液状にするためには、世界が深さ七二〇キロも水没する必要があると推定し、「ウッドワード博士は薬を調合する前に、その分量を計算するべきだった」[10]と辛辣に皮肉った。バーネットの場合と同様に、ウッドワードの仮説も葬られてしまった。彼が提唱した壮大な仮説は岩石による裏付けが得られず、正式に否定された地質学的仮説の草分けとして歴史に名を残すことになった。

ノアの洪水について荒唐無稽な説を唱える者はその後もあとを絶たず、ハレー彗星を発見した天文学者のエドモンド・ハレー（一六五六〜一七四二年）もその一人だった。ハレーは一六八二年の九月に彗星を観察したとき、それがいずれ再びヨーロッパの夜空に戻ってくると予測した。その彗星は後に予測通りに現れたので、自然哲学者だけでなく、一般大衆の間にも彗星熱が一気に高まった。ハレーは一六九四年に王立協会で発表した二本の論文で、神はモーセに創世記を書き取らせたとき、地球史の大部分を省略してしまったと論じた。化石が海よりもはるかに高い場所で見つかることから、ハレーもノアの洪水が地球規模だったことは間違いないと確信していた。神は御心を実行するのに自然の力を利用したが、四〇日間雨を降らし続けても、最高峰を水没させるにはとうてい足りないと考えたハレーは、地球のそばを通過した彗星の衝撃で地軸がずれて、海の水が大陸中にあふれかえると共に、海底が持ち上げられ、今日見られるような山や谷が形成されたという説を唱えた。

英国の年間降雨量はもっとも雨の多い地方で一〇〇センチほどあるが、一年ではなく、一日にこれだけの量の雨が四〇日間降り続いたとしても、水没するのは沿岸の低地だけだろう。そこで、ハレーは他の神業を考え出した。神は蒼穹の上に巨大な水蒸気の天蓋を設けて、原初の地球を覆っておいたのだが、それが崩れ落ちてノアの洪水が起きたのである。この荒唐無稽な「蒸気天蓋説」はそれから三世紀後に、現代創造論の創設者によって甦ることになる。

ハレーの二番目の論文はさらに奇想天外なものだった。その彗星は四〇〇〇年以上前に地球に衝突したかもしれない。また、こうした地球規模の大惨事は過去に何度も起きたかもしれないし、将来も起こるかもしれない。土壌が侵食され、生命を支えられなくなるたびに、地球の表面を甦らせるためには、周期的な天変地異も必要なのではないかというのである。ハレーは、世界は定期的な破壊を必要とするように創られているという見方をローマ教会がどう受け取るか心配で、夜も眠れなかったと述懐している。ガリレオほど度胸がなかったので、論文は自分の死後に出版するという条件をつけて、王立協会の文書館に預けた。

王立協会でハレーの講演を聴いていたウィリアム・ホイストン（一六六七〜一七五二年）というニュートンの弟子でノリッジ主教付きの牧師が、二年後の一六九六年にハレーの彗星説を借用して『地球の新理論』を著した。ニュートン物理学と聖書の解釈に事実を織り交ぜたものだが、この著書でも地球が巨大彗星の尾を通り抜けるときに、地軸がずれたことになっている。しかし、ホイストンはそこから別の話を仕立てる。彗星の大気から降った豪雨で、天の水門（窓）が開かれる。彗星に異常接近したときに、彗星の引力でとてつもない圧力がかかり、地下の潮汐作用によって、地殻が引き延ばされたり押し縮められたりして、地殻に亀裂が生じる。そこから地下の水が吹き出し、土砂降りの雨と共に地表を侵食する。その後、地上にあふれた水はすべて地下の深淵に排出され、洪水で巻き上げられた泥や岩石はきれいに堆積して、ウッドワードの記述にあるような地形ができあがったというのである。

しかし、こうした説に異論を唱える者もいた。オックスフォード大学の天文学教授ジョン・ケイル（一六七一～一七二一年）はバーネットとホイストンの説を批判する書を著し、いずれも「架空の世界を作り上げ、ありもしない洪水を引き起こした[11]」と非難した。常夏の太陽が照りつける凹凸のない地球は人の住めるところではないと考えたケイルは、バーネットの著書を『哲学的小説』と揶揄した[12]。

バーネットが描いた地表が完全に平らな地球では、河川は流れないだろう。傾斜がなければ、河川の流れは生じないからだ。水が流れなければ、川は「淀んで悪臭を放つだろうから、快適な生活は望めない[13]」。雨も降らず、地表を流れる水もない、淀んだ川に挟まれた陸地は楽園よりも地獄に近かっただろうとケイルは考えた。

また、バーネットの地殻が泥のかけらのように水に浮いたはずはない。固まり次第、底に沈んだと思われるからだ。さらに創世記には、ノアの洪水より前の時代にすでに鉄器が使われていたと記されているので、地球の原初の地殻には鉄が含まれていたはずだ。バーネットの言う通りだとすれば、密度が高く重い鉄の粒子はすぐに深淵に沈んでしまい、そもそも地殻に取り込まれることはなかっただろう。ケイルはバーネットのことを、美辞麗句を巧みに用いて論理を眠らせてしまった哀れな空想家だと切り捨てた。

しかし、バーネットの説にはこれを上回るさらに大きな欠陥があった。太陽の熱が地表を貫いて、地殻に亀裂を生じさせるほど地下の海を熱したのであれば、地表は焼け焦げ、ノアの洪水の出番はなくなってしまうだろう。


その場合、地球を再び冷やすためでなければ、大洪水の必要はなくなる。地表が焦げるほど熱せられたら、地球上のすべての動植物は死に絶え、ガラスと化してしまうからだ。(14)


ケイルは、彗星の尾には豪雨を生じさせるほど高い圧力はないだろうということを示して、ホイストンの彗星説を打ち砕いただけでなく、そばを通過する彗星の引力が地下の深淵を変形させるほど強くないことを計算に基づいて明らかにし、ホイストンが考え出した洪水発生のメカニズムの方も葬ってしまった。

興味深いことに、ケイルは天文学者だったが、とても信心深く、奇跡を合理的に説明しようとはしなかった。ノアの洪水は科学では説明のできない出来事だということで満足していたのだ。天文学者のケイルが地球の歴史を説明するために奇跡を持ち出すことを是認していたのに対して、神学者のバーネットは自然の作用に基づいて出来事を解き明かそうとした。

このような皮肉な側面はとうの昔に忘れられてしまったが、地球規模の大洪水を史実と思い込んでいる現代の創造論者は、地質学的証拠とこの大洪水を調和させるために、一七世紀に提唱された説を持ち出して、いまだに辻褄合わせをしている。しかし、一七世紀の自然哲学者は、現代の創造論者とは違って、聖書を文字通りに解釈して盲目的に信じていたのではない。当時の自然哲学者は、理性によって岩石という自然の本を読み進めれば、神の創造物の理解を深められると信じていたのだ。

宇宙とその仕組みの理解が深まるにつれて、山地に対する自然哲学者の考え方が一変した。アルプスは長い間、不便や危険、醜さの象徴だったが、一八世紀の末にはヨーロッパ一の観光地となった。一方、山地に対する神学者の見方も徐々に変わり始めた。世界が破壊されたことを示す証拠だとか、楽園の残骸だとかと考えるのではなく、美しい自然の大聖堂であり、天地創造の壮大さを象徴する精神を高揚させる例と見なすようになったのだ。

古い地層の上に新しい地層が乗っているという、ステノの唱えた一見単純な原理が、近代地質学の基礎を築いたが、もともとこの原理はノアの洪水がイタリアの地形を形作った過程を解き明かすために導入されたということを現代の地質学者は忘れがちだ。しかし、ステノの事例は、地質学と神学の間にある複雑な相互作用を象徴しており、今日まで続く論争の端緒を開いた。「現在見られる地層の構造は地球の歴史を解読するのに利用できる」と見抜いたのはステノの慧眼だが、その影響をもっとも強く受けたのは、後世の地質学者である。自然哲学者たちがステノの基本原理を地質学的記録に当てはめて見れば見るほど、岩石に記された記録は、聖書解釈に基づく伝統的な地球の歴史よりもはるかに古いことが明らかになってきた。

5　マンモスをめぐる大問題

現在の地質学者は、これまでに動物種の九九％以上が絶滅したことを知っている。また、地質学の知識がなくても、三葉虫や剣歯虎《けんしこ》〔サーベルタイガー〕が絶滅したことはわかるし、鳥類を現存する恐竜と見なさないかぎり、恐竜が絶滅してしまったことも周知の事実だ。したがって、世界中で化石が見つかるのはノアの洪水が起きたからだという主張は意味をなさない。というのは、ノアの洪水で当時生きていた生物種のほとんどが絶滅したことになり、そもそもノアが方舟を造った意義が失われてしまうからだ。

しかし、一八世紀の初頭には、自然哲学者も神学者も絶滅は神の計画に入っていなかったと確信していた。世界の探検が進めば、化石になった生物の生きている実例が見つかると思っていたのだ。神がノアの洪水を引き起こした方法をめぐっては激しい論争が続いていたが、ステノやバーネットやウッドワードより後の自然哲学者は、岩石の中に閉じ込められた過去の生き物は、神の意図によって大災害が起きたことを裏付ける有力な証拠だと解釈するようになった。いずれにしても、当時は化石の年代、つまり化石の生物が生きていた年代や死んだ年代を特定する方法がなかった。それなら、化石になった生物は一斉に死んだと考えるのが一番簡単ではないか？

大洪水以外に岩石や地形の起源を説明する手段がなかったら、できるかぎり大洪水の観点から手持ちの証拠を解釈しようとするのは当然だろう。現代の研究者も最初から常識や先入観に囚われずに、証拠を解釈することはできない。数世紀前に、アンデス山脈の頂上付近に化石があることを知ったとき、自然哲学者たちはノアの洪水によって南米の最高峰にも海の生物の骨が打ち上げられたのだと考えた。

しかし、事はそれほど単純ではなかった。その化石の中に未知の生物種が含まれていたのだ。イングランドの堆積岩層でよく見つかる化石のうち、もっとも目を引くのはアンモナイトである。アンモナイトは、ギザギザの隔壁で内部が幾つもの部屋に仕切られた螺旋状の殻をもつ、カタツムリに似た海の生き物だ。その化石は種類が豊富なだけでなく、殻の直径が数センチから二メートルを超えるものまで、大きさも実にさまざまだ。イングランド南部の特定の地層に大量に含まれていて、英仏海峡沿いの浜辺には、崖からこぼれ落ちたアンモナイトの化石があちこちに転がっていたが、生きた個体はどこにも見つかっていなかった。東インド諸島に生息する、殻の内部がもっと単純でギザギザのない隔壁で仕切られたオウムガイがもっとも近い仲間のように思われたが、多くの自然哲学者たちは、いずれ生きたアンモナイトが魚網にひっかかるに違いないと信じていたので、この問題を取り上げようとはしなかった。ノアの洪水のようなすさまじい力をもった洪水だけが、深い海の底に棲む生き物を陸に打ち上げることができると考えていたのだ。

化石は絶滅した生物の死骸で、地球は非常に長く複雑な歴史を経てきたことを自然哲学者が明らかにするまでは、岩石の中に見つかるものをノアの洪水で説明しようとする「洪水論者」の考え方が地質学を長いこと支配していた。

著名な化石研究家のヨハン・ショイヒツァー（一六七二〜一七三三年）は代表的な洪水論者だった。一六九四年にオランダのユトレヒトで医学博士の学位を取得すると、故郷のチューリッヒに戻り、やがて数学の教授になる。しかし、その一方でショイヒツァーは自然に対しても強い興味があり、山地が形成されたのは天地創造のときかノアの洪水のときかとか、悪魔は女性を誘惑できるか、などという物議をかもすような話題を活発に議論する週例会の事務局長も務めた。

スイスの自然史にも深い関心を抱いていたので、学生を連れてアルプスを縦横に歩き回り、地質学的観察を行なった。ちなみに気圧計を山麓までもっていって、標高による気圧の変化を測定したのはショイヒツァーが史上初である。特に興味をそそられたのは化石だった。

ショイヒツァーは、化石とは起源が物理・化学で説明できる風変わりな鉱物だと習ったが、ウッドワードの論文を読み、本当は太古の生物だということに気づいた。灯台下暗しで、自分で集めた岩石標本の中に、巻貝や二枚貝、魚や植物の化石が閉じ込められていたのだ。ショイヒツァーはこの発見に触発され、一七〇八年に『魚の愚痴と弁明』という画期的な著書を著し、化石はたまたま生き物に似ているだけの無機物であるという当時の常識を風刺した。魚の化石を語り手に仕立てて、人間を滅ぼすために引き起こされた洪水に巻き込まれた哀れな無実の犠牲者なのに、それを認めてもらえないと、正式なラテン語で嘆かせている。

われわれ、海を泳ぐ者は口がきけないが、真実の玉座の前に要求する。奪われしものを返してもらいたい。われわれの要求は、ノアの洪水でさらわれた……わが祖先の死に由来する栄誉である。……われわれは世界を水没させた大洪水が紛れもない事実だと証言する。[1]

化石の語り手は、ノアの洪水の巻き添えになったことを認知される尊厳を正当に要求したのだ。水が引く途中で陸地に取り残され、絶命した海生生物にすれば、自分たちの存在の証である骨まで否定されたのでは、踏んだり蹴ったりだろう。漁師ならすぐに魚の骨だとわかるような海生生物の化石の挿絵も紹介されている。

ショイヒツァーは『魚の愚痴』に続いて、翌年には、ノアの洪水で化石になったと言われている植物を描いた『洪水植物誌』という画集を出版した。この画集には、石に埋まったエキゾチックな植物の化石が描かれていて、人類が現れる以前の世界を垣間見せてくれる。シダや熱帯植物が育っていたという事実は、ヨーロッパが現在とはまったく異なる世界だったことを示している。

洪水前の生物を絵葉書のように見ることのできる化石に魅せられたショイヒツァーは、さらに洪水の犠牲者を捜し続けた。アルプス地方のボーデン湖の西岸近くにあるエーニンゲンの石切場では、石灰岩の中から魚やウシガエル、ヘビ、さらにカメの化石も見つかった。現在では一〇〇〇万～二〇〇〇万年前の中新世のものと解明されているが、ショイヒツァーはこれらの化石を、他の堆積岩といっしょにノアの洪水によって置いていかれた犠牲者だと考えた。一七二五年にここの石工が特に大きな骨格化石の一部を掘り出し、ショイヒツァーに送ったところ、彼はすぐにそれを洪水の新たな犠牲者と見なした。ノアの洪水の史実を裏付ける証拠として、溺死した罪深い人間の骨に勝るものがあるだろうか？
ショイヒツァーはこの哀れな人物を「ホモ・ディルヴィイ・テスティス（洪水の証人）」と名づけ、この新種を記載した論文を英国、フランス、ドイツの科学誌に送る一方、この化石の名をタイトルにした著書も出版した。洪水を証言する人間の骨が発見されたことで、罪深い人間がたくさん溺れ死んだだけでなく、彼らが「当時は世界に巨人族がいた」（創世記六章四節）という聖書の記述にあるような巨人だったことも明らかになった。ショイヒツァーは、洪水で堆積した岩の中に人間の化石がめったに見られないことに対する答えを用意していた。無実の動物たちの骨がよく見つかるのは、動物が洪水の犠牲者であることをわれわれに忘れさせないためだが、人間の骨がなかなか見つからないのは、罪人が永久に忘れ去られてしまうのは当然の報いだということを裏付けているのだ。

ノアの洪水の証拠を発見したと信じていたショイヒツァーは、『神聖自然学』をまとめるのに晩年を費やし、聖書に記された真理と自然史の調和を試みた。神が文字通り手を伸ばして、地球の自転にブレーキをかけて世界を止めると、地下の海が噴水のように吹き出して大陸を引き裂き、ノアの洪水を引き起こしたという説を唱えた。

この説は受け入れられなかったが、ショイヒツァーが洪水の犠牲者と見なした人骨の化石はセンセーションを巻き起こした。ハールレム〔オランダ西部〕の博物館がこの化石を手に入れて、敬虔なキリスト教徒に公開した。自然哲学者はそれから数十年のうちに、この化石は人間ではなく、大型の魚だろうと結論を出したが、それでも一八一二年に著名なフランスの解剖学者ジョルジュ・キュヴィエがその正体を明らかにするまでは、博物館の目玉になっていた。博物学の才能にも恵まれていたショイヒツァーが、ノアの洪水を裏付ける地質学的証拠を発見したと信じ、今日でも揶揄されている大失態

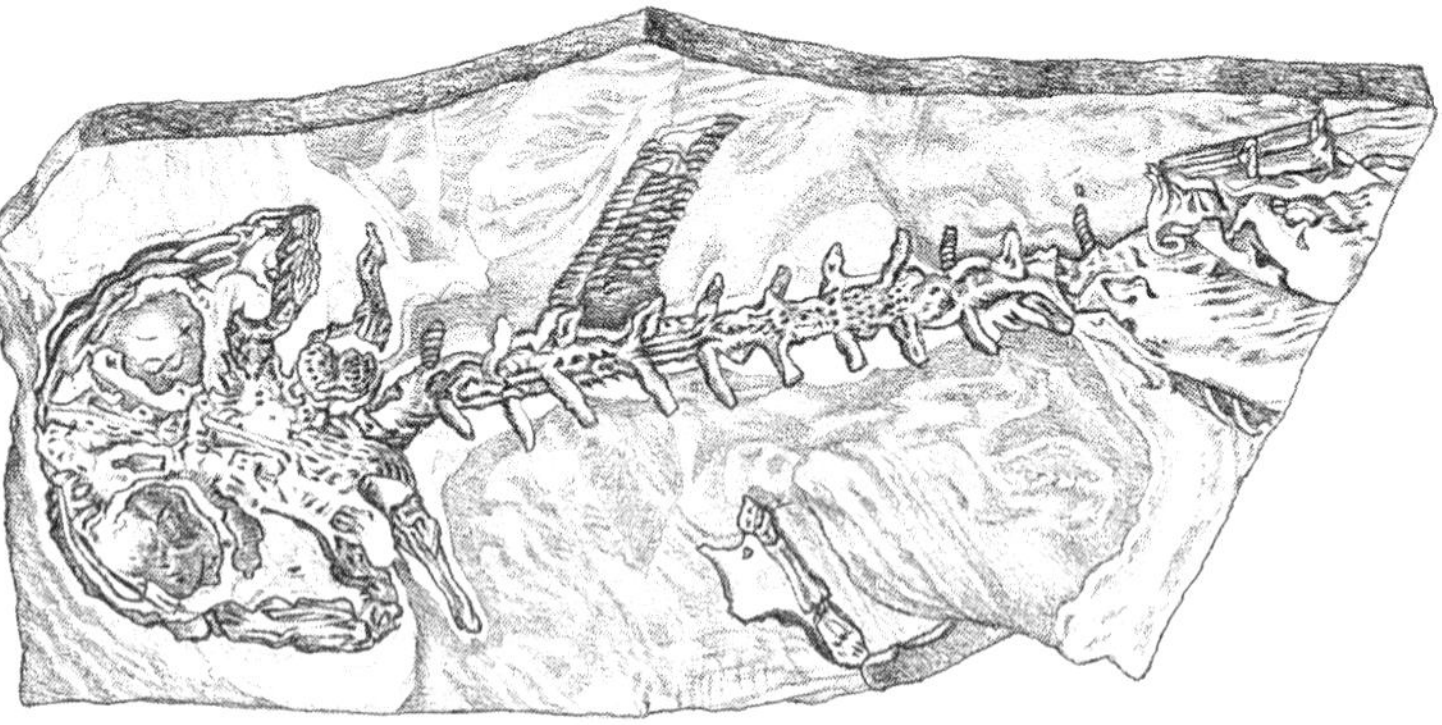

ホモ・ディルヴィイ。ショイヒツァーがノアの洪水の犠牲者と解釈した化石（画　アラン・ウィットションク。『神聖自然学』の図版より）

を演じたのは皮肉なことだ。ショイヒツァーが洪水の犠牲者の骨と思い込んだ化石は、キュヴィエが指摘したように、大型の両生類だった。

ノアの洪水に由来すると思われた奇妙な骨はこれだけではなかった。ヨーロッパの各地で、大型の化石が聖書の記述にある巨人族の遺骸として一般に公開されていたのである。ショイヒツァーはすべての事例について見立てを誤ったわけではなかった。こうした洪水の犠牲者の巨大な歯だとされた化石は、人間ではなく、ゾウのような動物のものだろうと指摘していたからだ。

一八世紀にかけてヨーロッパの勢力と影響力が拡大するにつれ、シベリアや北米で巨大な骨が見つかるようになった。一六九二年にロシアのピョートル大帝（一六七二〜一七二五年）が中国に派遣した使節のイスブラント・イデスは、シベリアの河畔で凍りついた毛深いゾウの死体と牙が露出しているのを発見した。この巨大な動物はノアの洪水より前に生きていたもので、洪水後の極寒の気候で凍結し、保存されたとイデスは報告している。

その後、探検隊が派遣されて、サンクトペテルブルグに巨大動物の遺骸の一部を持ち帰った。シベリアの先住民はこの動物を「マンムト」と呼んでいたが、ヨーロッパ人には発音しにくかったので、すぐに「マンモス」に変わってしまった。それから数十年のうちにこうした発見が相次いだため、シベリアはアフリカの動物には寒すぎるものの、ゾウの化石が大量に存在することを自然史家も認めるようになった。シベリアにもっとも近いゾウの生息地はインドだったので、アフリカゾウが大洪水のためヨーロッパへ押し流されたのと同様に、シベリアで見つかるゾウの骨はアジアから押し流されてきたものと考える自然史家が多かった。

北米でも大きな骨が発見され、ノアの洪水で犠牲になった巨人族のものと考えられた。一七〇五年にニューヨーク北部を流れるハドソン川沿いのオールバニー付近の丘陵地で、高さが一五センチ、重さが一キロの歯と、長さが五メートルもある大腿骨が侵食作用で露出しているのが発見された。後にセイレム魔女裁判で名を馳せることになるコットン・メイザー（一六六三〜一七二八年）は、この発見で巨人族がノアの洪水で溺れ死んだのは真実だと確信するに至った。丘のふもとから掘り出したところ、巨大な大腿骨は空気に触れるともろくも砕けてしまったが、歯はすぐに崩れはしなかった。この出っ張りが四ヵ所ある歯は、人間のものよりはるかに大きいが、臼歯に似ているとメイザーは思った。誰もがノアの洪水の犠牲者だと考え、骨の大きさから、アダムの身長は三〇メートルを優に超すと推定した専門家もいた。しかし、メイザーの巨大骨はマンモスのものだったと考えてよいだろう。

発見された骨に興味をそそられたメイザーは、一七一二年一一月にロンドン王立協会に宛てて最初の手紙を書いた。そこで、ヨーロッパの学者も、新世界で見つかったノアの洪水にまつわる奇妙な化石に関心を寄せることになった。さらに、南米で発見された巨大な骨についても報告したが、メイザーはいずれもノアの洪水を裏付けるものだと確信していた。

地球の地層はノアの洪水が地表に残したものだが、その下には、南半球でも巨大な骨が見つかっている。これらの骨はいかなる解剖学的知見に基づいても、人類のものだと言わざるを得ない。しかも「巨人族」の骨以外には考えられない。……洪水に飲み込まれて呻き苦しんだ巨人たちが今、地中から見つかっているのだ。巨人族の骨はモーセの歴史を裏付ける確かな証である。(2)

メイザーには、巨人族を飲み込んだ洪水は地球規模の出来事であると思えたし、それは自分が確信する「ノアの洪水が地球を水没させた」というモーセの記述ともぴったり合致しているように思えた。一七二一年に、メイザーはアメリカ初の体系的な科学書となった『キリスト者の哲学』を著した。そこでは、世界が洪水で水没した直接証拠として化石を挙げ、理性が信仰を裏付けているという主張に専心している。

しかし、誰もがこうした大きな骨を巨人族のものだと思っていたわけではなかった。一七二五年頃、英国の植物学者マーク・ケイツビー（一六八二〜一七四九年）は湿地で奴隷たちが掘り出した巨大な歯を調べるために、サウスカロライナのチャールストン近郊にあるストノという大農園を訪れた。農園主はこの巨大な臼歯はノアの洪水で溺れ死んだ巨人のものだと思ったが、アフリカで生まれ育った奴隷たちはゾウの歯にそっくりだと断言した。ケイツビーも奴隷の意見に賛意を示したので、農園主は唖然として言葉を失った。農園主はゾウの歯を見たことがなかったが、ケイツビーはロンドンの博物館で見たことがあったのだ。

ケイツビーの推測は当たらずといえども遠からずだったが、これらの骨がマンモスのものだとわかるまでには、さらに一〇年の年月を要した。きっかけはアパラチア山脈の西部に広がる広大な人跡未踏の地の探検だった。一七三九年にナイアガラからオハイオ川まで踏破したフランス軍の遠征隊が、オハイオ川付近の岩塩場〔野生動物が塩をなめに集まる場所〕で、巨大な骨を発見した。骨の重要性を認識した遠征隊の指揮官は、牙と大腿骨に数本の歯をミシシッピ川から本国のパリへ送った。ちなみに、この場所は「ビッグ・ボーン・リック（巨大骨の塩なめ場）」として知られるようになる。これらのマンモスは現生のゾウよりも大きい新種だと考える自然哲学者がいた一方で、現生のゾウの骨と化石の骨の大きさの違いは、現生のゾウの変異内に収まると考える者もいた。

たとえば、第三代米国大統領のトマス・ジェファーソン（一七四三～一八二六年）は、寒冷な気候に適応して毛深くなった、熱帯のゾウの遠い親戚にあたるシベリアのマンモスと、北米のマンモスは同じ種だと確信していた。自然や動植物に強い興味をもっていたジェファーソンは、アメリカの人跡未踏の地に巨大な動物が生息しているかもしれないと考えると心が躍った。当時、ヴァージニア州の知事を務めていたジェファーソンはビッグ・ボーン・リックのことをよく知っていた。州の拡大に伴い、ヴァージニアの一部になっていたのだ。一七八一年に『ヴァージニア州について』という著書を出版し、マンモスはゾウよりも大きいと述べ、アメリカの先住民はビッグ・ボーン・リックで発見された巨大な骨を、最大の動物である「ビッグ・バッファロー」のものだと考えていると記している。さらに、そこで発見された巨大な歯は、アメリカの北部に広がる人跡未踏の地を今でも闊歩している巨大な猛獣のものだとする先住民の説話も紹介している。ちなみに、ジェファーソンが著したのはその本だけである。

ヨーロッパの動物相はアメリカに優っていると明言するフランスに反論するために、アメリカの野生物の豊富さ、力強さ、巨大さを示す事例を集めていたジェファーソンは、ホワイトハウスにクマの剥製を飾ったりもした。アメリカの野生動物の方が勝っていることを立証するのに、ゾウに匹敵する大きさの肉食獣ほどふさわしいものがあるだろうか？　それが見つかれば、新国家アメリカの独立と力を具現する力強いシンボルになるだろう。探検家や猟師がアパラチア山脈の西部で新しいエキゾチックな動物を探し求めていた。もしかしたら生きているマンモスが見つかるのではないか？　これは、ヨーロッパの学者が生きたアンモナイトを誰も見たことがない理由を説明するのに使った論法と同じだが、アンモナイトと違って、マンモスは深海に隠れているはずはなかった。

そのうち、ヨーロッパでもアメリカでも、マンモスが生きていることに疑いがもたれるようになった。一八世紀も終わりに近づいた一七九六年に、コレージュ・ド・フランスと国立自然史博物館の自然史の教授だったジョルジュ・キュヴィエ（一七六九〜一八三二年）が、マンモスの骨をアフリカゾウとインドゾウの骨と比較した結果、マンモスの骨はどちらのゾウとも異なっていることがわかった。しかし、ノアがすべての動物を救出したのならば、なぜ絶滅した動物の化石が存在するのだろうか？　創世記に記された世界よりもはるかに古い世界に棲んでいて、大洪水が起こるずっと前に死んだ動物がいた証拠なのではないか？

キュヴィエは、フランス語を話すヴュルテンブルク公国のルター派の家庭に生まれた敬虔なキリスト教徒だった。フランス革命が起きた頃には、ノルマンディーで貴族の家庭教師をしながら、海生生物を研究し、解剖学の専門家として名を馳せていた。故郷の町がフランスに併合されるとパリへ出て、年老いた教授の代理に任命された。キュヴィエは、無脊椎動物の形態と機能の関係を理解する比類ない才能に恵まれていたので、瞬く間に科学界で名声を博するに至った。自然史博物館では世界中から収集された化石を見る機会があった。さらに、パリの聖書協会の副会長も務めている。

現在のベルギーにあたる地域を制圧したフランスの革命軍は、貴重品や有用なものを本国に持ち帰るために、博物学者を含めた専門家の一行を伴っていた。一行の多くは優れた穀物品種や農業機械の入手に専念したが、化石に鑑識眼のあった博物学者は、極上の化石を戦利品としてパリへ持ち帰った。

フランスが新たに征服した東方地域から、一五〇個の木箱に詰められた標本がパリの博物館に到着したとき、キュヴィエも検分に来たが、この出来事は彼の人生に転機をもたらすことになった。講堂に梱包されたまま置いてあった標本の中に、ゾウの頭骨が二個あったのである。一つは南アフリカ産で、もう一つはインド南岸沖のセイロン〔スリランカ〕産だった。キュヴィエはゾウの頭骨を計測して、シベリアで発見されたマンモスの頭骨と比較したところ、マンモスの頭骨はいずれのゾウの頭骨とも似ていないことがわかった。結論は明らかだ。マンモスと現生のゾウは種が異なるのだ。

さらにキュヴィエは、ゾウの歯とシベリアのマンモスの歯をビッグ・ボーン・リックで発見されたマンモスの歯と比較した。アメリカのマンモスの臼歯の表面には一面に小さな乳房に似た奇妙なこぶ〔突起〕が見られた。シベリアのマンモスの歯には細長い畝が見られるので、アメリカとシベリアのマンモスは種が異なると考えたキュヴィエは、アメリカの標本を「マストドン（乳房状突起のある歯）」と命名した。(3)

キュヴィエは、アフリカとアジアに生息する現生のゾウのほかに、シベリアのマンモス（北米にも分布していた）と、北米だけに生息していたマストドンがいたという結論を出した。いずれも草食性だったが、マンモスは草を食べ、マストドンは低木や樹木を食べていた。そして、どちらも絶滅したという具合の悪い事実は、「植物や動物は変化しうる有機体である」という見方につながっていくのである。
マンモスのほかにどのくらいの種が絶滅したのだろうか？　そうした種が絶滅したのはいつのことか？　また、絶滅した種が生きていた頃の世界はどんなふうだったのか？　そこで、キュヴィエは失われた世界の動物相を復元するために、比較解剖学の知識を活かして化石を解析してみた。その結果、岩石に記録された動物相は現生種とまったく異なることがわかり、キュヴィエは太古の世界は現在と大きく異なっていたと確信するに至った。絶えず変化の波にさらされ、複雑な歴史を歩んできた世界で、種は生まれては消えていったのだ。

キュヴィエは、岩石や化石が語る物語は創世記の比喩的解釈とおおむね一致すると考えていただけでなく、ノアの洪水は最近世界を見舞った何らかの大災害の話であるとも考えていた。この大災害によって、マンモスのように化石しか残っていない大型の哺乳類は絶滅に追い込まれてしまったのだ。さらに、古代エジプトやギリシャ、ユダヤ人の伝説はどれも人類の歴史が幕を開ける直前に起きた大災害に言及している、と述べている。

キュヴィエは観察可能な事実に基づき、地球史の節目となった大変動や天変地異を順序立てて理解しながら、地球の歴史をたどろうと試みた。生命は地質時代を通して、ときおり入れ替わっていたように思えた。キュヴィエが読み解いた生命の歴史によれば、最初に原始生命体が生まれ、それがアンモナイトをはじめとする海の生き物の世界へと変貌を遂げると、その後に斬新な陸上の動物種が次々と現れ、最後に、つい最近になって人類が登場して、現代の世界になった。

ナポレオンのエジプト遠征に随行するという、願ってもない誘いを受けたにもかかわらず、キュヴィエは博物館で研究する方を選んだ。遠征するより自分のところに標本を送ってもらう方がよかったのだ。そこで収集家に、化石や化石のスケッチあるいは説明書を博物館に送ってくれるようにと協力を要請すると共に、その返礼として、送り届けられた化石は責任をもって鑑定すると申し出た。当時はキュヴィエのほかに化石の鑑定ができる人物はほとんどいなかった。生物の構造から機能を推定する優れた才能に恵まれていたキュヴィエは、脊椎動物の解剖学的構造に関する問題を科学的に審査する役目を担った。今日では、脊椎動物に関する古生物学の創始者として知られている。

最初に発表されたキュヴィエの研究摘要では、化石の年代はどれも同じであるかのように論じられていた。化石ゾウ（マンモス）の骨は、前の世界が何らかの大災害で破壊された証拠とされた。後に、各地層にはそれぞれ異なる化石が含まれていることがわかってくると、地層が古くなるに従って、化石が現生の動物相からかけ離れていくことを認識するようになった。

キュヴィエは化石標本が増えるに従い、生命の構造にパターンがあると気づくようになった。アンモナイトが見つかるのは下の方の古い地層に限られ、マンモスの化石は地表堆積物の一番新しい地層から出てくる。人類の骨の化石は見つかっていない。化石が絶滅した動植物のもので、深海や人跡未踏の地に隠れている種のものではないとすれば、地球の生命は現在とは異なる種の入れ替わりを経て、現在の動物相に近づいてきたことになる。キュヴィエの技能と頭脳と洞察力とが相まって、地球の歴史をひもとく道が切り開かれたのだ。こうした考え方に至ったのはキュヴィエが最初であった。

キュヴィエはマンモスの死体の保存状態がよいことを証拠として挙げ、地質学的な大変動や天変地異によって絶滅したのだろうと推測している。「北方地域では、大型の四足動物の死体が氷に閉ざされ、今日まで皮膚や毛、肉が保存されてきたのだ(4)」。キュヴィエは数多くの化石を研究してきた経験から、六〇〇〇年に満たない地球の歴史では、これだけ多様な化石生物を生み出すことはとうてい無理だと考えるに至った。一回の大洪水だけでは地球史の説明がつかないのは確かだ。「したがって、生命は地球の地殻を地下深くまで崩壊させた天変地異に、たびたび見舞われてきたのだろう[5]」。

地質時代に大絶滅が少なくとも五回起きたことが知られているが、現在、人類の手で生物種が自然の一〇〇〜一〇〇〇倍の速さで地球上から抹殺されているので、六回目の大絶滅が始まっていると指摘する生物学者もいる。陸上で生物が進化し始めてから、動物種の半分以上を絶滅に追い込んだ出来事が数回起きている。およそ六五〇〇万年前の白亜紀〜第三紀の大絶滅で恐竜が死に絶え、哺乳類が台頭し始めたことは小学生でも知っている。一方、二億五一〇〇万年前のペルム紀〜三畳紀に起きた大絶滅は、知名度はこれほど高くはないが、規模ははるかに大きく、動物種のほとんどが地球上から消えてしまった。この大絶滅で三葉虫の時代が終わりを告げ、恐竜の時代が幕を開けた。そして第四紀（いわゆる氷河期で、数百万年前から現在に至る時代）の最終氷期に、マンモスのような巨大動物種が絶滅し、人類が支配する現代の世界が訪れたのだ。地質学的記録を通してこの数百万年を見ると、現在進行中の絶滅も、太古の世界を終わらせた天変地異と同じように見えるかもしれない。

キュヴィエ以降は、岩石の記録にノアの洪水を裏付ける証拠を探そうとする動きは完全に途絶え、後に現代の創造論者が蒸し返すまでは顧みられなかった。自然哲学者たちは長いこと、化石が聖書にある大洪水の記述を裏付けているとかたくなに考えてきたが、絶滅が数回にわたって起きたことが地質学的記録に基づいて立証されると、ノアの洪水だけで世界中の化石をすべて堆積させるのは無理だと理解した。そこで、洪水の痕跡を探す対象は、未固結の礫や巨礫の堆積物に変わっていった。その結果、自然哲学者も神学者も、きわめて重要な聖書の再解釈を受け入れられるようになったのである。新しい時間の概念を採り入れたその再解釈では、時間を非常に長いものとして捉えたので、化石生物が一度に死んだとか、同時期に生きていたという矛盾を強いる必要がなくなった。今日、「地質時代」と呼ばれている時間概念が生まれたのは、農業を営んでいたあるスコットランド人のおかげだった。

6　時の試練

エディンバラから東に四八キロのところに、一種の聖地になっているシッカーポイントという岬がある。その近辺に畑をもつ農家は、地質学者がひっきりなしにやってくるので、カブが踏まれて困ると嘆くほどだ。風の吹きすさぶこの岬を岩石マニアが目指すのは、スコットランドで農業経営をしていたジェームズ・ハットン（一七二六〜一七九七年）が、地質時代を発見するきっかけになった場所だからだ。地質学的な力によって世界が作り変えられるのに必要な時間の長さはどれくらいなのか、それを解明する鍵が、この地で発見されたのだ。カブ畑の下の岩礁海岸に露出した、灰色と赤色の二つの砂岩層には、造山運動と侵食作用および堆積が二度にわたって起きたことを示す明らかな証拠が記録されている。

スコットランドには珍しく晴れ間の広がった日に、私たち六人は岬に通じる小道の入口付近まで行き、農家から見えないところに車を停めた。畑を迂回すると、黄色いハリエニシダの藪に囲まれた廃

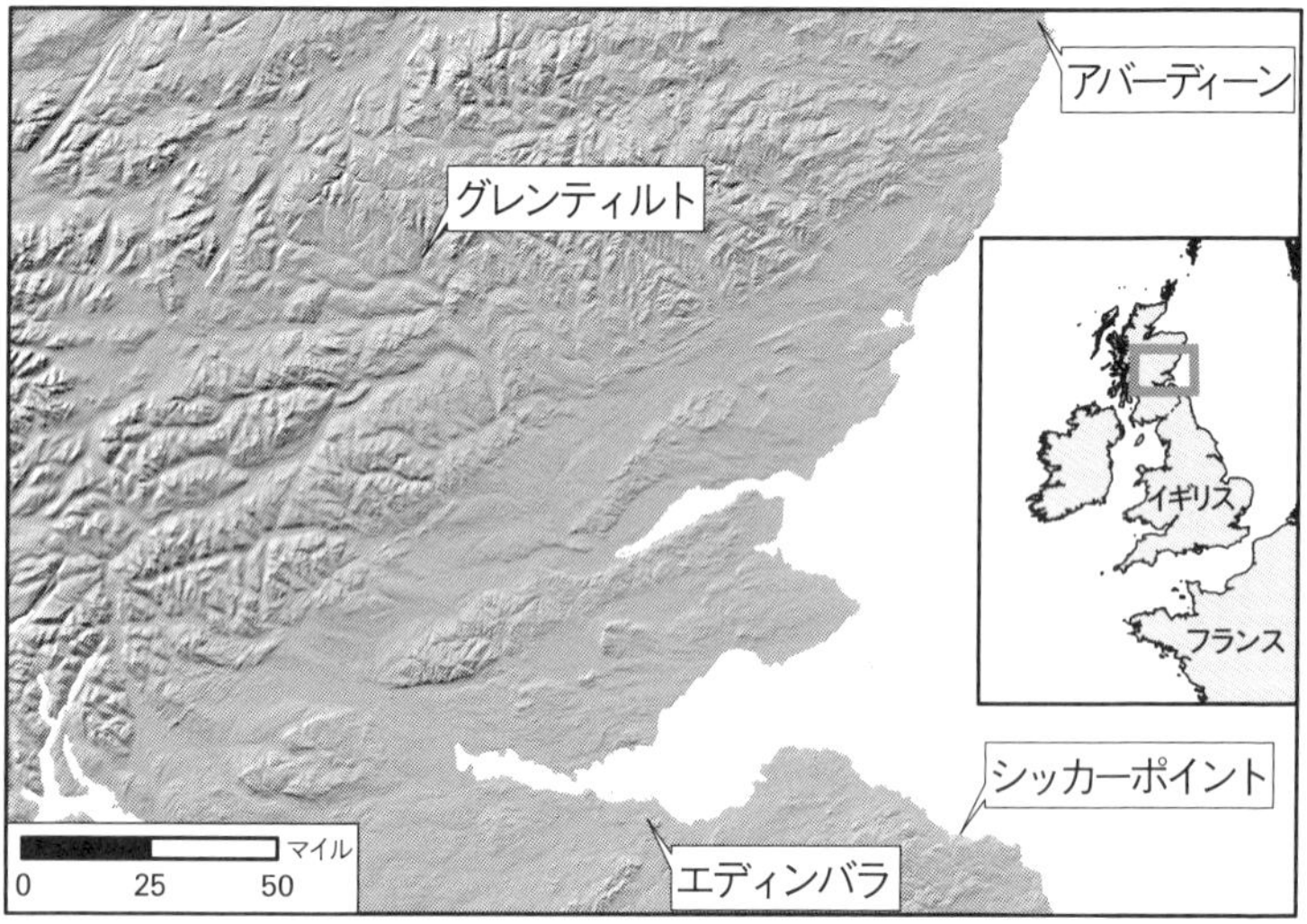

エディンバラ東方の海岸にあるシッカーポイントの位置を示す地図

屋の脇を抜けて、海岸の崖を目指した。西側の海にはひときわ目を引く赤い砂岩層が落ち込んでおり、東側には上が真っ平らな灰色の砂岩層が海岸に沿って屏風のようにそそり立っていた。私たちは二つの砂岩層が接している場所の上で立ち止まると、波に洗われる崖下へ続く草地の急斜面を下りた。

崖下には地質学の至宝ともいえる極上の露頭が見られ、教科書通りに二つの砂岩層が並んでいた。地質学で使われる時間次元は「悠久の時間《ディープタイム》」であり、世界が誕生したのは数十億年前であるというのが、その基本概念と帰結だ。その発想のもとになった岩石が、私の目の前にあるのだ。昼食をとりながら、私はその岩石にはっきりと記された物語を読み取った。

古い方の灰色の砂岩層は、侵食された高地の岩屑が隣接する海に堆積し、熱と圧力の作用で硬い岩石に変わったものだが、その後、何らかの力が加わり、押し曲げられて海の上に持ち上げられ、

シッカーポイントでハットンが発見した不整合面（ハットンの不整合）は、垂直の灰色砂岩層（シルル紀）が、上にある傾斜した旧赤色砂岩層（デボン紀）によって切り詰められたような形になっている（画　アラン・ウィットションク。著者撮影の写真より）

層の向きが現在見られるように垂直になった。海岸から観察すると、二層の砂岩層が接する面が、太古の時代に灰色の砂岩が侵食されてできた谷の表面を表しているのがわかる。しかし、この新しく生まれた陸地も再び太古の海に沈み、その上に赤い砂が堆積した。この砂も熱と圧力の作用で岩石に変わるが、その後、再び傾斜し、隆起して海上に姿を現した。岩壁が海上に出ると波に侵食されて、赤い砂岩の層はむき出しになり、なだらかに海側へと傾斜する低い岩棚になった。垂直な灰色砂岩層は、この赤色砂岩層によって上部を切り取られて蓋をされたような形になった。

ハットンは一七八八年にこの露頭を発見し、その結果、山は砂に還り、再び岩石に生まれ変わるのではないかという自分の考えに確信を抱いた。私は同行したエディンバラ大学の研究仲間から解説を聞けたので、ハットンよりも恵まれていた。その解説によると、一〇～二〇センチほどの厚さの砂岩層の間に薄い泥岩層が挟まっている灰色の岩は、太古に大陸が衝突して古大西洋が閉じたときの地学的縫合帯にできた山地が侵食されたことを示しているという。およそ四億二五〇〇万年前のシルル紀に、この衝突でイングランドとスコットランドは合体した。恐竜が登場する数億年も前のことだ。旧赤色砂岩から成る上部の岩石層は、およそ三億四五〇〇万年前のデボン紀に若いカレドニア山地が侵食されてできたもので、侵食された砂が堆積したのが現在のスコットランドにあたる。さらに、このカレドニア山地の侵食によってできた砂岩の残り半分は、大西洋の彼方にある北米のニューイングランド地方（ニューヨーク州とメイン州）に見られるキャッツキル層を形成した。同じ赤色砂岩が大西洋の両側に分布している事実は、岩石そのものによって、カレドニア山地が誕生して消滅した後に大西洋が再び海になったことを裏付けているのだ。

地質時代の概念をよく知っているつもりの私でも、山脈が侵食されて砂になり、その砂が海底に堆積して岩石に変わり、その岩石が隆起して再び山脈ができ、その山脈が侵食されて新しい海に還るまでに、どのくらいの時間がかかるのか、理解するのに苦労した。シッカーポイントは、地質学的な出来事が想像を絶する時間を要することを示す天然記念物と言える。

言うまでもないことだが、ハットンの時代には、世界が創られたのは六〇〇〇年前にすぎないと一般に考えられていた。毎日、変化がゆっくり進み、その積み重ねによって、世界は計り知れない時間をかけて形作られたというのは常軌を逸した考えで、過激を通り越して危険な異端思想だった。

ところで、聖書のどこにも「地球は六〇〇〇年前に創られた」と記されてはいない。この不思議な数字は、聖書に記された年月を足し合わせて、世界が創造された時期を逆算した結果、登場したのだ。二世紀の歴史家ユリウス・アフリカヌスが、エジプトやギリシャ、ペルシャの歴史を利用して天地創造の年を特定した最初のキリスト教徒だ。「天地創造からちょうど六〇〇〇年後に世界が終末を迎える前に、キリストが再臨し、千年王国が始まる」と信じられていたので、天地創造の年を早急に特定する必要があった。世界が終わりを迎える時を知る唯一の方法は、世界が始まった年を特定することだからだ。

創世記に記されているアダムの子孫の年齢を合計した結果、天地創造からノアの洪水までに二二六一年が経過していることがわかった。次にユリウスは、ノアの子孫の年齢を合計し、さらに聖書以外の資料も参照して、モーセに率いられたユダヤ人のエジプト脱出〔出エジプト〕やエルサレムの神殿破壊などの歴史的出来事の年代を特定した。このようにしてユリウスは、キリストが生まれたのは神が世界を創造してから五五〇〇年後だという結論に達した。また、預言者エリヤが述べたとされる「天地創造にかかった六日間の各一日は一〇〇〇年に相当し、世界はその期間だけ存続する」という言い伝えに基づき、世界の終末にキリストが再臨するのは紀元五〇〇年と予測した。ユリウスの『年代誌』は後世の聖書年表の作成を促すと共に、手引きの役目も果たした。

それから数百年経った中世とルネサンス期の年代学者は、おおむね「天地創造の一日につき世界は一〇〇〇年間続く」というユリウスの説を支持したが、世界の終わりまでの秒読みが始まる時期については意見が分かれた。黙示録で預言された世界の終末の日が何事もなく過ぎるたびに、学者たちは世界が終わりを迎える日を先延ばしにした。一七世紀末までには、聖書の年表は百種類を超え、世界の始まりと終わりにさまざまな年を設定している。

もっとも崇められ、大きな影響力をもっていた聖書の年表は、ジェームズ・アッシャー主教（一五八一～一六五六年）が一六五〇年に出版した『旧約聖書の年代記』で、天地創造の日にちを紀元前四〇〇四年一〇月二三日の日曜日と定めている。アーマー大主教と全アイルランド首座主教も務め、チャールズ一世の腹心の友でもあったアッシャーは、西ヨーロッパ屈指の蔵書家で、学者として国際的な評判も高かった。非常に名声が高かったので、ウェストミンスター寺院に儀礼を尽くして埋葬されたほどだ。

アッシャーは、エジプトや中国の歴史の方が、自分の定めた天地創造の日にちよりもはるかに古いことは無視して、天地創造から一六五六年後にノアの洪水が起きたと結論を出した。ノアたちは紀元前二三四九年一二月七日の日曜日に方舟に乗ると、一年と少しを舟で過ごし、翌年の一二月一八日に舟から降りたことになった。

アッシャーはどうやって天地創造の年を決めたのだろうか？　ユリウスと同様に、アダムからソロモン王に至る系図に登場する族長たちの年齢を合計したのだが、ソロモン王からキリストの誕生までの間には空白があるので、その間はバビロニアやペルシャ、ローマの歴史を参照せざるを得なかった。また、ギリシャ語の聖書に記された系図に基づくと、天地創造の年代が一〇〇〇年近く昔に遡るので、どの翻訳版を使うか決める必要もあった。さらに、ローマで過ごしたユダヤ人の歴史家ヨセフス（三七頃～一〇〇年）が、ヘロデ王の死亡を紀元前四年とした厄介な問題を修正した。というのは、聖書にはヘロデ王は生まれたばかりのキリストを殺そうとしたという記述があるので、キリストが生まれたのはそれ以後のはずはないからだ。

アッシャーは天地創造の日にちをどうやって特定したのだろうか？　論理的に導き出したのだ。天地創造の後で、神は七日目に休息をとったと記されているが、ユダヤ教の安息日は土曜日なので、土曜日から六日遡ると、神は日曜日に世界を創り始めたことになる。神は秋分の日の前後に天地創造を始めたと想定したアッシャーは、おそらく天測歴を使って、秋分の日が一〇月二五日の火曜日にあたることを特定したのだろう。そうすると、一〇月二三日が天地創造を始めた日曜日にもっともふさわしい。アッシャーが天地創造の年代を特定した方法はさておき、一七〇一年に書籍出版業組合は、欽定訳聖書の新版の余白に「紀元前四〇〇四年」という天地創造の年代を付け加えた。これ以後、多くのキリスト教徒にとって、アッシャーが算出した世界の年齢は真理となったのである。

アッシャーの年表は人気を博したが、それでも多くの聖書学者が異なる説を発表した。そうした事態からわかるように、文字通りに解釈する場合でも、聖書の意味を特定するのは本質的に難しいのである。読み手と考えによっては、同じ箇所を読んでも異なる結論に達するかもしれない。ステノ以降の自然哲学者は、徐々に独自のアプローチで研究を進めるようになった。岩石の記録を読み解くことによって、地球の歴史を直接解き明かそうとしたのである。

パリ植物園の園長を務めたビュフォン伯ジョルジュ＝ルイ・ルクレール（一七〇七～一七八八年）は、世界は少なくとも一〇倍は古いと主張した。フランス貴族の裕福な家庭に生まれ、若くして財産を相続したため、ビュフォンは悠悠自適な生活を送ることができて、初めは法律を、後に数学と博物学を学んだ。一七三九年にパリの王立庭園の管理者に任命されたとき、そこを自分が研究するための施設に変えてしまった。

ビュフォンは一〇年にわたって研究を行ない、一七四九年に、太陽に彗星が衝突したときに融けた火の玉が飛び出し、それが地球になったという説を提唱した。地球は太陽のかけらが冷えてできたという説は、四四巻に及ぶ『博物誌』の第一巻に記されている。火の玉が冷えて岩石の衛星になると、地球を覆っていた海が引いて大陸が現れたと論じている。ビュフォンはノアの洪水が起きたことは端から認めなかった。また、モグラの目や飛べない鳥の翼のように、はっきりした機能が認められない退化した謎の器官に基づいて、動物の進化を提唱した。

その二年後の一七五一年一月に、ソルボンヌ〔パリ大学〕の神学部は数々の不埒な説を唱えた廉《かど》で、ビュフォンに召喚状を出した。原初の海底を侵食した海流が山地や谷を形作った、地形は神ではなく侵食作用で作られた、いずれ山地も侵食によって海水面まで削られるだろう、という説などが異端視されたのだ。ガリレオと同じ選択を迫られたビュフォンは自説を撤回して、社会的地位と名声を守る道を選んだ。こうして、『博物誌』に記された「地球の形成に関することや、モーセの記述に反する可能性があることは基本的にすべて[1]」撤回するに至った。

ビュフォンは動揺はしたものの、研究を断念しはしなかった。融けた金属球が冷えるのに要する時間を測定するために実験を行ない、水が溜まるようになるまで地球が冷えるには、二万五〇〇〇年以上の歳月を必要とするという結果を得た。そこで、天地創造の初日はこれだけの年数に相当すると結論を出した。天地創造の二日目は、原初の海を完成させるために一万年を要したはずだと降雨率をもとにして算出し、地球が現在の気温まで冷えるためにはおよそ七万五〇〇〇年かかっただろうと推定した。そして、この推定を記述した『鉱物史序説』を一七七五年に出版したが、今度は神学界から糾弾されることはなかった。

それから三年後に、ビュフォンは太古の地球に関する自説を詳細に論じた『自然の諸時期』を出版した。天地創造の日数は比喩的なもので、長い地質学的時間に相当すると述べたが、世界はできあってから何百万年も経つという見解を公表するのは慎重を期して差し控えた。ビュフォンが提唱した壮大な「自然の諸時期」の第一期では、地球をはじめとする惑星が形成される。第二期では、地球内部の岩石が固まり、揮発性の物質が放出されて大気ができる。地球が誕生してから三万五〇〇〇年ほど経った第三期になると、大陸を覆う海では堆積作用で層状になった岩石や石炭、海生生物の化石が形成される。現代の地形はこの海底を還流する激しい流れの侵食作用で形成された。第四期には火山活動が活発になる。ビュフォンは、第五期は極地も熱帯の気候に恵まれていた証拠として、シベリアで発見されたマンモスの化石を挙げている。第六期には、大陸と大陸の間にあった陸地が崩壊して海盆ができると共に、現代の大陸が形成される。そして今からおよそ六〇〇〇年前に、われわれが知っている現在の世界に人類が登場する。

ビュフォンは自分の提唱する地球史にノアの洪水の出番を与えなかったが、天地創造の日数を文字通りに解釈しなければ、創世記と地質学の間に矛盾は生じないと指摘した。一部の神学者と同様にビュフォンも、創世記は無学な大衆向けに書かれたもので、科学的な真実を伝えることを意図してはいないので、地球の歴史に関わる事柄は文字通りに解釈するべきではないと考えていた。

創世記の解釈をめぐって意見が分かれていたフランスのカトリック教会は、今度も沈黙を守っていたので、ガリレオの場合と異なり、ビュフォンは教会の譴責《けんせき》を免れた。要職にある神学者や影響力のある神学者も、地球はもっと古いかもしれないと考え始め、天地創造の六日間は地質年代を表すのではないかという考えを前向きに検討するようになっていたのだ。

ジョン・ニーダム（一七一三〜一七八一年）は、英国王立協会の会員に選出された最初のローマカトリック教会の司祭だが、ビュフォンが書簡のやり取りをした人物でもある。ニーダムは、天地創造に要したそれぞれの日は二四時間以上に相当するというビュフォンの見解を認めて、たとえ六〇〇〇万年でも永遠から見れば一瞬にすぎないと述べている。神学者も、六〇〇〇年前に地球が創られたという見方に疑問を抱き始めていたのだ。

地質時代とは数千年を超えるものであるという考え方が認められるようになると、ドイツのフライベルク鉱山学校のカリスマ的な教授だったアブラハム・ヴェルナー（一七四九～一八一七年）が、岩石を見れば、地球の歴史が四つの時期に分かれていることがわかるという説を唱え始めた。ヴェルナーの鉱物に対する強い関心は、ザクセンで鋳鉄工場の監督をしていた父から受け継いだものだ。二五歳の若さで鉱物フィールドガイドの名著を出版したヴェルナーは、フライベルク鉱山学校の教授に招かれ、その五年後に地質史の講座を初めて設けた。ヴェルナーは講義の名人だったので、教え子たちが地質史について学んだことをヨーロッパ中に広めるに従って、その影響力も強まっていった。

ヴェルナーは、野外調査に出る手間をかけるよりは、実験室で鉱物や岩石を調べて地球の歴史をひもとこうという立場の人物で、彗星が太陽に衝突した弾みで飛び出した火の玉が徐々に冷えて地球となり、一面が海に覆われるようになったというビュフォンの説を採用した。ヴェルナーは、最初の岩石（始原岩）である結晶岩は、この原初の海の水に含まれていた成分が析出して形成されたと提唱し、だから海生生物の化石が高山で見つかるのだと説明した。「ネプチューニスト（水成論者）」と呼ばれたヴェルナーの弟子たちは、層状になった二次的な岩石（成層岩）は、干上がり始めた海の底に次第に堆積した物質で形成されたと唱えた。また、始原岩や二次岩が侵食されると礫、砂や泥になり、それが再堆積して三番目の岩（三次岩）ができると述べた。彼らは、そうした三次岩の堆積と侵食によって地形ができたことこそ、ノアの洪水の証拠であると見なしたのだった。そして、四番目の岩石に位置づけられたのが、現代の河川堆積物のように、流水によって高地で侵食された未固結の砂や礫である。このように岩石を四段階に分類すれば、すみやかに、アペニン山脈やコーカサス山脈のような山脈の岩石を適切に説明できることが明らかになった。

まだ粗削りではあったものの、この地質学的分類法が、岩石層の厚みや幅、相対年代を評価する基準の役目を果たし始めると、地層に見られる不規則な境界線（不整合）によって地質時代が区分できることが明らかになった。しかし、それにもかかわらず、二次岩に見られる個々の地層はヨーロッパのどこまでもたどることができる。厚さが数センチにすぎない薄い地層も数十キロにわたってたどることができるが、こうした地層は、バーネットやウッドワードが想定したような、地表を引き裂き、かき混ぜた大洪水で形成されたとは考えがたい。二次岩がノアの洪水で形成されたものだと考えられなくなったのは、ヴェルナーの地質学的功績である。これで洪水の証人は三次岩と地形だけになった。

それから数年後の一七八八年に、ジェームズ・ハットンは風の吹きすさぶスコットランドの海岸で画期的な発見をして、地球の歴史は創世記の記述よりはるかに複雑だということを立証するのに一役買った。シッカーポイントの砂岩層の堆積と変形には、少なくとも二回の堆積と侵食の過程を経る必要がある。つまり、天地創造を二回行なうか、地球がときおり自分で作り変えを行なうかのいずれかが必要になる。

ハットンは裕福な商人の家庭に生まれ、エディンバラ大学に進んだ。一七四三年に一七歳で大学を卒業すると、弁護士事務所に奉公に出たが、遺書や契約書を書き写すつまらない仕事の退屈しのぎに、ときおり化学の実験めいたことをしては同僚に迷惑をかけていた。さすがの雇い主もついに堪忍袋の緒を切らし、夏が終わらないうちにハットンは解雇されてしまうが、秋になるとエディンバラ大学に再入学し、今度は医学を学ぶ。一七四七年には医学の勉強を続けるためにパリに赴き、その二年後にステノの母校でもあるライデン大学で医学の学位を取得した。

ハットンは医学を修めたものの、医者になろうと思ったことは一度もなかった。好奇心の塊のような人物で、後に地質学に転向するまでは化学の研究を続けた。大好きな実験に触発されて、ハットンは元の学友と、煙突の煤から塩化アンモニウムを生成する会社を立ち上げた。塩化アンモニウムは金属細工に使われる融剤の主要成分で、当時はエジプトからの輸入に頼っていたのだ。ハットンの目のつけどころは確かだった。その会社は、煙突の掃除夫からは煤を引き取ってもらえることで、金属細工師からは必要な融剤を手頃な値段で常に供給してくれることで、たいそう喜ばれた。遺産に加えて事業の収益も入るようになり、生活のために働く必要はなくなったので、ハットンは悠悠自適の生活を送ることができた。

興味を追求する手始めに、ハットンはイングランドとの境界のすぐ北にある父の農場を経営することにした。五六ヘクタールほどの農場があるこの地域は、火成岩が侵食されてできたなだらかな起伏のある丘陵地で、スコットランドでも屈指の肥沃な土壌に恵まれていた。世界一周の航海に出かけて進化論を考えついたダーウィンとは対照的に、ハットンは自分の農場で土が侵食されるのを見て、地球の年齢に関する画期的な説を思いついたのだ。

土地のことがわかるようになると、ハットンは化学の知識を農業に活かして、土壌を豊かにするために炭酸カルシウムを使う方法を開発した。また、畑の周囲に石垣を築いて土壌の侵食防止を試みたが、近くの丘陵地から切り出した砂岩を積み重ねているときに、砂岩を構成している鉱物の粒子と畑で見られるものが似ていることに気づいた。

岩が侵食され、それが別の場所に堆積して深く埋まった後、再び岩に生まれ変わるという壮大な自然の循環を解き明かす鍵をハットンは手にした。その鍵はハットンのすぐ目の前に、手の中に、足の下にあったのだ。英国に見られる岩石のほとんどが、どこか別の場所で侵食された堆積物から形成されており、陸上では常に侵食作用が働いている。いずれの知見も新しいものではない。レオナルド・ダ・ヴィンチははるか昔に堆積岩の性質に気づいていたし、農民は侵食作用のことをよく知っている。しかし、ハットンはこの二つの知見を結びつけて、循環を構成する二つの過程と捉えた。この新しい試みからハットンは地質学的時間といううきわめて独創的な概念を思いついたのだ。

しかし、このような循環には一つ問題があった。侵食された物質を取り戻す仕組みがないと、土地はやせ細る一方で、いずれは土壌が消失してしまう。慈悲深い創造主がそのようなことを認めるはずがない。では、侵食された土地はどうやって回復されるのだろうか？

ハットンは農場経営を始めた後、一七六七年にエディンバラに戻ったが、折しもスコットランドもルネサンスを迎えようとしていた。「素敵なチャーリー王子」と呼ばれたチャールズ・エドワード・ステュアート（一七二〇〜一七八八年）によるステュアート朝復興の企てが破れ、それを支持したスコットランドの貴族が追放されて、階級制度が解体し、革新的な思考を育む平等主義がもたらされたのだ。崩壊した古い社会の瓦礫の中から生まれた新しい文化によって、ハットンの好奇心と興味が育まれた。

当時の自然哲学者は、ヴェルナーが唱えたように、岩石は干上がり始めた原初の海水の成分が析出したものだと考えていた。結晶を作る学習キットと同じことが地球規模で起きたと見なしたのだ。しかし、ハットンは鉱物の化学的性質を継続して分析した結果、岩石には水に溶けない物質がたくさん含まれていると確信した。そもそも水に溶けないものが、どうやって海水の中から析出するのだろうか？　そして、当時支配的だった、岩石の形成過程に関するヴェルナーの説が間違っているとしたら、どうすれば岩石に凝固するのだろうか？　熱と圧力の組み合わせによる作用以外にはありえないだろうとハットンは推測した。堆積物に十分な厚みがあれば、下層では両者の力が働くはずだ。

設立されたばかりのエディンバラ王立協会は一七八四年に、六〇歳近くになっていたハットンに地球論の講演を依頼し、聴衆の前で発表できるように考えをまとめておくようにと促した。ハットン自身は、病気だったのか、人前で話すのが苦手だったのかはわからないが、講演をしなかった。その代わりに、二酸化炭素を発見したばかりの化学者で親友のジョゼフ・ブラックが、講演原稿を読み上げた。ちなみに、当時は講演の原稿を事前に準備しておき、当日はただ読み上げるだけというのが慣例だった。層状の岩石は以前に存在した陸地が侵食されて堆積したものであり、岩石ができるためには熱と圧力を必要とするという自説に加えて、岩石は太古の海水の成分が析出したものだというヴェルナーの説を否定する根拠も、ハットンに代わってブラックが発表した。ノアの洪水も含め、聖書の記述を無視したハットンは、世界は想像を絶するほど古いと考えていた。世界の地形を説明するために、ハットンは天変地異ではなく、自分の目で観察してきた日々起こる風や雨や波という、取るに足りない作用を用いた。

それから四週間後、二回目の講演を依頼されたハットンは、今度は自分自身で原稿を読み上げた。ヴェルナー説の批判を終えると、分厚い堆積物の底で固まった岩石層が地表に出てくる仕組みをくわしく説明した。干上がり始めた海水成分が析出して岩石ができたのならば、地層はすべて水平になるはずだが、実際には大きく傾斜している岩石層も見られる。地層が傾いたのは、ノアの洪水で世界が崩壊したからだと考えたステノとはまったく逆に、ハットンは地球内部の熱と火山活動で岩石が変形したからだと考えた。そう考えるようになったきっかけは、花崗岩の岩脈が岩石層を貫いていることだった。過熱された堆積物の底部から花崗岩が融けた状態で上昇してくるとすれば、冷えて固まる前に岩石の割れ目や亀裂に入り込んで、岩石層を貫くはずだ。侵食された大地は海に運ばれて堆積し、巨大な堆積物となって、下層が溶解すると、隆起して再び陸地になる。ハットンは、このような基本的な過程が、海と陸がくり返し入れ替わるような壮大な循環を作り出す原動力だと考えた。

侵食と堆積が果てしなくくり返され、そこから新しい岩石が形成されるという循環説をハットンが唱えたことで、地質時代という想像を絶する長さの時間について、嫌でも真剣に検討せざるを得なくなった。ハットンは「世界は想像以上に古い」と言う代わり、「地球は想像を絶するほど古い」とはっきり述べている。岩石がこうした循環過程を何回経たか、知ることなどできるだろうか？　一巡りするたびに、それ以前の証拠が消されてしまうなら、世界が経験した侵食と隆起の回数を知る術はない。岩石は六〇〇〇年に満たない世界で海の成分が析出したものだというヴェルナーの説を信じていた聴衆は、ハットンの講演に衝撃を受けたに違いない。ビュフォンの説のような「地質時代は六〇〇〇〇年よりも長い期間だ」という考えをよしとしていた人でさえ、ハットンの極端な考え方には驚いた。一方、ハットンは懐疑的な反応を見て、自説を補強する証拠探しに精を出した。

ハットンの講演は三年後の一七八八年にようやく出版されたが、地球は計り知れないほど古いという考えは、アリストテレスが唱えた「始まりも終わりもない永遠の世界」の焼き直しにすぎないという見当違いな批評をされた。特に問題となったのは、岩石生成の循環説だった。モーセが創世記に記した天地創造ともノアの洪水の話ともまったく相容れないからだ。こうした出来事が何度もくり返して起きたはずがないと誰もが確信していた。地球内部の熱の作用で新しい陸地が海の下から隆起するというハットンの考えは、ヴェルナーの信奉者が信じている「すべての岩石の起源は水である」という水成説とも、「世界は最近創られ、崩壊に向かっている」という伝統的なキリスト教の考え方とも矛盾するものだった。

花崗岩の岩脈がそれを含む岩石といっしょに形成されたか、それよりも新しいかを特定すれば、ハットンの説は簡単に検証できる。太古の海の中でいっしょに沈殿したのならば、岩脈とそれを含む岩石の年代は同じはずだ。海底の地下深くから融けた溶岩が上昇してくるというハットンの考えが正しければ、岩脈は堆積層を突っ切っているはずだ。

ハットンはスコットランド高地に出かけて、花崗岩の岩脈が突っ切っている岩石層をくまなく探して歩き、アバディーン西部のグレンティルト渓谷の河床に露出していた岩盤と巨礫にお目当ての岩脈を見つけた。黒い堆積岩の河床のあちこちに赤い花崗岩の筋がはっきりと入っていた。堆積岩ができた後で、花崗岩がそこに貫入したのだ。花崗岩の細い筋の方が実際に堆積岩よりも新しかった。

翌年の夏、ハットンはスコットランド南西部のギャロウェイでも、堆積岩の中に入り込んでいる花崗岩の岩脈を見つけた。好都合なことに、この岩脈は堆積岩を貫通せずに、露出した岩石層の途中で止まっていた。花崗岩の方が新しいだけでなく、下から上がってきてもいたのだ。これで、花崗岩が太古の海水の成分が析出してできたのではないことを裏付ける証拠がさらに増えた。地球は誰もが信じているよりもはるかに古いという確信がますます強くなった。

しかし、これだけでは岩石生成の循環説を立証したことにはならない。地下の熱によって、岩石が上昇してくる仕組みを裏付けたにすぎない。ハットンは自説の正しさに自信を深めながら、さらに証拠探しを続けた。地球は計り知れないほど古いと大胆にも提唱した三年後に、ハットンはエディンバラから北海の沿岸を船で南下しながら、自説を裏付けてくれる露頭を探し求めた。この調査には、ジヨン・プレイフェアというエディンバラ大学の数学教授と、弱冠二七歳のジェームズ・ホール卿の二人の仲間が同行してくれた。プレイフェア教授はスコットランドの長老派教会の元牧師で、伝統的なスコットランド教会の考え方が身に沁みついている人物だった。ホール卿の大おじは王立協会の会長を務める実力者だが、ホール卿本人も資産家で、今回の調査のために船と船員の手配をしてくれた。ホール卿のおかげで、調査範囲が徒歩よりも大幅に広がった。プレイフェア教授もホール卿も、最初は地球が非常に古いというハットンが唱える説を受け入れなかったが、何年も議論を重ねるうちに、二人は彼が重大なことを見つけたのかもしれないと思うようになった。

ハットンがこの沿岸を調査地に選んだのは、この地域が肌理の細かい灰色の砂岩と目の粗い赤色砂岩の二種類の岩石でできていることを知っていたからだ。色が著しく異なった二種類の砂岩は、隆起と堆積が二回くり返されたことを示していると確信していたハットンは、この沿岸のどこかに、二つの砂岩層が出会い、それがはっきりとわかるように露出している海食崖が見られるのではないかと考えていたのだ。

ハットンの一行はホール卿の邸宅から、灰色の砂岩が見事に露出した断崖が続く岩礁海岸に沿って南へ向かった。岬を数ヵ所通り過ぎると、二〇度くらい傾斜している赤色の砂岩層の断崖がそびえる砂浜が現れた。しかし、灰色の砂岩と出会ってはいなかった。両者が出会っている場所はどこなのだろうか？　次の岬を回ったときである。灰色の層と赤色の層が交わった砂岩が崖の下の方に姿を現したのだ。垂直に上に向かって伸びた灰色の砂岩層が、その上にある赤色砂岩にぶつかり、二つの岩石層の間には、現在の海岸線に沿って見られるような海浜の堆積物と似た灰色の礫が挟まっていた。

ハットンは小躍りして喜んだ。灰色の砂岩と赤色砂岩が接触し、それがはっきりとわかる形で露出していたのだ。この事実が意味することは、これまでの常識を覆すものだった。ハットンの提唱した壮大な循環が数回起きたことを裏付ける証拠が見つかったのだ。プレイフェア教授は後にそのときのことを、宗教的な啓示を得たかのようなめくるめく表現で次のように述べている。

時の深淵を覗き込み、目が回る思いがした。驚異の出来事を解き明かした自然哲学者に感服して、熱心に耳を傾けるうちに、理性はときに想像力をはるかに超えることがあるのだと思い知らされた。(2)

二人はハットンの説明に納得したが、世界が想像を絶するほど古いとほかに誰が信じるだろうか？地球規模で起きている循環によって、岩石の起源のみならず、最終的には現在の世界まで説明できると考える者がほかにいるだろうか？

ハットンが一七九五年に『地球の理論』を出版したときは、ヴェルナーの水成説が一世を風靡していた。その頃までに、二次岩〔成層岩〕がノアの洪水より古いということは広く認められるようになっていた。ハットンは、かつて水平だった二次岩の地層が後にほぼ垂直になったことを示す証拠を見つけた。それは、地殻が崩壊したというバーネットの説や、次第に海が干上がったというヴェルナーの説よりも多くのことを物語っていた。神の計画を示す地球規模の侵食と堆積によって、山と海の入れ替わりが何度もくり返されたとハットンは論じた。そして、ノアの洪水のような天変地異の役割を否定した。自分の観察結果と矛盾していたばかりか、世界が周期的に破壊されるという考えは、森羅万象は神の計画に基づくという彼の見方とも相容れなかったからである。ハットンは、神の原理は完全だと信じていたので、突発的な天変地異よりも均質な作用を好むはずだと考え、地質学的変化はゆっくりと進むという見方をしたのである。ハットンは、地球を自然の法則によって動かされる巨大な機械だと見なした。絶えず働いているこの自己再生システムは、ハットンの有名な言葉を借りれば「始まりの痕跡も、終わりの見込みもない」(3)のである。

知人たちは、ハットンは気が触れたと思った。

ハットンの説が冷たくあしらわれたのは、当時の社会状況もいくぶん影響していた。フランスの革命政府の残虐な行為に衝撃を受けた英国の上流階級は、無神論の台頭はギロチンの恐怖を煽ると見なしていた。伝統的な聖書の年表を否定し、さらにノアの洪水を地球の歴史を動かした原動力と認めなかったので、ハットン自身は保守的な人物だったにもかかわらず、文明の破壊をもくろむ革命分子と同一視された。ハットンの「古い地球説」が伝統や権威に異を唱えるものと見なされたのだ。

このようにハットンの説は受け入れられなかったが、シッカーポイントの砂岩層は地球の地形が一度の大洪水で形成されたという仮説にはどうしても当てはまらなかった。シッカーポイントの砂岩層は、時の深淵によって隔てられた二つの地質的時代区分があったことを示しているのだ。ハットンが発見した二回の隆起と侵食が示す地球の大循環に要する長大な時間は、創世記の直解主義的解釈と相容れないことは明らかだ。

ハットン説の批判者は簡単には引き下がらなかった。一七九三年にはヴェルナーの教え子のリチャード・カーワン(一七三三〜一八一二年)が「アイルランド王立協会紀要」でハットンの説をこき下ろし、無神論者と言わんばかりに非難した。ハットンは直ちに自説の大幅な増補版の準備に取りかかった。神は世界の地質学的秩序を計り知れないはるか昔に確立し、計り知れない遠い将来のいつの日にかその秩序に終止符を打つと論じて、世界の始まりと終わりは実証することが困難な形而上学的な問題だと結ぶ予定だった。

自説を検証し、必死に再構築を試みている最中に、ハットンは病に倒れて衰弱し、帰らぬ人となった。三巻の予定だった『地球の理論』は、苦労にもかかわらず二巻までしか仕上げられず、そのためにたいそうわかりづらい内容になってしまった。ハットンは一七九七年三月に息を引き取ったが、その直前にも、ハットンの古い地球説は異教徒のアリストテレスが唱えた「永遠の世界」説の焼き直しにすぎないとさんざんにけなされた。

宿敵のアイルランド人カーワンは、ハットンの循環説に対する批判の手を緩めなかった。ハットンの火成説とその異端的な「絶え間なく隆起と侵食が循環する」という主張を屈服させるため、ヴェルナーの水成説を裏付ける地質学的な証拠を整理すると、カーワンは一七九九年に『地質学小論』を出版し、ハットンの地球論を倫理的・宗教的見地から激しく非難した。カーワンは「地球がきわめて古いという考えは、モーセの記した歴史、したがって宗教と倫理に異を唱えるものだ[4]」と述べ、そうした地球観は社会の基盤を揺るがすものだと見なした。カーワンはハットンの説を荒唐無稽と考えていたので、反論の準備をしているときも、かのスコットランド人が書いた著書に目を通しさえしなかったと言われている。

カーワンも先人と同様に、ノアの洪水を説明するために奇抜な仮説を考え出した。原始地球では、原初の液体の成分が析出するに従って、水位が現在の海水位まで次第に下がり、大陸が現れたとカーワンは唱えたのだ。マンモスの冷凍死体を洪水で溺れたアフリカゾウだと誤解したカーワンは、その骨が北ヨーロッパやシベリアに到達したことを説明する新説も提唱した。洪水が起こるはるか昔に、原始の地球を覆っていた海の水は地殻の大きな裂け目に次第に吸い込まれていったが、インドと南極の間のどこかで、ある日突然にその水があふれ出してノアの洪水を引き起こし、熱帯の動物の死骸がシベリアまで運ばれたというのである。北半球の生き物が南半球で発見されることはなかったが、ゾウ（マンモス）は高緯度地方の礫の堆積層から幾度となく出土していた。マンモスの死体はたいてい単独で発見されることを（そしてかなり毛深いことも）知らなかったカーワンは、ゾウの骨が山積みになっており、それは押し寄せてくる洪水に立ち向かうためにゾウたちが集まっていたからだと思い込んでいた。一方、シベリアの堆積物の中から、ライオンやシマウマ、キリンをはじめとするアフリカの動物の骨が出土しないという不可解な事実には、まったく目を向けなかった。

カーワンの説によると、北へ向かった洪水によって、アジアと北米の間にあった太古の大陸が破壊され、大陸が作り変えられ、モンゴルのゴビ砂漠は不毛な平地になってしまった。それだけでなく、アラビア半島や北アフリカが不毛の地になったのも、ベンガル湾や紅海、カスピ海が出現したのも洪水のせいだった。さらに、地球の地殻は洪水で大きく破壊されたので、紀元前二〇〇〇年頃まで地殻の崩落とそれに伴う地震が頻発して、ジブラルタル海峡やダーダネルス海峡、ドーバー海峡が生まれた。動植物の死骸が腐敗する過程で大気中の酸素を吸い取ってしまったので、人類は現在のように貧弱な身体になってしまった。また、肉食獣は方舟では扱いづらかっただろうから、洪水の後で、アメリカ大陸の動物相と共に神が作り直したとも提唱した。本人は自説がたいそう気に入っていたので、聖書に二回目の創造の記述がないことは一向に気にしなかった。

カーワンは、ノアの洪水の伝統的な文字通りの解釈を擁護したい気持ちは人一倍強かったが、聖書の記述にない出来事や詳細を付け加えるために直解主義を断念し、自分の聖書解釈に合うように、地質学で物語を作り上げてしまった。しかし、地球は伝統的に考えられていたよりも古いという考えは、ノアの洪水を岩石に残された記録に調和させようと試みる人々に受け入れられ始めた。

　ハットンが与えた影響は時の試練を耐えられるだろうが、本人はカーワンに反論する機会がなかった。ハットンの著書はあまりにも難解で、疑い深い相手を味方につけるほどの説得力をもっていなかった。第三巻にはグレンティルトとシッカーポイントの発見を記述するはずだったが、二巻までしか書き上げることができなかったので、『地球の理論』はもう少しで著者と共に葬り去られるところだった。調査に同行して大発見の目撃者となったプレイフェア教授とホール卿は、ハットンの研究成果がこのまま朽ち果ててしまうのをよしとしなかった。二人は、悠久の時というハットンが唱えた地質学的時間尺度の福音を広め始めた。教授は追悼文を書くために故人の文書を整理している際に、出版には至らなかったが、第三巻のためにたいへん説得力のある資料をハットンが用意していたことに気がついた。

　教授は友人の説を広めるために、その志を継いで、地球の古さに関する説得力のある本を書き上げ、一八〇二年に出版した。その本には故人を偲んで、『ハットンの地球の理論解説』という表題をつけた。ここに、ハットンの説を凝縮したものに補足、実例、批判に対する反論を添えた、ハットン自身が夢見ていたような素晴らしい本が誕生した。

　教授は、ハットンの説に有力な学者の目を向けさせるために、十分に時間をかければ河川の侵食作用で地形が形成されることも説明した。「谷を形成したのは、おおむね河川の侵食作用である。山地に見られる谷の構造は、地球を一飲みにした未曾有の激流で形成されたと考えたのでは、まったく説明がつかないからだ[5]」。いくつもの谷が山脈の中央部から四方八方へ分岐しているが、こうした谷がすべて一度の激流で形成されたはずはない。谷が互いに直角に交わる事例や、山から流れ出す水の全体的な方向に対して垂直な谷の事例もあり、それらは一度の激流でできたわけがないと考えたのだ。さらに、小谷が大谷につながって網目状に地形を分割している点と、谷は大きさにかかわらず、同じ高さで次の谷に途切れなしにつながっている点を説明した。このような地形は、流水がゆっくりと地表を侵食したことを示す証拠にほかならない。プレイフェア教授は時代に数十年も先んじて、ノアの洪水が世界の地形を形成したのではないことを、誰もが納得するように示したのである。

また、教授はシベリアのマンモスの問題も取り上げて、骨が見つかるのは常に土壌や沖積堆積物の中で、その下の岩石層ではないことに言及している。当時の書き方に従って、しばらくはとりとめなく書いた後、カーワンの洪水観を一刀両断に斬り捨てた。

シベリアで発見された化石骨に関する事実を注意深く考察すると、遠い国から運ばれてきた外来の生き物とする説には致命的な欠陥があることがわかるだろう。……インドのガンジス川やブラマプートラ川のほとりで餌を食べていた動物が、大洪水で韃靼《だったん》の砂漠やアルタイ山脈を越えてシベリアの平原まで押し流され、レナ川の泥に埋められたと考えられるだろうか? 百歩譲って、この奇抜な説の難点がすべて取り除かれたとしても、世界の最高峰がある険しい山脈を越えて、三〇〇〇キロを超える距離を引きずられてきた動物の死体がバラバラにならないだけでなく、皮や筋肉も失われていないことは不合理の一言に尽きる。(6)

さらにプレイフェア教授は、マンモスほどの巨大動物が熱帯地方で死んだのなら、死体は腐ってしまったはずだと述べている。いずれにしても、マンモスは洪水の遺物ではないのだ。

一八世紀末には、ノアの洪水や地球の古さに関して、自然哲学者たちの間で一致した説明がないことに神学者たちは気づき始めた。相反するものを含めたさまざまな説や解釈が唱えられていることを知るうちに、間違っているのは聖書の解釈の方かもしれないという疑念が生じてきたのだ。天の水門（窓）や大いなる淵は、彗星、水蒸気の天蓋、高山の洞窟の水、地下の海など、世界を水没させることができそうに思われるものを指していると解釈されてきた。しかし、ここにきて神学者は、聖書が個人の精神的な救済だけでなく、科学的知見の供給源としての役目も担っているのかどうか、疑問に思い始めた。保守的なキリスト教徒も、地球の歴史を作ったのはノアの洪水だけなのかといぶかしく思い始めた。

シッカーポイントの砂岩層から読み取れるものを、わずか六〇〇〇年の時間内に収めることはどうやっても無理だ。ローマの遺跡が二〇〇〇年経った今でも残っていることを考えたら、どうすれば二つの山脈の隆起と侵食がローマ時代に至るまでのわずか四〇〇〇年の間に起こったと言えるのか？スコットランドの海岸に露出している不整合な二つの砂岩層は形成されるまでに想像を絶するほどの長い時間がかかっていることを考えると、永劫を垣間見た思いで謙虚になる。

今日、「悠久の時間《ディープタイム》」と呼ばれているハットンが提唱した時間の概念は、新しい地質学的時間の尺度の基礎を築いた。この概念は本書が語る物語の転換点であると同時に、地質学に大きな進歩をもたらした。天地創造にかかった六日間を地質学的な年代と解釈し直したことで、地球の歴史に地質時代という膨大な時間の長さを当てはめることができるようになったからだ。しかし、神が天地創造に費やした一日の長さを、どうやって知ることができるだろうか？　創世記の六日間を六つの地質年代と解釈すれば、岩石の記録が創世記の記述に対応するかもしれない。モーセが記した洪水は、ノアが目撃した部分だけだったのかもしれない。聖書解釈の見直しが行なわれていたが、それでも大半の人は岩石に真実が記されていると信じていた。

現在と同様に当時も、新知見の解釈は世間の常識によって影響を受けていた。科学革命が起きるのは、伝統的な考え方が新発見の重みに耐えられなくなるときだ。自然哲学者がノアの洪水の証拠を相変わらず探し求めていたのは、宗教に基づく世界観からであり、神学界から糾弾される恐れからではない。ハットンとその友人が地質学的な地球物語を作り上げるのに十分な証拠をそろえたにもかかわらず、自然哲学者はなお聖書の物語に固執していた。聖書の記述を真実と信じていた人々の考え方が、科学によって根底から変わり始めるのはまだ先の話だが、それでも、わずか一年間の洪水で堆積した岩石だけでは、地球の歴史や化石の説明がつかないことは明らかになった。

地質学者はまもなく、天変地異が過去に何度も起こり、そのたびに地球史の時代を画してきたことを裏付ける有力な証拠を発見することになる。しつこく疑念を呈してあら捜しをする一方、新たな解釈も提唱されるようになり、キリスト教徒の間でノアの洪水をめぐる解釈の見直しが始まると、自然哲学者も洪水の地質学的証拠を探す対象を変えた。それまでの証拠探しは岩石に注意が向けられていたが、今度は地表に散在する未固結の堆積物へと対象が移っていった。

7 天変地異の地質学的証拠

一九世紀に入るまでは、自然哲学者は硬い岩石の上に見られる未固結の〔固まった岩になっていない〕砂や礫、巨礫の堆積物には関心を示さなかった。しかし、人類の歴史と重なる地球史の部分は地下の岩石層ではなく、表層の堆積物に保存されていると考えられるようになると、北ヨーロッパを広く覆っている未固結の堆積物に対する関心が大いに高まり、氷河に覆われたことのある国で地質学が科学として発展するきっかけになった。泥や砂、礫や巨礫などの氷河堆積物は、大洪水の後に残されると思われるものに似ていたからだ。こうした表層の堆積物と地形、すなわちその土地の形そのものは、現代世界とはるか昔の地質時代の岩に記録されている太古の世界をつなぐ役割を果たすようになった。

私が表層の堆積物を激変させる自然の力を実感したのは、フィリピンでのことだった。当時、研究室の大学院生がピナツボ火山の噴火後の変化を研究しており、その対象となっていたパシグ・ポトレロ川で、私も現地調査をしていた。ピナツボ火山は一九九一年の大噴火で山頂が吹き飛び、大量の火山灰と軽石を周辺地域に降らせた。パシグ・ポトレロ川流域は噴出物で埋まってしまったが、堆積物は侵食作用で削られて、数年も経たないうちに一五〇メートル前後の深い峡谷が形成され、火山周辺の地形は一変してしまった。パシグ・ポトレロ川は、堆積物が目一杯溜まった河川の振る舞いを研究するには理想的な場所だった。

熱帯らしく晴れ上がったある朝、私たちは川岸から突き出た岩の上に設けられた「デルタ5」と呼ばれている打ち捨てられた軍の検問所を出発すると、上流に向かい、海岸平野から火山地帯の高地に入った。河床をたどって歩きながら、九〇メートル置きに測量する。一人が三脚の上に載せた水準器を据え、もう一人が測量用のスタッフ〔大きな折りたたみ式の標尺〕を地面に立てて、長い巻き尺に沿って前進し、一メートル進むごとに水準器を通して標尺の目盛りを読み取る。このようにして河床の標高を測っていった。この測量を数年行なえば、パシグ・ポトレロ川の下流域にあった村や町を埋めてしまったラハール〔火山灰泥流〕を川が侵食する過程がわかる。

昼食のために調査を切り上げたとき、一〇キロほど上流のピナツボ火山の山頂に不気味な黒い雲がかかっているのに気がついた。狭い谷を測量しながら上流に向かっていたとき、すでに川は増水し始めていた。水深が深くなり、河床の石を動かすほどになると、グレープフルーツほどの巨礫が転がってきて脛に当たり始めたので、私たちは水面から一・五メートルほど上の河川敷に上がり、昼食休憩をとることにした。しかし、昼食の途中で水かさが急に増してきたことに気づいた。河川敷の上に波が寄せ始めたので、私たちは峡谷の壁際まで下がり、午前中歩いてきた川を二メートル近い波が濁流となって下っていくのを見ていた。

これはいけないと思い、私たちは噴火堆積物が侵食されてできた細い溝をよじ登った。谷を抜け出

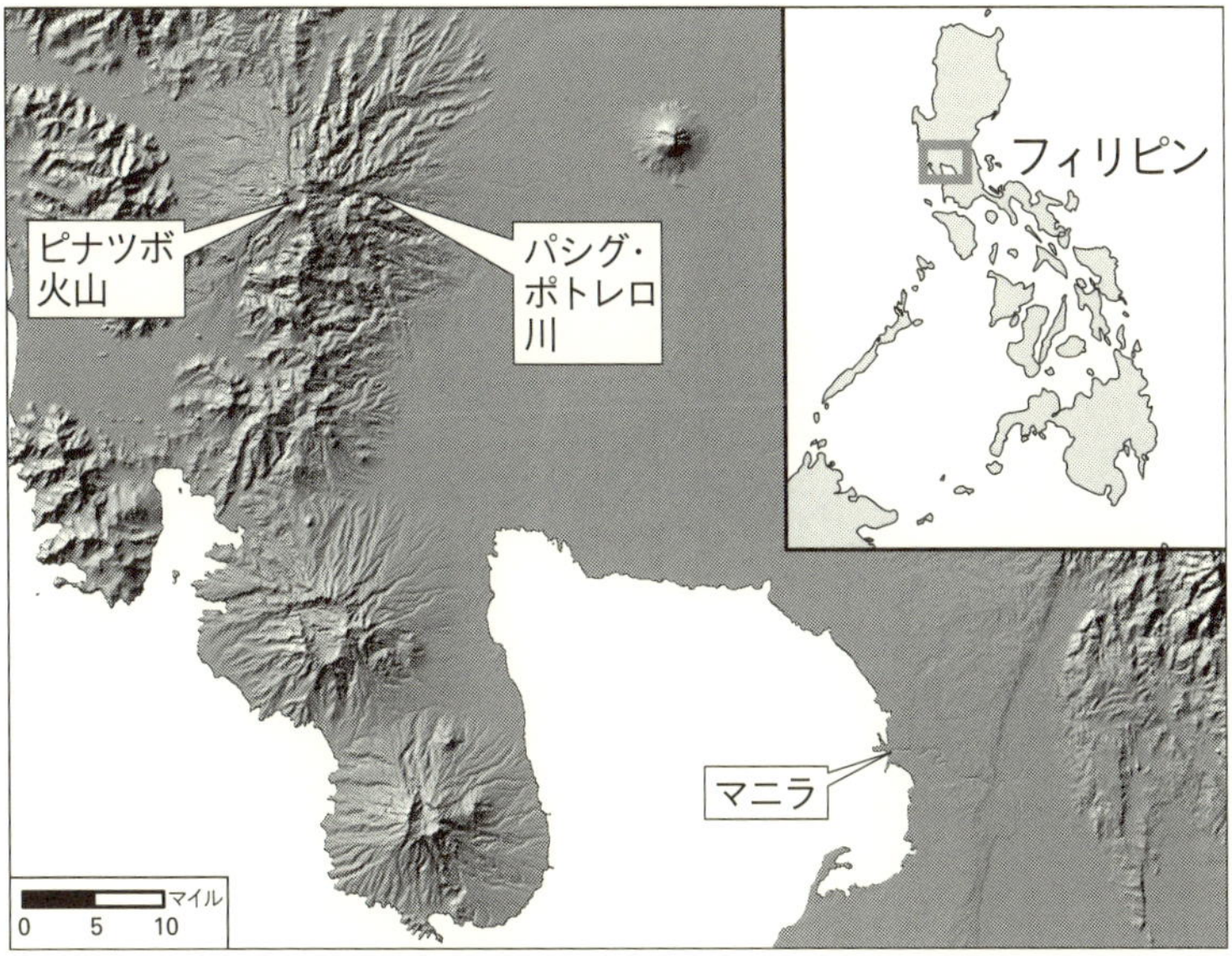

ピナツボ火山と東山麓を流れるパシグ・ポトレロ川を示すフィリピンの地図

す道はほかにはなかったのだ。高台の上にたどり着いたときには、二〇〇メートルほど下に見える昼食場所は巨礫が混ざった激流に飲み込まれていた。その日の午後は動きがとれずに、尾根の上から逆巻く怒濤が谷を下るのに見とれていた。そもそも、私が地質学に惹かれたのはこうした躍動する地球の姿で、目の前でくり広げられている光景は、盤石のごとく揺るがない地球の姿もほんの一時のものにすぎないということを如実に示していた。

地形は天変地異によって、地質学的時間で言えば一瞬のうちに作り変えられたというのが一九世紀初めの常識だった。日々の小さな変化が徐々に積み重なって、世界が形成されたり改変されたりするという考えは妄想だと思われていた。しかし、一九世紀も終わりを迎える頃には、地質学者は世界の姿を変えているのは日々の侵食作用だと信じるようになり、天変地異を持ち出すことはタブー視された。

地域の地質の理解を深める原動力となったのは、科学的な好奇心と宗教的信念だけではなかった。鉄や石炭の需要が鉱業や鉱物学の発展を促したように、鉄道や運河の建設が地域の地質を理解する必要性を高めたのだ。産業化が進んだ地域の学校では、地質学の必要性と実用性が増すにつれて、地質学の講座が設けられるようになった。岩石の研究は、時間と財力に任せて自然の仕組みを解き明かしたいと思う者の単なる知的趣味ではなく、生計を立てる手段となったのだ。地域の地質について理解が深まるにつれて、地球史におけるノアの洪水の役割が再評価されるようになった。

測量技師で運河建設を手掛けたウィリアム・スミス（一七六九～一八三九年）はイングランドの岩石層の構造を明らかにして、一八一五年に世界初と広く認められている地質図を作成した。スミスは全国で、岩石の種類ごとにきれいに層をなして重なっている地層を丹念に記録したが、こうした地層は地球を破壊するほどの大洪水で形成されたにしては、あまりにも整然としすぎていた。さらに、岩石層が異なると例外なく、そこに含まれている化石も異なることもわかった。何年にもわたる野外の観察結果に基づいて作成した地質図のおかげで、スミスはイングランドのほぼ全土で岩石の種類や、それに含まれている化石を正確に予測することができた。スミスは結局、地質図の完成度を高めることに執着して破産してしまったが、その地質図によって、一度の大洪水で岩石が何層も堆積したという考えも否定されることになった。スミスの地質図が出版されてからは、岩石にノアの洪水の証拠を求める地質学者はいなくなったが、今度は地形と表層の堆積物に洪水の証拠を求めるようになった。

スミスが地質図を作成していた頃、英仏海峡の向こうでも、古脊椎動物学者のジョルジュ・キュヴィエがパリ周辺地域の岩石の地図を作成するのに追われていた。キュヴィエはショイヒツァーの洪水犠牲者説を否定し、マンモスが絶滅したと結論を出した人物だ。キュヴィエは、四足動物の化石を含む層と貝の化石を含む層が交互に積み重なっている露頭を発見した。陸地の岩石層と海の岩石層が幾重にも重なり合う地層が、一度の洪水で形成されたはずはない。海が一度ではなく、何度も陸地を水没させたのは明らかだ。パリ盆地で現地調査をさらに進めると、淡水と海水に覆われた時期が交互にあったことを示す証拠が見つかった。キュヴィエは、大洪水が少なくとも六回起きて、そのたびに地質時代の一区分を終わらせたと考えた。ゆっくりと進む変化が世界を形作る原動力であると唱えたハットンとは対照的に、キュヴィエは一八一三年に発表した『地球論について』で、地質時代は天変地異によって次の時代へと移行し、長い時間の中で次々と移り変わっていくと結論づけた。それ以来、地質学的変化をめぐる相反する二つの見方（ゆっくりとした着実な変化説と天変地異説）が、地形形成に関する諸説を二分することになる。

一八一八年に、ノアの洪水がヨーロッパの地形を作り変えたかもしれないという考えを甦らせる出来事が起きた。ゲトロッツ氷河がスイスのバーニュ渓谷を流れるドランス川を堰き止めたのだ。チベットのヤルツァンポ川を堰き止めた氷河のように、山の斜面を下ると、氷のダムでドランス川を堰き止め、水量が約二三〇〇万立方メートルの湖を作り出したのである。湖の水を抜くために氷のダムに穴を開けたところ、ダムが決壊して、岩屑や氷塊混じりの濁流が秒速九メートルを超える速さでバーニュ渓谷を一気に飲み込み、地元の教会は説教壇のところまで土砂に埋まってしまった。新たに溜まった堆積物のまわりに巨礫が散乱し、住民が堆積物を掘り返すと、濁流に押し流された樹木や家の残骸が出てきた。自然哲学者はこの出来事で、洪水のような天変地異が広い地域を堆積物で埋もれさせることを実感した。おそらく、過去の大洪水の地質学的な痕跡はこれになぞらえることができるだろう。この災害が残した堆積物は、北ヨーロッパの広い地域で見られる砂や礫や泥ととてもよく似ていた。

キュヴィエは一八二五年に発表した『地球の変革について』で、地質学的作用の力と絶え間ない変動をくわしく述べて、ここでも指導的役割を果たした。地球史の各時代にはそれぞれに特有な動物が生息していたと主張し、境目のはっきりした異なる地層に異なる化石群が含まれるという事実は、周期的な大変動が世界を作り変えてきたことを裏付けていると論じたのだ。キュヴィエは、もっとも最近起きた大変動は、比較的短い人類の歴史を悠久の地質時代から分かつような、突発的な洪水だと考えていた。地表を形作った作用は過去と現在では異なるので、現在の原因だけでは地質学的記録を説明できないとするキュヴィエの説（天変地異説）は、日々の小さな変化が積み重なって世界が変わると唱えたハットンの説（斉一説）の対極にある。

キュヴィエの天変地異説は、不可解な観察結果を説明してくれるように思われた。過去の世界は何度も破壊されたという証拠には説得力があったので、地質学に明るい神学者たちは創世記を再解釈し始めた。トマス・スタックハウスが記した聖書物語が一八一六年に再版されて、「モーセの記録に残る地球の歴史はその時点のものであり、……（化石）がそれ以前の世界の残骸だと考えてはいけないとは、聖書には一言も記されていない[1]」と注意書きが掲載された。こうして、化石は過去に何度も起きた大変動の証拠と認められ、地質学的証拠が聖書の解釈に大きな影響を及ぼし始めたのだ。

敬虔なプロテスタントであったキュヴィエは、最後に起きた大変動がノアの洪水だと解釈されたことに異を唱えはしなかった。彼はノアの洪水がそれほど大昔に起きたとは思っていなかった。「地質学で完全に立証された事柄があるとすれば、それは地球の地殻が突然の大変動にさらされたことがあるということだ。その時期は五〇〇〇〜六〇〇〇年を大きく超えて遡ることはないだろう」(2)と述べている。キュヴィエは、古くからノアの洪水が起きたとされてきた時期に、地球が最後の大変動に見舞われ、少数の人類と動物が生き延びたのだろうと考えていた。

ノアの洪水が最後の大変動だと見なされるようになったので、その地質学的証拠を探す対象は、岩石からその上に乗っている堆積物に変わった。相変わらず洪水の証拠探しを続けていた一九世紀の代表的な洪水説信奉者は、英国国教会の牧師でオックスフォード大学の初代地質学教授のウィリアム・バックランド(一七八四〜一八五六年)だった。彼はノアの洪水の伝統的な解釈を熱心に擁護したが、天地創造の六日間は文字通りに解釈するべきでないことは認めていた。牧師の家庭に生まれたバックランドは、ノアの洪水を立証できれば、地質学は科学として重んじられると確信していた。

当時の例に漏れず、バックランドも教会と野外地質学の両方の世界にまたがっていた。古典的な文献や聖書に記されている人類の歴史と、地質学によって明らかにされた地球の歴史の橋渡しをしたいと思っていた。当時の多くの人々と同様、モーセが地球の歴史の大半を無視したのは人類に関係がないからだと信じていたのだ。

バックランドはノアの洪水の史実を信じていたので、侵食された地形と、英国を広く覆う地質学的には新しい礫の堆積物を洪水が残した痕跡と見なし、洪水が地球規模だったことを裏付ける地質学的証拠だと考えた。ノルウェーからアルプスに至る北ヨーロッパには、地元にはない岩でできた納屋ほどもある巨礫が見られる。これらの迷子石〔巨礫〕が遠いところから運ばれてきたのは明らかで、ノアの洪水以外に説明がつかないではないか? このような大きな岩を動かせるのは大洪水くらいしかないと思われた。ほかに納得の行く説明が考えつかなかったので、バックランドも当時の人々と同様に、表層に堆積した礫や巨礫の移動はノアの洪水で発生した大波によるものと考えた。

バックランドは一八一九年にオックスフォード大学で行なった教授就任講義で、キュヴィエが唱えた最後の大洪水をノアの洪水と見なした。

比較的最近に世界規模の大洪水が起きたという大いなる事実は、疑いようのない確固たる証拠に裏付けられている。だから、聖書や他の権威のある書物に記されている洪水の話を聞いたことがなくとも、創世記に記されているよりも古くない時期に世界を破壊した洪水を持ち出さなければ理解できない洪水の現象が至るところで見られるので、それを説明するために、地質学自身がそのような天変地異の助けを借りたはずだ。(3)

地表の礫層に埋もれている現生種の遺骸は、最近災難にあったことを示しているが、バックランドは化石の埋まっている岩石がノアの洪水でできたとは信じていなかった。洪水の証拠を探すためには、地表を覆っている未固結の堆積物と地形を見るべきだと考えていた。

ヨーロッパの地表に見られる礫の堆積層は広い範囲にわたっているので、河川によって形成されたのではなく、ノアの洪水によって古い岩石が削られて現代の地形ができあがったときに、削り取られた礫が広い範囲に堆積したのだとバックランドは考えていた。彼は北ヨーロッパを広く覆う表層の堆積物を「洪積層（ディルーヴィウム）」と名づけ、現代の河川によって堆積した砂礫層である「沖積層（アルーヴィウム）」と区別した。しかし、この洪積層の中に人類の化石が見つからないことに当惑していた。洪水は人類を滅ぼすために引き起こされたはずなのに、その骨はいったいどこへ行ったのだろうか？

このように気がかりな点はあったものの、バックランドは、ノアの洪水が司っていたのは地球の長い歴史に登場する最後の部分だけなので、地質学的事実は聖書の記述とおおむね一致していると強調した。バックランドは講義で、地質学的事実は「天地創造と洪水に関するモーセの記述と一致している。……自然神学の基礎を確立するために、地質学的現象が示した証拠は役に立つ[4]」と述べている。ちなみに、この講義は『地質学と宗教の関係の解明』として出版された。

バックランドが言及した「自然神学」とは、一八〇二年に出版されたウィリアム・ペイリー（一七四三〜一八〇五年）の著書で、当時人気を博して大きな影響を及ぼした『自然神学』のことを指す。ペイリーは、聖書と自然という書物は同じ著者によって記されたので、聖書の解釈と相容れない科学的知見は、聖書の理解を深める自然の手引きの役割を果たすと論じた。一九世紀の初めには、ローマ教皇ピウス七世でさえ、天地創造の六日間は文字通り一日二四時間の六日間ではなく、不定の長さであると認めている。ペイリーの『自然神学』が出版されてから一〇年ほど経った一八一三年に、英国のロバート・ベイクウェルという地質学者が『地質学入門』を著し、モーセが記した年代は世界が人間の居住にふさわしくなったときから始まったと論じて、地質学と聖書の年代を調和させることを試みた。ちなみに、この『地質学入門』は英語で書かれた最初の地質学の教科書である。

創世記の一章の一節には天地創造の初日、二節には混沌とした地球の記述があるが、その間に長い時間が経過したと主張する人もいる。神が世界を創造してから人類に住みやすく改変したときまでに経過した時間は聖書に記されていないので、創世記の最初の二節の間に大きな空白が生じたのだろうというわけだ。天地創造の六日間の各一日は二四時間よりも長かったとする「一日一時代説」に対して、この考え方は「断絶説《ギャップ》」と呼ばれている。

キリスト教の神学者は二世紀前から、地質学的証拠に照らして聖書の解釈を修正し始めていた。結構なことだ。地質学者が岩石から読み解いた世界の歴史は、生物のいない時代を経て、動植物、次いで人間が現れるという創世記に記された出来事の順序に従っていた。天地創造の六日間があわただしく過ぎた一週間ではなく、連続する六つの地質年代を指しているとすれば、六日間では先史時代を説明することができないという難題は聖書の権威に関わる問題ではなく、瑣末な解釈の問題にすぎなくなる。バックランドは、現代の世界は人類が現れる前の世界の廃墟の上に作られたという説は、創世記の記述とどこも矛盾しないと断言した。生まれてまもない地質学の教授と伝統的な英国国教会の牧師の二足の草鞋を履いたバックランドは、揺るぎない信念の持ち主で、疑念を抱くことはほとんどなかった。

地質学者は野外調査を好むものだが、バックランドも例外ではなかったようだ。英国国内だけでなくヨーロッパの各地でも、自然哲学者といっしょに野外調査に出かけて交流を深めた。オックスフォードから北のウォリックシャーに至る地表の礫層には、かなり硬いが、滑らかに丸くなった小さな珪石が見られる。バックランドはこの珪石をたどってゆくと、侵食作用を受けた礫岩の露頭に由来することを突きとめた。ちなみに、礫岩は地中深くに埋められた礫や砂が再び硬い岩石になったものだ。この一風変わった岩は、砂の基質に埋まった礫がクリスマスプディングに入っているプラムに似ているところから、プディングストーンと呼ばれている。バックランドはこの調査で得られた結果から、丸い珪石は礫岩に取り込まれる前に、磨かれて丸くなったはずだと考えた。大洪水によって、珪石は礫岩から削り取られ、濁流と共にテムズ川をロンドンまで流れ下ったのだ。

バックランドは、洪水説ほど洪積層の分布をうまく説明できる説はほかにないと主張した。現在の河川の力では、広い範囲を覆っている礫層の説明がつかないし、堆積物に見られる巨大な礫を動かすのも無理だと考えたからだ。当時は、これに似た堆積物は世界各地に分布していると思われていたので、地質学的には近年に起きた洪水で、地球の全表面が影響を受けたことを示すと考えられたのだ。バックランドは、自分の観察結果をうまく説明するのは洪水説のほかにはないという確信を深めた。

一八二一年にヨークシャー州のカークデール付近の洞窟で大量の骨が発見されたとき、バックランドがノアの洪水の証拠だと考えて、その発見に感動したのも驚くにはあたらない。バックランドはその洞窟を最初に調査した人物の一人だが、ハイエナ、トラ、ゾウ、サイ、カバなど、実にさまざまな骨が出てきた。こうした骨はどれも、洞窟の床の石筍《せきじゅん》の下にある赤い泥の中に埋まっていた。まさしく目をみはるような発見だった。

どうしてアフリカの動物の骨がこんなにたくさんイギリスの洞窟に溜まっていたのだろうか？　骨の中にはかじられた跡が残っているものもあったので、バックランドは、そのような骨はハイエナが巣穴へ持ち帰った獲物のものだが、その後、ノアの洪水が起こり、洪水の水でさらに骨が洞窟の赤い泥の最上層に運び込まれたのだと考えた。赤い泥を覆っている石筍の層は薄いので、最近できたことに疑問の余地はない。キュヴィエは最後の地質学的大変動が起きた時期を五〇〇〇〜六〇〇〇年前と推定しているが、その時期にも一致する。

気をよくしたバックランドは、ノアの洪水を裏付けると思われる地質学的事実を集めて、一八二三年に『ノアの洪水の遺物』を出版した。その中で、大量の骨が見つかった「ロームと礫の堆積層はほぼ世界中の地表に分布しており、比較的近年に世界を同時に見舞った一度の洪水で形成されたとしか考えようがない」[5]と述べている。ノアの洪水は、今度は表層の堆積物を説明するために持ち出された。まだ出番はなくならないようだ。

バックランドはカークデール洞窟だけでなく、ヨーロッパの他の洞窟で見つかった、洪水を裏付ける似たような証拠もまとめた。ヨーロッパ大陸の表層礫には、カークデール洞窟で見つかったような外来種の化石や、現生種とは異なる化石が含まれていた。また、モンブランに由来する花崗岩の巨礫が、アルプスからはるか遠く離れた地域にも散在していた。バックランドは洪水の南方起源説に異を唱えて、ヨーロッパの表層礫と迷子石は特定可能な北方からもたらされたと主張した。さらに、現在流れている河川の侵食作用では、これほど深くて広い谷ができるとは思えないので、大洪水の激流で形成されたと考えるのが理に適っていると論じた。

バックランドはみずからの目で観察した事柄に基づいて、こうした結論を導き出したのである。その見解の基盤を成していたのは聖書だったが、聖書の権威に頼ることはしなかった。その説には説得力があったので、ノアの洪水の史実を立証するものとして称えられたが、キュヴィエと同様に、バックランドもそうした見方を否定しようとはしなかった。これで、地球規模の大洪水が起きたと主張してきたバックランドは報われたことになる。カークデール洞窟の研究結果を発表する前に、王立協会から優れた学術研究に贈られる権威あるコプリ・メダルを授与されていた。それから三年後には、オックスフォード大学のクライストチャーチ大聖堂の主教座聖堂参事会員に任命され、最後は英国国教会でもっとも権威あるウェストミンスター寺院の首席司祭に上り詰めた。

ノアの洪水の証拠を見つけたと考えた人はバックランドに限らなかった。ウッドワードのあとを継いでケンブリッジ大学の地質学教授に就任したアダム・セジウィック（一七八五～一八七三年）は、一八二五年に伝統的な考えを次のようにまとめた。ちなみに、セジウィックはチャールズ・ダーウィンに地質学を教えた教授である。

聖なる記録によると、数千年前に「大いなる淵」が壊れて、地球を水没させる大洪水が引き起こされ、……その痕跡は地球のすべての地層を覆う洪積層の堆積物に残っている。(6)

バックランドが唱えた地球規模の洪水説に亀裂が入り始めたのは、それからまもなくのことだった。スコットランド国教会の牧師で、アバディーン大学の自然哲学教授だったジョン・フレミング（一七八五～一八五七年）は、キュヴィエやバックランドに代表される洪水論者の論拠や結論を地質学上からも神学上からも疑問視した。フレミングは一八二六年に「エディンバラ・フィロソフィカル・ジャーナル」誌に投稿した論文で、論理と聖書の直解主義的解釈に基づいて、バックランドの洪水説に異を唱えた。

聖書に記されているように、ノアがすべての動物のつがいを方舟に乗せて助けたのなら、絶滅を洪水のせいにはできないはずだが、バックランドは洪水が絶滅をもたらしたと論じている。フレミングはまず初めにこの問題を取り上げた。また、洪水は比較的穏やかだったと思われると述べた。洪水で四〇日間も水没していたオリーブの木が無傷だったと記されているからだ。聖書の記述を文字通りに解釈すると、バックランドが主張するように、激流が硬い岩を削って谷を作り、巨礫（大きな丸い岩）や動物の死骸を地球の裏側まで運んだとは考えられない。フレミングには、表層の土壌くらいは押し流されたかもしれないが、わずかな時間で深い谷を削ったとはとうてい思えなかった。それどころか、創世記を文字通りに解釈すると、方舟はノアと動物たちが乗り込んだ場所の近くに漂着したように思われる。世界を作り変えてしまうほどの洪水ならば、ノアたちは乗り込んだ場所から遠く離れた地域へ運ばれてしまっただろう。

フレミングはノアの洪水そのものを疑問視はしていなかったが、地質学的な痕跡を残すほど激しいものではなかっただろうと考えていた。フレミングには、洪水の地質学的証拠を探すのは無駄骨に思えた。

また、フレミングはバックランドの地質学的解釈にも疑問を投げかけた。地球規模の大洪水が起これば、ヨーロッパ中の洞窟に同じ種類の泥が残るはずだ。しかし、洞窟の泥は地域によって異なる。泥が遠くから運ばれてきたのではないとしたら、どうしてその中に外来種の化石が埋まっているのか？

さらにフレミングは、シベリアと北米で発見されたゾウに似た骨や死体が熱帯地方から運ばれてきたという説もあっさり片づけた。バラバラになっていない骨格は、洪水で遠くから流されてきたのではないことを物語っている。フレミングはキュヴィエの解剖学的研究にも言及して、マンモスの密生した体毛は寒冷な地域に棲んでいたことを示していると論じた。マンモスは死体の発見された場所に適応して暮らしていたので、洪水の運搬能力の裏付けにはならない。

また、バックランドのカークデール洞窟の解釈も槍玉に挙げた。洞窟がハイエナの巣穴だったという点ではバックランドと同意見だったが、骨が埋まっていた泥は一度の大洪水で運ばれたものだと結論を出したのは早計だったと思っていた。何回かにわたる小規模な洪水でも堆積はしただろう。

フレミングは一方で、先を争ってノアの洪水の証拠探しをする地質学者たちをたしなめた。聖書解釈の正しさを立証するために地質学を利用しようとするのは見当違いの試みで、科学にとってもキリスト教にとってもためにならないと考えていたのだ。

バックランドの自説に対する信念は、フレミングの辛辣な批判以上に、地質学的な新発見によって揺さぶられた。地球規模の洪水説にとって致命的な問題になったのは、熱帯地方では洪積層がまったく見つからないことだった。しかし、問題はそれだけにとどまらず、ヨーロッパの洪積層の層序〔地層の順序〕は複雑なので、規模がいかに大きくても、一度の洪水では説明がつかないとわかったのだ。バックランドは、ノアの洪水を立証したいあまりに想像力を逞しくしすぎてしまったのではないかと考え直し始めた。フレミングが異を唱えてから一〇年後に、バックランドは、ブリッジウォーター叢書の一冊を執筆して、地質学で天地創造の驚異と智恵を解明してほしいと依頼された〔神の栄光を説く自然科学書を出版せよというブリッジウォーター伯爵の遺言によって、八冊の書が刊行された〕。彼はそこで全面降伏したのである。

一八三六年にバックランドは、地質学と聖書を調和させようと試みた先人が誰もやらなかったことを行なった。ブリッジウォーター叢書の一冊である『地質学と鉱物学』で、考えを一八〇度転換して、洪積層に関する自説を否定し、ノアの洪水は穏やかだったので地表にはほとんど痕跡を残さず、化石を含む岩石や表層の堆積物はそれ以前の天変地異で形成されたという見解を認めたのである。バックランドは最新の発見を引き合いに出して、創世記の字義通りの解釈を裏付けるために地質学的記録を利用する際には慎重を期すべきだと述べている。

地質学的現象の詳細な記述を聖書の中に探し求める者が失望するのは、人類にはまったく関わりのない時代と場所で創造主が行なった御業に関して、歴史的資料が見つかるのではないかといわれのない期待を抱いているからだ。……地質現象の歴史は科学事典には適しているかもしれないが、宗教的信条や道徳的な行為の手引きを意図した書物には向かない。(7)

バックランドは、地質学的に言えば最近、北半球は洪水に見舞われたと主張を続けていたが、それがノアの洪水だったという信念は打ち砕かれていた。化石をノアの洪水のせいにすることもできなくなった。化石は長い年月をかけてゆっくりと堆積した地層の中に見つかるからだ。表層の堆積物でさえも、そこに記録されている出来事は一回かぎりのものだけではなかった。バックランドはこうしてノアの洪水を放棄した。

バックランドは自説を撤回したが、地質学と聖書が相容れなくなるという懸念はまったく抱いていなかった。

生まれて日の浅い科学の例に漏れず、地質学はしばらくの間は聖書と相容れないと見なされても、理解が深まれば聖書の裏付け役を果たし、創造主の大いなる力と智恵と美徳に対する私たちの確信を強めてくれるだろう。(8)

バックランドは聖書と自然に対する信念を失わず、問題があるのは「モーセの記述ではなく、われわれの解釈の方だ」(9)と主張し続けた。哲学的な方向転換を図ったバックランドは、文字通りの聖書解釈を裏付けるために地質学を利用するのをやめて、聖書の解釈は地質学的観察の結果と照らし合わせることによって検証できると提唱するようになった。

保守的な牧師であるバックランドがノアの洪水の裏付けを地質学に求めるのをやめたことに仲間の聖職者は憤慨し、彼の著したブリッジウォーター叢書にすぐさま激しい非難を浴びせた。聖書の字義通りの解釈を主張する伝統派は、英国国教会の高位の聖職者という立場の者が、聖書の記述に地質学的な裏付けを与えるのを放棄したことを憤ったのだ。

バックランドはなぜ衝撃的な転向をしたのだろうか？　教え子のチャールズ・ライエル（一七九七～一八七五年）から受けた影響が大きかったのだ。

ライエルはジェームズ・ハットンが死去した年に裕福な家庭に生まれ、ハンプシャー州南西部の森林を探索しながら育った。植物の研究者だった父親は、自宅にある膨大な博物学の蔵書に息子が興味をもつように仕向けた。英国国教会の信徒として育てられたライエルは、一八一六年に古典文学と法律を学ぶためにオックスフォード大学に入学し、奇しくもちょうどその年に出版されたベイクウェルの地質学の教科書を読むことになる。ライエルは、世界は創世記の記述を文字通りに解釈するよりもはるかに古いというベイクウェルの主張に特に衝撃を受けた。同時に、地質学が創造主の大いなる計画を明らかにすると信じている者によって、この斬新な説が提唱されたことも興味深かった。

ライエルはバックランドの講義に一八一七年から一八一九年まで毎年出席し、聖書に記された年代は人類が創造された後の時代を示しているということを受け入れるようになった。それ以前にどれくらいの時間が経っていたかは誰にもわからないのだ。

ライエルは卒業すると、バックランドの推薦を受けてロンドン地質学会の会員になった。当時は、ハットンが提唱した、現在と同じ作用によってゆっくりとした変化が引き起こされ、それが際限なくくり返されるという「大循環説」を認める会員は皆無に近く、くり返し起きた大変動により世界が形成されたとするキュヴィエの天変地異説が圧倒的な支持を得ていた。その前の年にパリを訪れて、キュヴィエの化石標本を調べたライエルは、「過去の世界の輝かしい遺物」(10)と評した。

卒業すると、ライエルは法廷弁護士の勉強をするかたわら、ヨーロッパを巡って歩いた。一八二三年に地質学会の代表としてパリを再訪した際、キュヴィエの同僚のコンスタン・プレヴォに会った。プレヴォは、パリ盆地に見られる淡水と海水の堆積物が交互に積み重なった層は、周期的に淡水の湖に変わった沿岸の入り江でゆっくりと形成されたものだと信じていた。十分な時間があれば、地質学的な変化は人が観察できるような要因によって生じるのではないか。

翌一八二四年秋に、ライエルはスコットランドの海辺にあるジェームズ・ホール卿の邸宅を訪ねる。ホール卿は、シッカーポイントで二種類の砂岩層を発見したときのハットンと同じ年頃の六三歳になっていた。ホール卿はハットンの慧眼を実感してもらおうと、ライエルをシッカーポイントへ案内した。地球の歴史が一般に考えられているよりもはるかに古いことを示す証拠をじかに見て、ライエルはゆっくりとした変化で地形が形成されることを信じるようになった。

一方、バックランドは同じ一八二四年にライエルを伴って、スコットランドへ地質調査に出かけた。二人は地質学的な見解が分かれ始めていることに気づいていたかもしれないが、一〇年も経たないうちに、弟子が師を追い落とすようになるとは思ってもいなかっただろう。

ライエルは宗教観を問題にすることは特になかったが、同僚の多くと同様に、地質学的証拠をないがしろにすると、科学と宗教の両方に悪影響を及ぼす恐れがあると強い懸念を抱いていた。一八二七年にライエルは、ジョージ・プーレット・スクロープの『中央フランスの地質学についての報告』の書評の締めくくりで、創世記の記述は狭義に解釈せずに岩石に語らせることが望ましいと述べている。

モーセの記述から科学的なくわしい情報を引き出そうとする人もいるが、モーセの記述は極端に簡略化されていて、そのような便宜を図る素振りは微塵も持ち合わせていないことを思い起こすべきである。(11)

道理をわきまえた人に、自身の目で見た事柄を否定するような宗教を信じさせることはできないと考えていた点で、ライエルは聖アウグスティヌスを彷彿させる。

スクロープの著書は、オーヴェルニュ地方で行なった野外調査の結果をまとめたものだ。そこには黒い玄武岩地帯が広がり、それを見下ろすように噴石（スコリア）が緩く堆積してできたもろい円錐形の丘が点在している。数十を数えるこうしたスコリア丘の下には溶岩流が積み重なり、その溶岩流は侵食されて深い谷を形成している。谷の両壁に同じ溶岩流の層が見られるので、こうした谷は川の侵食作用で形成されたことがわかる。スクロープは、現在は谷の壁面に露出している川砂利は、かつて溶岩流が埋め尽くしたものだと記述したが、ライエルはそのことに興味を引かれた。スクロープの注意深い観察の結果から、溶岩流がくり返し谷を埋め、それを再び川が侵食したことは疑う余地がない。谷の壁面に露出している地層には変形した跡も、大変動で崩された証拠も見られなかった。谷を埋めた溶岩流をたどってゆくとスコリア丘まで続いていたが、これらの丘は未固結の軽石からできているので、硬い岩石層を削るほどの洪水が起きたとしたら簡単に押し流されてしまったに違いない。

翌年の五月、ライエルはスコットランドの著名な地質学者ロデリック・マーチソンのフランス地質

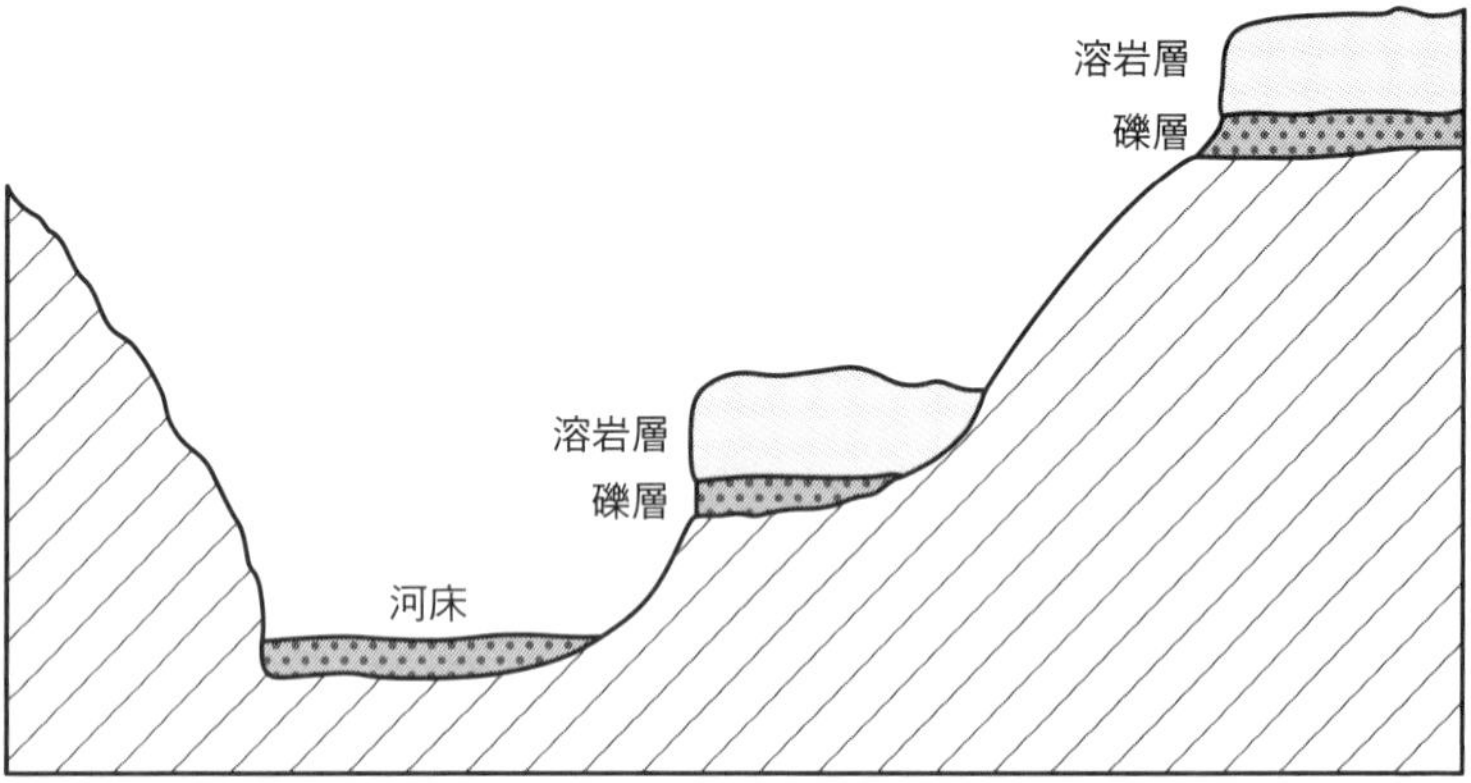

フランスのオーヴェルニュ地方で川砂利をくり返し埋めている溶岩流（ライエル『地質学原理』第３巻より）

調査に同行して、現地を自分の目で確かめた。スクロープが記述した露頭を訪れて、スコリア丘と玄武岩の溶岩流、および河岸段丘の関係を調べたライエルには、現在の地形が一度の洪水で形成されたはずがないことがすぐにわかった。川が谷をゆっくりと削ったのだ。

パリ盆地の岩石と比較するために、オーヴェルニュからローヌ河流域を南下していったマーチソンの一行は北イタリアへ入り、ボローニャからフィレンツェ、さらにトリノの動物学博物館まで足を伸ばした。調査を続けながら、地域によって岩石に含まれている化石が異なることにライエルは気がついた。この調査旅行は、地質学者になろうとは思っていなかった者を地質学に目覚めさせるきっかけになった。

南欧の地層年代は鉱物の組成だけでは決定できないため、化石を使うことが有効だ。一番上の地層、すなわち新しい岩石に含まれる化石は、下層にある古い岩石に含まれる化石よりも、現生種に似ている。現れては消えていった生物種を化石記録から調べれば、地質学的な時間を突きとめられるに違いない。ライエルはすっかりはまってしまった。最大の謎を解く鍵はここにあった。異なる地層に含まれる化石を読み解けば、地質時代を特定することができる。ある岩石層に含まれている化石の種類がわかれば、他の地層と比較して、その岩石層の相対的な年代をかなり正確に推定できるのである。

マーチソンは八月にロンドンへ戻ったが、ライエルはシチリアまで足を伸ばした。弁護士をやめてしまい、意図してではなく成り行きで地質学者になってしまったのである。ライエルはヨーロッパの地質調査で、地質時代がとてつもなく長いことと、現在の地形を形作ったのは大洪水ではないことを身をもって実感した。おそらくハットンの言う通り、世界の地形は日々の小さな変化がゆっくりと積み重なって形成されていくのだろう。

ライエルは一八二九年の二月に英国へ戻る途中でパリに立ち寄り、持ち帰った化石をフランスの地質学者が収集したものと比較した。南の地方に行くほど、化石に占める現生種の割合が高くなり、また同じ地方では上部の地層ほど現生種の割合が高かった。一方、下部の古い岩石層ほど、現生の動物相には見られない種が多かった。この事実は、天地創造以来、ノアの洪水以外には森羅万象は変わっていないとする聖書に基づいた伝統的な考えとは相容れなかった。

ライエルは、フランスとイタリアの地質調査をしたことで、世論に影響を与えて「創世記は地質時代という計り知れない長さの概念を否定している」という誤解を解こうと思いついた。それは野心的な試みだった。伝統的な聖書の解釈と相容れない地質学的知見は一般に知られていなかっただけでなく、地質学に興味のある人でもキュヴィエの天変地異説を好み、日々のゆっくりした変化の積み重ねが世界を作り上げるというハットンの斉一説を支持する者はほとんどいなかったからだ。ライエルは二種類の読者を想定して反論することにした。つまり、六〇〇〇年前に創られた地球をノアの洪水が作り変えたという考えに慣れきっている一般大衆にショックを与えることなく、地質学者の多くが信奉している天変地異説に異論を唱えようとしたのである。一八三〇年に出版した『地質学原理』では、弁護士になるために受けた訓練を活かして議論を展開する一方で、必ず起こるであろう激しい非難に対して予防線を張った。

ライエルは自説を論証するにあたり、まずは地質学の歴史から論じ始め、それを斉一論者と天変地異論者の論争という極度に単純化した構図で示した。漸進的な現象か、突発的な現象かという二者択一の問題にしたのである。そして、斉一説と天変地異説の論争を理性と迷信の争いと見なし、現在もゆっくりと進行している変化によって地形の形成を説明できるのに、先人は天変地異を持ち出す傾向があったと非難した。

ライエルは天変地異説の信奉者に異を唱えて名を上げたいと思っていたが、同時に定職を確保する必要性も十分に認識していた。地質調査では食べていかれなかった。そこで、鉱物学や地質学の教授職を望んでいたライエルは、無用な怒りを招かないように、モーセの年代の記述やノアの洪水に言及するのは極力控えた。

ライエルは、地質学的証拠を説明するために天変地異を持ち出すのは好ましくないとする立場を明確に示した。

山脈の隆起や火山の噴火などの大変動が突発的に生じたという説を耳にするし、……また、普通の災害や度重なる洪水、交互に訪れる平穏な時期と激動期、地球の寒冷化、動植物の全種に突然起きた絶滅などの仮説も聞く。しかし、こうした仮説が現れる背景には、古き時代のように憶測

ですませたいとか、謎を根気強く調べようとせずに一刀両断に解いてしまいたいという願望が現れている。(12)

ライエルは、現在も起きている地形の変化の観察事例を挙げて、侵食や隆起はときおり起きることを強調した。大地震で巨大な岩塊が隆起したら、それを押し流すにはガンジス川のような大河でも一七世紀以上を要するだろうと推量している。

地質学的変化の過程は自然の法則によって統御されていて、その影響は時期によって異なるが、法則自体は不変だとライエルは論じた。この見解は、地球の歴史において天変地異が果たした役割をまったく認めていないと批判されたが、この批判は見当違いである。ライエルが言いたかったのはそういうことではない。彼は地震や火山の噴火と関連する大洪水を特に取り上げて、湖を堰き止めていた自然の障害物が取り除かれた際に起こる洪水は、途方もない侵食力を伴うと述べている。天変地異の地質学的影響をひとまず認めたうえで、現在も営まれている自然の過程が十分に長く続けば、地形を形成することができると論じたのだ。

天地創造の後は神の手を煩わす必要がないと明らかにしたことで、ライエルは地球規模の洪水が地質学的事実だとする考えを放棄することに一歩近づいた。『地質学原理』の第三巻を出版した頃には、地球規模の洪水が起きた可能性をはっきりと否定していた。フランス中部に見られたスコリア丘はもろいので、硬い岩を削って谷を作るほどの洪水に見舞われたら、跡形もなく押し流されてしまったはずだ。さらに創世記の記述からは、バックランドが述べたような荒れ狂う洪水ではなく、穏やかな氾濫だったと読み取れる。洪水後にオリーブの木が立っていたという記述は、洪水が激しい侵食を伴うものではなかったことを示すからだ。地球を破壊するような大洪水の証拠は見当たらなかった。「海よりも低い盆地が散在する」地域に、「海より標高が高い大きな湖沼」があった場合には、局地的な洪水でその地域の居住地が全滅した可能性はあるとライエルは述べている[13]。たとえば、北米のスペリオル湖を堰き止めている自然のダムが地震で崩れたら、ミシシッピ川流域は大洪水に見舞われるだろう。また、カスピ海周辺の低地は黒海より一〇〇メートル近く低い。したがって、カスピ海と黒海を隔てる障壁が崩れると、黒海の水が一気に低地に流れ込むだろう。さらに、過去にもっと低い土地が存在した場合に似たような事態が発生すると、当時は山地だったところも洪水で水没した可能性がある。このようにライエルが推論した大洪水発生のプロセスは、非常に説得力があった。

ライエルは批判がましい表現を避けるように心がけていたが、一八三一年に彼を審査したキングズカレッジの教授任命委員会は、言わんとするところを見逃さなかった。ライエルにはどうしても必要な職だったが、決定は指名に拒否権を発動できる大主教と二名の主教および二名の医師の手に託された。異端的な信念が懸念材料になっていると聞いたライエルは直ちに書簡をしたため、ノアの洪水が地球全体を水没させたはずがないのは明らかだが、「過去三〇〇〇～四〇〇〇年の間に、人間が暮らしていた地域全体が……洪水で水没したことはない[14]」という証拠はないと弁明した。

巧みな立ち回りが功を奏して、ライエルは首尾よく教授に就任した。二回目の講義では締めくくりに、「真の宗教ならば、事実の確認や立証によって傷つくことはありえない。……森羅万象に現れている神の力と智恵を示す事例を、地質学ほど数多く挙げられる科学はほかにはない[15]」という主教の言葉を引用する念の入れようだった。ライエルにとって、地質学は創造主の智恵を明示することだったので、最大の課題は岩石の記録と聖書の記述を正確に解釈することだった。

慎重に展開されたライエルの議論は、批判を和らげる効果はあった。それでも、著書が出版されてまもなく、自然の作用は地質時代を通じて常に変わることなく働くというライエルの考えにセジウィックが噛みつき、地層の変形や太古の海底の隆起と陸地の形成を説明するためには、天変地異が必要だと述べた。ライエルの入念に組み立てられた論証はセジウィックには通じなかったようだが、バックランドは考え方を変え始めた。

それから一〇年もしないうちに新発見が相次ぎ、バックランドはライエルが正しいと確信するようになった。フランス中部に見られるスコリア丘は、地球規模の洪水で谷が削られたのではないことを裏付ける確かな証拠だった。バックランド自身の調査結果でも、ノアの洪水によるものと考えていた漂礫土〔地表を覆う礫層〕が、一度の出来事で堆積したのではないことを示していた。起源の異なる物質が数回にわたって堆積したものだった。ブリッジウォーター叢書でバックランドは、地質学的過程を支配している物理法則は、惑星の軌道を支配している重力の法則と同様に斉一であると述べた際に、ライエルの『地質学原理』の影響を受けたことを明かしている。

今度は、洪水説を放棄したバックランドが非難の矢面に立たされた。保守的な聖職者の目には、ライエルは不信心な過激派と映ったかもしれないが、かつては聖書地質学を擁護していたバックランドは裏切り者と思われたのだ。地質学的発見に疎い新世代の聖書地質学者や聖職者がモーセを擁護するために立ち上がり、バックランドを攻撃した。バーネットやウッドワードの信憑性を失った説を焼き直し、二次岩や化石や地形を説明するために、ノアの洪水を持ち出した。

バックランドの変節に比較的穏やかに応じたヨーク大聖堂大主教のウィリアム・コックバーン（一七七三〜一八五八年）でさえ、地球の歴史には天地創造の最初の六日間と、その一〇〇〇年後に起きたノアの洪水しかないと主張している。コックバーンはキリスト教に反するような科学的思想や理論に対しては歯に衣着せぬ批判をすることで知られていたが、当時でさえすでに信憑性を失っていた説を甦らせた。ハットンやキュヴィエやライエルの説は無視したのだ。ちなみに、今でも創造論者たちが創世記の独りよがりな解釈を擁護するために利用しているのは、コックバーンが甦らせた説である。

バックランドの新しい見解を批判する小冊子で、コックバーンは自説をくわしく述べている。始原岩は天地創造の初日に生成されたもので、その後、原初の水域で二次岩が形成された。ノアの洪水まではたいした出来事は起きていないので、すべての化石は洪水がもたらしたとしか考えられない。巨大動物の骨が一番古い地層に埋まっているのは、重すぎて方舟に乗せてもらえず、溺死したからだ。人間の骨が岩石の中ではなくて、地表を覆う未固結の地層だけから見つかるのは、高い山地へ逃げたのですぐには溺れ死ななかったからだ。一方、動物たちは混乱のあまり高所へと逃げ延びられずに、すぐに洪水に飲み込まれたので、堆積物に埋まってしまったのだ。コックバーンは洪水説の放棄を糾弾するのに汲々として、信仰心の厚いバックランドが洪水説をあきらめる原因となった地質学的な発見や証拠をまったく顧みなかった。こうしたことから、コックバーンは現代創造論者の草分け的存在と見なすことができる。

それから数年後の一八四四年に、地元のヨークで英国科学振興協会の会合が開かれたときに、コックバーンはバックランドに異を唱えるまたとない機会に恵まれた。二日目の朝、地質学の四〇年にわたる研究結果にコックバーンが異論を唱えるのを見物しようと、地質学者たちは会場に押しかけた。コックバーンは落ち着き払って聴衆の間を進み、舞台に上がると、威厳に満ちた態度で会長の隣に佇んだ。そして、地質学的現象はどれも地球規模の大洪水によるとする説を手短に説明した。地球の地表は一度に形作られたと主張したのである。地質学者は幾重にも重なった岩石層も含め、地質学的現象のすべてをノアの洪水で説明しなければならない。絶滅はなかったし、谷を削ったのは川ではない。コックバーンが席に着き、聴衆の哄笑が収まると、セジウィックが立ち上がり、目撃者の言葉を借りると、「どんな記者も舌を巻くほどの軽蔑を込めた辛辣さ[16]」で、地質学に対するコックバーンの嘆かわしい無知ぶりを一時間半にわたってこき下ろした。

コックバーンも負けてはいなかった。会合の直後に『英国科学振興協会から聖書を擁護する』と題して持論を発表し、セジウィックに地球の起源と現在までの進化を説明するように迫った。セジウィックは最初は答えないつもりだったが、結局は短い手紙を書いて、世界が古いことは動かすことのできない地質学的証拠によって裏付けられているのだと説明した。しつこさが取り柄のようなコックバーンは、バックランドとマーチソンにも書簡を送り、地球の年代について論争しようと試みた。二人は相手にしなかったが、セジウィックはコックバーンに長い手紙をしたため、自己の立場を説明して、返信無用と書き添えた。皆に相手にされないことも意に介さず、コックバーンは「地質学者は論争を恐れている」と勝手に解釈し、一八四九年に持論を『地質学の新体系』として出版した。話題を呼ぶことはなかったが、意外に思ったのはコックバーン本人くらいなものだろう。

洪水説を撤回した著名な地質学者は、バックランドだけにとどまらなかった。アダム・セジウィックは地質学的観察結果をまとめて、近年に起きた天変地異で地球の表面が作り変えられ、英国で見られる地表の礫が堆積したことを明らかにしたが、それから一〇年も経たないうちに、ロンドン地質学会で会長の辞任挨拶を行なった際に、自説を撤回した。

地球のほぼ全域に散在する地表の洪積礫は一時的な大変動で形成されたものではないという結論は、議論の余地がないほど明白だと考える。……聖書の中には大洪水の記述が出てくる。この二重の証拠を前にしたわれわれは、幾度となく生じた現象を「洪積層」という名の下にひとまとめにし、すべてを一つに分類してしまったのだ。それらの現象のいずれ一つをとっても、完全に理解したとは言いがたいのに。……

しかし、私たちの誤りは、前世紀の優れた観察者が二次的に生成した地層をすべてノアの洪水に帰してしまったのと同じ類のもので、無理もないものだ。私は、今では科学的にはありえないと思われる説をかつて信じ、広めようと最善を尽くしてきたし、意見を引用してもらったことも一度ならずあった。しかし、今ではその説を信じていないので、会長を辞するにあたり、自説の撤回を表明するのが正しいことだと思う。[17]

セジウィックはこのように勇気をもって自説の撤回を表明すると、ライエルと協力して、ノアの洪水から地質学を解放することに努めた。創世記の記述は簡潔すぎて、はっきりしない部分が多々あるので、地質学的仮説を裏付けることも否定することもできないのが明らかになってきたのだ。

一八三〇年代には、ノアの洪水が起きた時期ではなく、過去に起きた天変地異の回数が議論の焦点になった。聖書の記述が地球史のすべてではない、という考えが浸透し始めたのだ。モーセはすべてを記述したわけではなかった。開闢《かいびやく》以来、数多くの世界が現れては消えていった。バックランドが自説を撤回してまもなく、スイスの博物学者ルイ・アガシーが北ヨーロッパの表層に見られる岩屑や迷子石の謎を解き明かした。地球を水没させた大洪水の証拠と考えられていたものは、実は氷河時代にヨーロッパを覆っていた氷河の作用を示すものだったのだ。これでノアの出番はなくなった。

一八五〇年代までには、科学者はキリスト教徒であっても、地球はきわめて古いと信じる者が圧倒的に多くなっていた。ダーウィンに先立つ数十年の間に、創世記を文字通りに解釈したのでは地球の歴史を説明できないことが理解されると、キリスト教哲学に新たな亀裂が生じた。多くのキリスト教徒はアウグスティヌスのように、聖書の記述を再解釈する際に地質学が指針の役目を果たしてくれるだろうと考えるようになった。一方、自然哲学や地質学に無知なのに、聖書地質学者として知られるようになった者もいた。その中には、直解主義の聖書解釈を絶対視して、間違っているのは地質学の方だとする者と、神は天地創造を行なったときに化石を岩の中に隠して、世界を古く見せようとしたと考える者がいた。現代創造論の起源は、このような科学者と聖書地質学者の分裂にまで遡る。

コックバーンは英国科学振興協会には受け入れられなかったが、孤立無援ではなかった。地質学に無知な聖書地質学者は、扱いにくい地質学的証拠は無視して、過去に否定された仮説を持ち出したり、聖書の直解主義を標榜しておきながら、都合のよいときだけは例外的に比喩的解釈を認めたりした。こうした現代創造論の先駆者たちは、天地創造とノアの洪水が地球史のすべてだとする考えを否定した大多数の地質学者に一致団結して対抗した。

今日の地質学者は、斉一説も天変地異説も批判の的と考えている。ライエルやコックバーンが提唱したような、どちらか一つということではないのだ。過去数世紀にわたり、地質学者は先人の説を否定したり、補強したりしながら、新たな説を提唱してきた。そうした過程で、日々の変化も積み重なれば大きな変化を生み出すことや、地質学的大変動も確かに起きて、少なくとも五回の大絶滅を引き起こしていることも学んできた。

地球科学が発達してくる過程で、その記録の解釈をめぐり、日々の変化が想像を絶するほど積み重なったものと見なす斉一説と、一連の大災厄によるものと見なす天変地異説が提唱されて、両者に対立が生じ、それがこの分野の特徴となった。この緊張関係を誤解したことから地質学とキリスト教の関係に摩擦が生じ、今でも科学と宗教の間に軋轢を引き起こしている。

一九世紀末までには、地質学者は若い地球説と地球規模の洪水を否定していた。しかし、今度は考古学者がメソポタミア地方の氾濫原で太古の洪水による堆積物を発掘したことが引き金となって、ノアの洪水を裏付けると考えられる証拠をめぐる新たな論争が引き起こされた。この発見によって、ノアの洪水伝説の年代と起源について驚くべきことがわかったのだ。

8 粘土板の断片に記された洪水伝承

大英博物館の窓も暖房もない地下の薄暗い一室で、学芸員助手のジョージ・スミス（一八四〇〜一八七六年）は読み終わったばかりの物語に愕然として、眼をしばたかせながらゆっくりと立ち上がった。目の前にきちんと並べられた焼成粘土の破片には、ノアの洪水伝説、もしくはそのあらすじが書かれていたのだ。古代の楔《くさび》形文字で、まもなく洪水が起こると神が正しき人に警告したこと、大きな船の建造、何日も降り続く雨を乗り切り、洪水が引いて、山に取り残されたことが記されていた。スミスの興奮は博物館中に伝わった。ノアの洪水伝説が、聖書よりも古いシュメール文化の古代図書館跡から発掘された粘土板に記されていたとは、いったいどういうことだろうか？

衝撃的な発見だった。ノアの洪水伝承が卑しい異教徒の神話の流れを汲むもので、その逆ではないなどと、ヴィクトリア朝の英国や世界中のキリスト教徒の誰が想像できただろうか？　しかし、スミスはノアの洪水がバビロニアの物語を焼き直したものだという確たる証拠を発見したのだ。

集まってきた同僚は、興奮のあまり、上着もネクタイもかなぐり捨てて部屋中を駆け回るスミスの姿に唖然とした。ふだんならばこんな不作法では首になっただろうが、スミスが驚くべき発見をしたことがわかると、その振る舞いを不審に思った同僚も納得が行った。

ジョージ・スミスは一八四〇年に生まれ、若い頃に古代メソポタミア文明に取り憑かれてしまった。やがて紙幣彫版工の見習いになったが、アッシリアの宮殿発掘の記事が頭を離れなかった。探検家のヘンリー・ローリンソンが楔形文字の解読法を発見したことで、スミスも興味をかき立てられ、小さな楔状の文字が粘土板に刻んだ物語を読み解くのを夢見ていた。スミスはほとんど知られていない教科書を自分の薄給で買い求め、夜はもはや使われなくなった古代の言語を覚えて、難解な碑文を解読する勉強をした。仕事帰りに足繁く大英博物館を訪れては、欠けた粘土板の展示物を熱心に見ていたので、じきにスミスの関心は博物館員の知るところとなった。博物館には何千個にも及ぶ粘土板が所蔵されていたが、その断片に大きな謎が隠されていると気づいていた者は誰もいなかった。

一八四九年から一八五四年にかけて、英国の考古学調査隊が数千枚の粘土板を大英博物館に持ち帰った。現在のイラクのモスル付近で、古代アッシリアの首都ニネヴェの遺跡を発掘中に、紀元前六七〇年頃に遡るアッシュールバニパル王（紀元前六八五〜六二七年）の図書館跡を発見したのだ。しかし、粘土板の破片が詰まった木箱は、最低限の予防措置しかとらずに博物館に運ばれた後、保管室に放置されていた。博物館の学芸員はその粘土板の重要性に気がつかず、装飾が施された陶器だと思っていたからだ。

しかし、ただの粘土片と思われていたものは、実は世界最古の書籍だったのだ。歴史から姿を消した古代文明の謎が、数千個の粘土板のかけらにちりばめられていたのである。楔形文字の知識があったスミスは、アッシリアの王宮図書館から発掘された粘土板の仕分け作業にうってつけだった。一八六三年にスミスは学芸員助手として博物館に雇われた。

作業は困難を極めた。粘土板の中には一〇〇個以上の断片に砕けてしまったものもあった。こうした断片を復元する気の遠くなるような作業は、几帳面で内向的な人でなければ勤まらないだろう。スミスは復元作業に打ち込み、まもなく粘土板の断片をうまくつなぎ合わせられるようになった。色や形によって断片を仕分けることに長けていたスミスは、バラバラになった破片を一枚の粘土板に組み合わせる非凡な才能に恵まれていた。

物静かな学芸員助手は、博物館に保管されている粘土板の断片を根気強く調べ、丹念につなぎ合わせる作業を一〇年近く続けた。そして、一八七二年の雨がそぼ降る秋のある朝、世界の創造に触れている断片を見つけたのだ。まもなく、六欄で構成されている文の二欄は完全に、二欄は半分だけが残り、最後の二欄は失われてしまった大きな断片を見つけた。その粘土板には大洪水のことが記されているように思えた。

しかし、その粘土板に刻まれている文は一部分しか判読できなかった。白い堆積物に厚く覆われていたからだ。スミスにはクリーニングをする権限がなかったが、間の悪いことに粘土板のクリーニングを担当する学芸員が留守だった。もどかしい思いをしながら学芸員の帰りを待ちわびたのだが、募る苛立ちは隠せなかった。ようやく学芸員が戻ってきてクリーニングを終えると、スミスは粘土板に飛びついた。

三欄目の文に目を通しているときである。スミスは金鉱を掘り当てた。

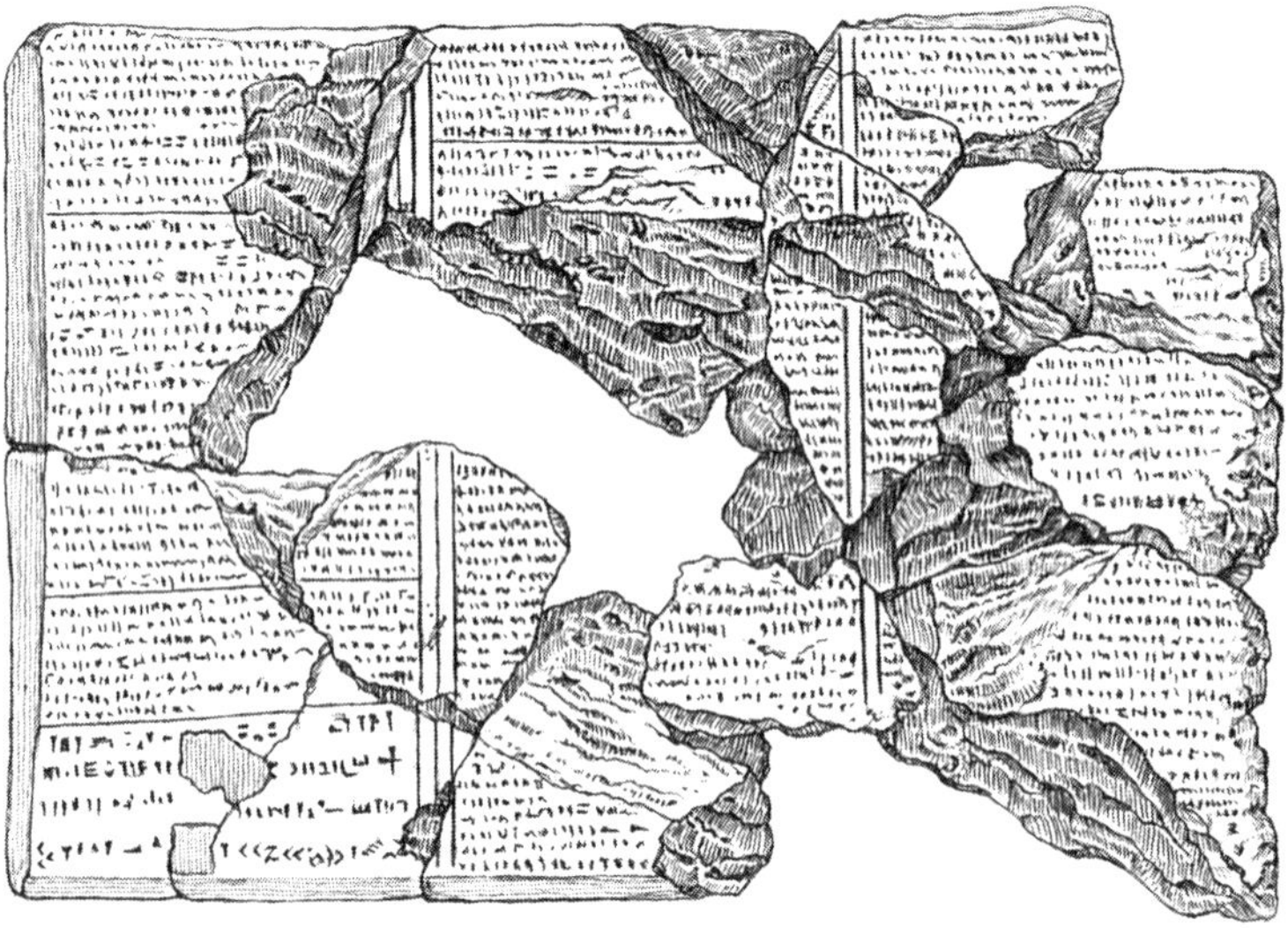

ジョージ・スミスが復元した粘土板の破損状況。この裏にバビロニアの洪水譚が記されていた（画　アラン・ウィットションク。1876年刊『カルデア人の創世記』より）

船がニシルの山地に漂着して、ハトを飛ばすと、とまれる場所が見つからず戻ってきたという記述が目に留まった。それは洪水譚の一部であり、少なくともカルデア人（バビロニアを支配した古代セム人）の話を発見したのだということがすぐにわかった[1]。

スミスが記述した部分は、暫定的に「イズドゥバル」と名づけられた人物が話している場面だった。シュメール語の研究が進むと、この人物は後に「ギルガメシュ」として知られるようになった。他の断片でもイズドゥバルの名前を見たことを思い出したスミスは、その断片を探し出しながら、粘土板の復元作業に取りかかった。まず、欠けていた二欄目を完成させると、六欄目に当てはまる、重複する余分な断片を集め、一欄目はほぼ復元に成功した。同じ本の複数の版を見ているようだった。引き続き、断片の確認作業を行なった結果、関連する断片がさらに見つかり、大洪水の話をほぼ復元することができた。

驚いたことに、その物語はノアの洪水譚にそっくりだった。イズドゥバル大王は怪物を退治し、ティグリス川とユーフラテス川の間の反目し合っていた王国を統一したが、晩年になって病に倒れた。人の最後の敵である死を恐れた大王は、神々が人類を滅ぼすために引き起こした大洪水を生き延びて永遠の命を授かったシシト（後にウトナピシュティムと訳されるようになる）を探しあてる。かつてシシトは、近いうちに洪水が起こると神に警告され、船を造り、瀝青《ビチューメン》（天然のアスファルト）で防水を施すと、家族と動物を乗せて洪水を乗り切った。七日後に船が山腹に乗り上げたので、シシトはハト、ツバメ、そしてワタリガラスを放って陸地を探させた。

古代の楔形文字で記された物語は、それより後の時代に成立した聖書に登場するノアの洪水に似ていたが、両者には雨の降り続いた日数（七日間と四〇日間）だけでなく、ほかにも異なる点があることにスミスは気がついた。メソポタミアの話は海辺に住む民族の伝承を示唆している。方舟〔アーク〕は船と呼ばれて、洪水が来る前に試験航海をした賢い船頭が乗っている。一方、ノアの洪水譚には航海に疎い内陸に住む者が書いた節がある。ノアの洪水に出てくる方舟は単に大きな箱と記されているからだ。バビロニアの話と聖書の話は同じ出来事を別個に伝えているのだろうか？　それとも、聖書の洪水譚はバビロニアの話の焼き直しなのだろうか？

スミスは一八七二年の一二月三日に、首相やウェストミンスター寺院の首席司祭も列席した聖書考古学会の講演会で、この発見を発表した。講演には学者も一般の聴衆も同じく心を奪われ、新聞は、ノアの洪水伝説の起源は聖書以前に遡ることが発見されたと書き立てた。講演のすぐ後に、デイリー

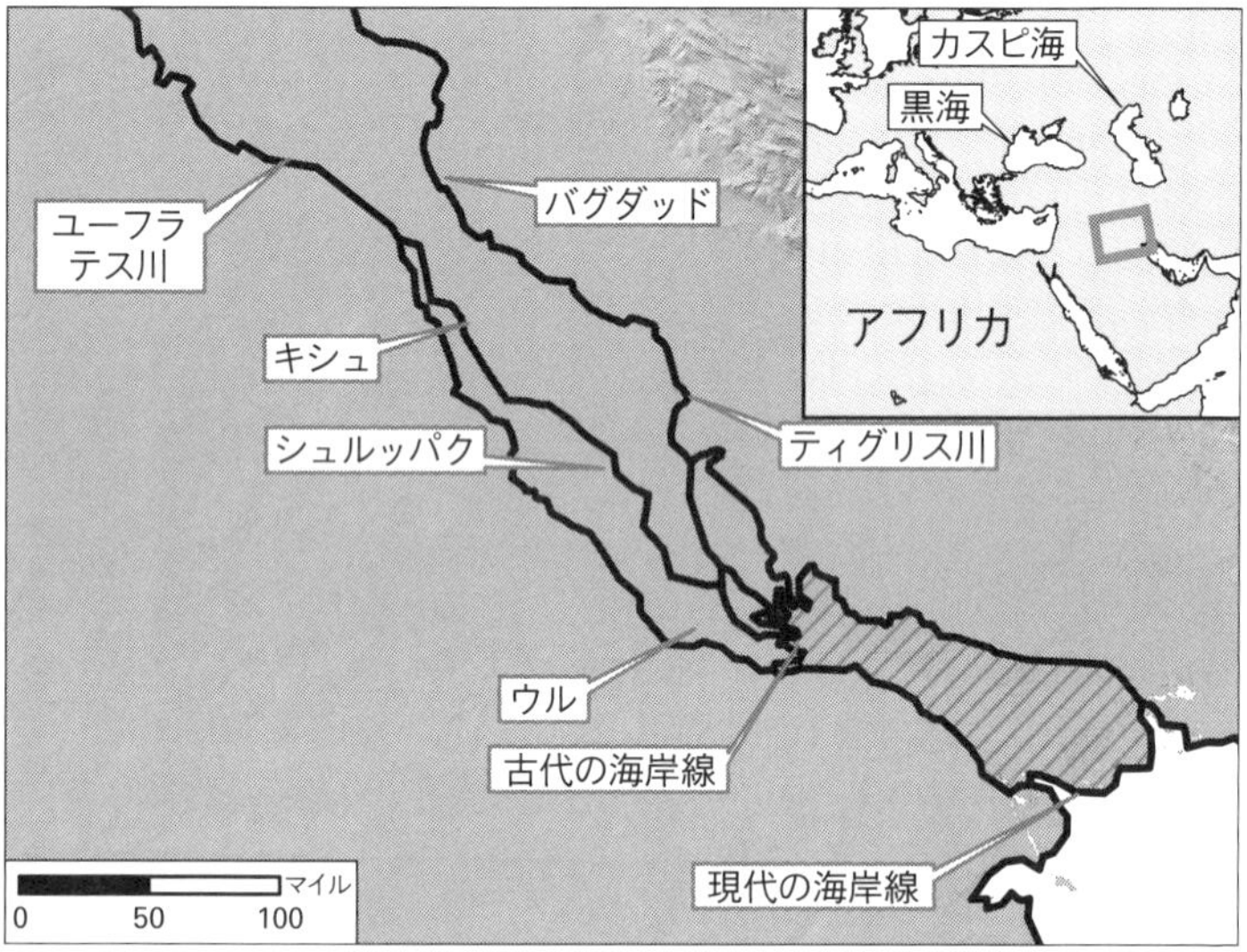

ウルとシュルッパクが河口域にあった頃の古代シュメールの海岸線と現在の海岸線を示すメソポタミアの地図

テレグラフ社はアッシュールバニパル王の図書館跡で粘土板を発掘する資金として、一〇〇〇ギニー〔一〇五〇ポンド〕を提供するとスミスに申し出た。大英博物館は世間の注目を集められる新聞社の申し出に二つ返事で応じると、スミスに六ヵ月の休暇を与えた。

スミスは野外考古学の訓練を受けたことはなかったが、一八七三年の五月に発掘を始めてからわずか八日で、大英博物館で復元中の一欄目の欠けた部分を含む断片を発見した。その部分には、船を造り、動物たちを乗せるようにという命令が記されていた。発掘調査が終わりに近づいた頃に、今度は六日間で世界が創造された話と人間の誘惑と堕落の話が記された別の粘土板の断片を発見した。

スミスは同じ話を記した粘土板をたくさん発掘し、天地創造の物語の起源はさらに古い時代に遡ることを知るに至った。アッシリア王は文字の刻まれた粘土板を集めさせて、書庫に保管していた蔵書家だったようだ。粘土板に記された洪水譚にさまざまな版《バージョン》があることは、洪水伝承の進化を物語っている。アッシュールバニパル王の治世よりはるかに古い版もある。これは偶然とは考えられなかった。スミスは、洪水伝承が聖書以前に遡ることを裏付ける証拠を次々と発見した。

宮殿の上の階には一万枚を超える粘土板が納められていたのではないかとスミスは考えた。粘土板はテーマ別に並べられていたようだが、シリーズものもあり、長いものは粘土板が一〇〇枚を超えた。それぞれの粘土板にはシリーズのタイトルと順番を示す数字が記され、前の粘土板に書かれてあった最後の語句が冒頭でくり返されていた。

かつてはきちんと整えられていた図書館は廃墟と化していた。多くの粘土板には焦げ痕があり、ニネヴェが戦火に包まれたときに、焼けて損壊してしまったことを示していた。その後にやってきた略奪者たちが戦利品を探すために粘土板を放り投げたことも被害を大きくしたが、最終的には、長い年月にわたる雨と乾燥のくり返しによって、ほとんどの粘土板が粘土のかけらと化してしまったのだ。

スミスは粘土板の断片を木箱に詰めると、次々とロンドンへ送った。帰国後、粘土板の復元を行なった結果、洪水譚は一二枚の粘土板に記されたシリーズの一一番目だったことがわかった。さらに、いくつかの異なる版も見つかった。完全に近い粘土板には、神々はシュルッパクの町を破壊するために大洪水を引き起こしたと記されていた。この版では、洪水の生存者はアトラハシースと呼ばれ、シシトと同様に船を造り、瀝青で防水して、家財と家族と野の獣を乗せたことになっていた。シシトの版と同様に、大洪水は七日にわたって猛威を振るい、地球を水没させて、生きとし生けるものを滅ぼした。船が山に漂着すると、アトラハシースはハト、次いでツバメ、最後にワタリガラスを放し、水が引いた後に船から降りた。

スミスが教えを受けたのは、ヘンリー・ローリンソン（一八一〇〜一八九五年）という、数十年前に楔形文字を解読する鍵を見つけた人物だった。ローリンソンは、粘土板が一二枚あることは、洪水譚が黄道十二宮と結びついた太陽神話であることを示す証拠と見なした。各粘土板が十二宮の各星座に対応すると考えたからだ。洪水譚を記した粘土板は、嵐の神が支配する一年でもっとも雨の多い一一番目の月に相当した。

しかしスミスは、アッシュールバニパル王の図書館から出土した粘土板は聖書よりはるかに古い時代に起きた天変地異を記録したものだと考えた。おそらく、ユダヤ人はバビロニアの物語を一神教に合うように作り変えたのだろう。スミスは一覧表を作成して、聖書の洪水譚でもバビロニアの洪水譚でも、基本的な出来事が同じ順序で起きていることを示した。しかし、細かい点には無視できない相違が見られるので、同じ出来事を別々に記録した伝承と考えた。方舟が到着した山頂とは、おそらく水没しなかったメソポタミアの寺院のことで、水没した低地を漂っていた人々にとって希望の光だったのだろう。

一八七四年に二度目の発掘調査から英国に戻ると、スミスは天地創造から大洪水に至る世界の歴史を再現するために、持ち帰った数千枚に上る粘土板の断片を丹念に調べる作業に没頭した。バベルの塔の建設とそれに伴う言語の混乱の物語も見つけた。天地創造に関する粘土板には、宇宙はカオス（混乱）から段階を踏んで作られ、神は段階ごとにその成果を確認したと記されていた。さらに、悪魔（サタン）に相当する堕落した天使のことが記された粘土板も見つかった。

しかし、スミスの運も三回目の発掘調査で尽きてしまった。地元の人の忠告を無視して夏の暑い盛りにシリアへ発掘に出かけ、赤痢にかかった後、一八七六年八月に帰らぬ人となった。

スミスの大発見で、洪水譚の起源に関する従来の考えは根底から覆されてしまった。スミスは、旧約聖書の中核部分はさらに古い時代の異教徒の物語の焼き直しだと考えたが、その結論は画期的なものだった。それまでキリスト教徒は、異教徒の洪水譚は聖書に記されたノアの洪水譚が起源だと思っていた。しかしスミスの発見で、保守的な神学者でさえ、ノアの洪水譚は地球を見舞った大災害ではなく、史実に基づいたメソポタミアの話だということを認めるようになった。

ノアの洪水の起源がバビロニアの物語に遡ることをスミスが立証したことで、考古学者は先を争ってメソポタミアの洪水堆積物を見つけ出そうとした。一つの文明を滅ぼすような大洪水の証拠が見つかるはずだと誰もが考えたのだ。しかし、それはじきに考古学者を悩ませる厄介な問題になった。大洪水の証拠は発見できず、見つかったのは局地的な小さな洪水による堆積物ばかりだったのだ。今度は考古学者の間で、ノアの洪水を記録した堆積物はどれかをめぐって論争が始まった。一八世紀と一九世紀の地質学者たちと同様に、二〇世紀の考古学者たちも律儀にノアの洪水の証拠を探し求めた。

一九二二年にイギリスの考古学者レナード・ウーリー(一八八〇～一九六〇年)は、旧約聖書でヘブライ人の祖とされているアブラハムの故郷である古代都市ウルの発掘を始めた。ウルはユーフラテス川下流、現イラク南部のナーシリーヤ付近にあった。デルタ地帯には洪水は付きものなので、特殊な条件が重なりさえすれば、聖書の記述にあるような大洪水が起こると確信していたウーリーは、その証拠を求めて発掘を行なった。やがて、水中で堆積した粒径のそろったシルト層を見つけ、厚みが三メートル以上もあるその層の下に、廃墟と化した町があることを発見した。灰や瓦礫、陶器の破片の層のさらに一メートルほど下の最下層には、メソポタミア南部に最初に定住した農民がウルを建設した土壌が見つかった。アブラハムが生まれるずっと前に、その生まれ故郷は洪水で埋もれていたのだ。

ウル付近の二ヵ所でも同様な堆積物の層の下から廃墟を発見したウーリーは、古代の村落を押し流した大洪水の堆積物を発掘したと主張した。そして時を移さず、ノアの洪水の地質学的足跡を発見したとロンドンへ電報を打った。翌年も彼の発掘調査隊は別の場所で、水中で堆積した三メートルの砂の層の下に町の瓦礫を発見した。局地的な洪水を裏付ける証拠を発見したと確信したウーリーは、これこそがノアの洪水の足跡だと結論した。

ウーリーの発見はセンセーションを巻き起こした。新聞やラジオ、ニュース映画でノアの洪水の証拠が発見されたと報じられると、世間の人々は電撃を受けたように驚き、一夜にしてノアの洪水の証拠探しに再び火がついた。

ウルの上流、バビロンからは一三キロほど東にある古代シュメールの都市キシュで発掘を行なっていたオックスフォード大学のスティーヴン・ラングドンの調査隊は、さらに多くの洪水堆積物を発見した。じきに、ラングドンとウーリーはノアの洪水を発見した功績をめぐり論争を始める。ウーリーは自分たちの発見した堆積物こそノアの洪水を裏付けるものだとして、明らかに異なる人工物の瓦礫、つまり異なる社会の栄枯盛衰を示す瓦礫を含んだ八層の堆積物がウルの洪水堆積物から見つかっていることを指摘し、キシュの堆積物と区別した。キシュの堆積物がウルと同じ洪水によるものではありえない。言うまでもなく、ウルの洪水が本物のノアの洪水なのだから。ラングドンが後から発見したキシュの洪水は、メソポタミアではよくあった日常的な洪水の一つにすぎないと切り捨てた。

しかし、近くのテル・オブドではウーリーとラングドンが発見したような堆積物が見つからないことから、考古学者たちは両者の主張を疑問視し始めた。その後に行なわれたボーリングやトレンチ調査の結果、ウーリーの発見した洪水堆積物はさほど広い範囲にわたるものではないことがわかった。堤防の決壊によって、一〇平方キロ前後の氾濫原が水没したときに形成された小規模な堆積物であることは明らかだ。こうした堆積物がノアの洪水の残した足跡だとしたら、狭い地域で起きた出来事だということになる。

数十年に及ぶ論争を通して、ウーリーはウルの洪水を正真正銘のノアの洪水として売り込んだ。一九五六年に「パレスタイン・エクスプロレーション・クォータリー」誌に掲載された論文で、メソポタミアを支配した歴代王朝を洪水以前と以後に分けて楔形文字で記した粘土板は、自分の発見を裏付けるものだと主張した。ウルの泥層の下に埋められた家屋の廃墟から、初期の集落の特徴を示す陶器が見つかった。人工物の瓦礫を含んだ一番下の層の上では、陶器の型が変わっていたので、ウーリーは北から新しい文化の担い手がやってきたと解釈した。彼はウルの洪水により、建造物が高くそびえていた大きな都市は水没を免れたが、大都市以外はすべて破壊されたと考えた。

ウーリーは観察したあらゆることから判断して、ノアの洪水譚はウルの伝承を受け継いだアブラハムの文化的遺産だと考えた。アブラハムは後にハラン地方に移り住んだが、そこにも洪水譚があり、主人公の名前は「ノア」によく似ていた。アブラハムの一族はこの地域の洪水譚を受け入れ、偽りの神に関連した部分をすべて取り除くと、口伝によって伝え、それが創世記の記述のもとになったと論じた。

英国の考古学者マックス・マローワン（一九〇四～一九七八年）は一九六四年に、ノアの洪水の起源が聖書以前のメソポタミアに遡るという証拠をまとめた。ちなみに、マローワンは推理作家のアガサ・クリスティーの夫だ。マローワンは、ノアの洪水譚は洪水に見舞われて九死に一生を得た人々の話に由来すると考えた。後にシュメールの書記官がその話を粘土板に書き記し、後代になってジョージ・スミスが復元して解読することになったのだ。しかし、考古学者が論争している洪水堆積物は、いずれもメソポタミア文明を壊滅させるほど大規模な洪水によるものではなかった。ノアの洪水伝説のもとになった洪水の話があったとしたら、もとは局地的な洪水で、それが地球規模の大洪水という神話に発展したのだろう。

これまでに発見された堆積物の中にノアの洪水に由来するものがあるとしたら、それはいったいどれなのかという点について考古学者の意見は分かれていたが、一九五四年にティグリス川が氾濫してバグダッド周辺の氾濫原が水没したとき、大洪水が起これば、この一帯が冠水する可能性のあることが認識された。そのような出来事なら、メソポタミアの洪水譚に記されているはずだと考える者もいた。大論争が続いていたにもかかわらず、多くの考古学者は、シュメールとバビロニアと聖書の洪水譚がそっくりなので、起源はティグリス川とユーフラテス川沿いで起きた大洪水にあるという説を支持していた。メソポタミアの住民にとっては、何と言っても自分たちの住んでいる場所が世界のすべてだったのだから、この説は理に適っていた。

現代では、大半の河川に洪水防止策が施されているので、古代の大洪水の規模を推測するのは不可能に近いが、二〇〇八年にビルマ〔現ミャンマー〕のエーヤワディー〔イラワジ〕川デルタを見舞った洪水を見れば、古代の低地を襲った巨大洪水のすさまじい破壊力が想像できるだろう。被災地は人口密度が高く、一夜にして住民の九割が溺れ死んだ地域もあった。堤防が崩壊すると、低地に水が一気に流れ込み、水を張った浴槽のようになった。洪水が頻繁に起きるだけでなく、わずか数世代前にも大洪水で甚大な被害を受けたメソポタミア河口近くの住人には、世界を水没させた大洪水の話は実話だと思えたに違いない。

スミスはシリアへ命取りになった発掘調査に出かける頃までには、粘土板に記された洪水譚にはいくつも種類があることに気づいていた。数千年まではいかないものの、数百年は聖書より古い洪水伝承が少なくとも三種類あり、スミスはその一部を発見したのだ。もっとも古いシュメール語版の洪水譚に登場する主人公は、ジウスドラと呼ばれていた。次いで古いのはアトラハシースを主人公とするアッカド語版だが、後に三つ目の『ギルガメシュ叙事詩』に統合された。『ギルガメシュ叙事詩』では、ウトナピシュティム（＝シシト）がバビロニアの洪水を生き延びた主人公として登場する。スミスの発見で、メソポタミアの洪水伝承には、神話と歴史の境にまで遡る複雑で長い歴史があることが明らかになったのだ。

スミスが発見したうちでもっとも古い洪水伝承は、紀元前一六〇〇年頃に粘土板に記されたものだった。このシュメール語版の洪水譚はシュルッパク（現イラク南部のウルクの北三〇キロほどの街）を襲った洪水の話だ。別の版は、洪水の以前と以後で歴史を二つに分け、洪水前のシュルッパクの最後の王をジウスドラと呼んでいる。発掘調査の結果、紀元前二八〇〇年頃にシュルッパクが洪水で破壊されたことがわかった。おそらく、この町を破壊した洪水の話は一〇〇〇年ほど口伝で伝えられた後に、後世に残すために粘土板に記されたのだろう。

現存するシュメール語版の洪水譚は、最高神エンリルがシュメールの五つの都市をそれぞれ五人の王に治めさせたと述べるところから始まっている。後に、気まぐれな神々が人類を滅ぼすことを決めたとき、信心深いジウスドラは情け深い神（エンキ）に大洪水が来ると密かに告げられる。そこで、ジウスドラは大きな船を建造し、七日間続いた洪水を乗り切った。神々にしかるべく供物を捧げると、神々はジウスドラに永遠の命を授けて、人類を救った労に報いた。

これは当時としても古い物語だったが、王権を神聖化し、神官の権益増大を図るこの伝承はメソポタミアの支配階級の役に立った。起源はどうであれ、シュメール語版の洪水譚は支配階級の役に立つことがわかっていたので、紀元前一八〇〇年頃にハンムラビ王がシュメールを征服してバビロニア帝国を築くと、この洪水譚は登場人物の名前も含めて、バビロニアの言語だったアッカド語で書き直されたのだ。

アッカド語で記されたアトラハシース王が登場する洪水譚を記した最古の粘土板は、紀元前一六三五年頃に遡る。シュメール語の洪水譚が成立したのはそれよりずっと昔だったが、現存している最古のシュメール語の粘土板はアッカド語版よりも少し後に作られたものだ。

アッカド語版は、高位の神々の食料生産を司る下位の神々が、大事な灌漑用水路の維持管理に努めているところから始まる。何十年にもわたる重労働の末に、下位の神たちは一揆を起こすと、道具を焼き、最高神エンリルの神殿に押しかける。寝ているところを起こされたエンリルは神々の会合を開き、水の神エンキの助言を求める。エンキは人間を創って野良仕事をさせればよいと助言する。

しばらくの間はエンキの助言が功を奏したが、一二〇〇年ほどすると、人間が増えすぎて、人間社会の騒音に神々が悩まされるようになる。頻繁に睡眠を妨げられてイライラしたエンリルは、疫病を放って下界を静めた。しかし、それから一二〇〇年経つと、また同じ問題が起こる。エンリルは今度は大干魃《かんばつ》をもたらすが、それもつかのまで、一二〇〇年すると人間が酒を飲んでは大騒ぎをして最高神の眠りを妨げるようになった。エンリルは毎年畑を潤していた洪水を止めて飢餓をもたらし、平穏な日々を取り戻すが、一二〇〇年すると、またもや人間がバカ騒ぎを始めた。エンリルもついに堪忍袋の緒を切らし、今度こそは人類の息の根を止めてしまおうと、大洪水を引き起こすことにする。

厄介者の人間を世に放ったことを悔やんだエンリルが人類を根絶する計画を立てるたびに、エンキはエンリルの計画を人間のアトラハシース王に漏らし、数人の人間が生き延びた。エンリルもついに下位の神の誰かが計画を漏らしていることに気づき、今度の大洪水のことは他言しないと神々に誓わせた。そこで今回は、エンキはアトラハシース王の葦小屋の壁に向かって洪水計画の話をする。エンキの警告を耳にした王は自分の家を壊して船を造り、家族と家財、動物や鳥、穀物など、洪水後に人間の社会を再建するのに必要なものすべてを乗せた。

急ごしらえの船で七日間続いた嵐を乗り切ると、船は山腹に漂着した。それから七日経ったとき、アトラハシース王はハトを放って陸地を探させたが、ハトは戻ってきてしまった。次にツバメを放したが、ツバメも戻ってきた。最後に水が引いてきたのでワタリガラスを放したところ、陸地を見つけたカラスは戻ってこなかった。アトラハシース王が船を降り、香を焚いて、神々へヒツジを一頭捧げるところで話は終わっている。

元のシュメール語版の洪水譚はノアの洪水によく似ているが、『ギルガメシュ叙事詩』に出てくる完成度の高いバビロニアの洪水譚の方がノアの洪水との類似点が多い。死を恐れるようになったギルガメシュは、人類を洪水から救い、永遠の命を授かったウトナピシュティム王から不死の秘密を聞き出そうとする。アッカド語版と『ギルガメシュ叙事詩』にはほとんど同じ節があるので、アトラハシースの物語がギルガメシュの叙事詩に取り込まれたことがわかる。『ギルガメシュ叙事詩』では洪水を生き延びた英雄の名がアトラハシースではなく、ウトナピシュティムに変わっているが、なかには「アトラハシース」と呼んでいる版もある。また、ウトナピシュティムは「ジウスドラ」のバビロニア語訳と考えている研究者もいる。

スミスや他の研究者がさらに多くの洪水譚を発見して翻訳するにつれて、歴史的背景がますます複雑になっていった。時代と地域によって洪水譚の内容が少しずつ異なり、すべての源となる版は見当たらなかった。メソポタミアの洪水譚には数多くの版が存在したのだ。メソポタミアで興亡をくり返した幾多の民族はこの洪水譚を受け継ぎ、自分たちの言語や文化に合うように手直しをしてきたのである。

アッカド語（バビロニアの言語）は紀元前一〇〇〇年頃まで外交に使われた共通語だったので、大洪水の話も中東で広く知られるようになった。新米の書記官はアッカド語の原典を書き写してアッカド語を学んだので、洪水譚を異文化間に広める役割を果たした。古代パレスチナでは、ウトナピシュティムの省略形は第二音節に強勢を置くので「ノア」という発音になると主張する者もいた。ユダヤ人がバビロン捕囚の憂き目に遭い、バビロニアの河畔で泣き暮らしている間に洪水伝承に接したのだろう。

バビロン捕囚はユダヤ人が奴隷にされたのではなく、政治的自由が奪われて強制移住させられた出来事だった。バビロニアではひどい扱いを受けていたわけではなかったので、捕囚から解放された後も、故国に戻らずにバビロニアにとどまったユダヤ人もかなりいた。聖地に戻ったユダヤ人は奴隷を伴っていたという記述が聖書にあり、これだけとってみても、バビロニアの社会で成功した者もいたようだ。寛大な扱いを受けた被征服民族が征服民族の文化を取り入れるのは珍しいことではないので、ユダヤ人がメソポタミアの洪水譚を取り入れたとしてもおかしくはない。

それでも、創世記はバビロニアの話とは根本的に異なる。多神教と一神教の違いは一目瞭然であり、創世記は一神教を広めることを意図した文学だと解釈すれば納得が行く。大地、空、太陽、月、動植物は汎神論的な社会では神々と捉えられることが多かったが、創世記は唯一無二の全能神がそれらをすべて創造したので、神ではないと述べている。これは目的をもった叙事詩なのだ。創世記には、海の大いなる獣は五日目に創造されたと記されている。[2] これはメソポタミアの創造譚を明らかに否定するものだ。メソポタミアの創造譚には、バビロンの守護神が万物を生み出すために、無限の海を支配する怒れる女神を滅ぼしてカオスの力を押さえつけたと記されているからだ。おそらく旧約聖書の冒頭の章には、メソポタミアの多神教文化が生み出した創世神話を否定するという意図があったと思われる。

バビロニアの洪水譚は古代ギリシャにも伝わっていた。アレクサンドロス・ポリュヒストル（紀元前一世紀頃）は詳細不明のギリシャの歴史家だが、洪水譚はバビロニアの神官ベロッソス（紀元前三世紀初期）の歴史書に由来すると述べている。ちなみに、ベロッソスはアレクサンドロス大王（紀元前三五六〜三二三年）と同時代の人物で、ユダヤ人がバビロニアに捕囚となったのはその数百年前である。ポリュヒストルは、人類を滅ぼす洪水が襲来するので、家族や友人を乗せられる船を造るようにとクロノス［ギリシャ神話の神］がクシストロスに命じたという記述を紀元前一世紀に残している。このクシストロスは、シュメールの洪水譚に登場するジウスドラをギリシャ語表記で発音したものだろう。クシストロスは食料、動物、鳥を乗せ、洪水が来ると船を出した。洪水が引くと鳥を放ったが、陸地が見つからなかったので戻ってきた。二度目に鳥を放ったときは、足に泥をつけて戻ってきた。三度目に放ったところ、今度は戻ってこなかった。船も陸地に漂着した。クシストロスは船が漂着した山の上に祭壇を設けると、生け贄を捧げて神の加護に感謝した。ポリュヒストルの話とシュメールおよび聖書の洪水譚の類似性は明らかだ。

結局は旧約聖書の話と似たものに発展していくのだが、ギリシャにも洪水伝承があった。ピンダロス（紀元前五一八頃～四三八年頃）の『オリュンピア祝勝歌』第九歌に、ゼウスが起こした洪水が引き、人類に繁栄をもたらすような肥沃な低地が現れると、デウカリオンと妻のピュラがパルナッソス山（ギリシャ南部の最高峰）を下りて、地上に住み着く話が登場する。紀元前四世紀にプラトン（紀元前四二七頃～三四八年頃）は、デウカリオンの洪水は平地を水没させただけの局地的な出来事で、高台に逃げた人々は助かったと説いている。いずれの伝承でも、デウカリオンとピュラはギリシャ人の祖とされている。

デウカリオンの物語で一番よく知られている版は、ローマの詩人オウィディウス（紀元前四三～紀元一七年）がギリシャ神話をもとに書き上げた『変身物語』に収録されているものだが、そこに洪水の話が登場する。神々が人類を罰するために大洪水を起こすと、プロメテウスがデウカリオンとピュラに警告する。信心深い夫婦は船を造り、食料を積んで、洪水を乗り切る。洪水が引くと、漂着したパルナッソス山で神々に捧げ物を供え、無事を感謝する。破壊し尽くされた世界に二人だけ残されたデウカリオンとピュラはテミスの神殿へ赴き、人類を復活させるにはどうしたらよいか助言を求めた。偉大なる母（大地）の骨（石）を後ろに投げよという神託に従って、孤独な夫婦が肩越しに石を投げると、デウカリオンが投げた石は男に、ピュラが投げた石は女になった。

二世紀に諷刺作家のルキアノス（一二五～一八〇年）は、デウカリオンは大きな方舟を造り、すべての生き物のつがいを乗せたという洪水物語に仕立て直している。ギリシャの洪水譚は、知名度の高い旧約聖書の話の影響を受けて変化を遂げてきたのだ。古代の洪水伝承が同じ出来事に由来するのか否かは定かではないが、さまざまな洪水譚が文化から文化へ伝えられてきたことは、この物語には中東で興亡をくり返してきた幾多の民族を惹きつける魅力があったことを物語っている。

メソポタミアから東へ数千キロも離れたヒンズー教の社会にも洪水伝承がある。一番古い版は、紀元前四〜二世紀に書かれた『シャタパタ梵書《ぼんしょ》』に収録されていて、魚の恩返しの話である。ある日、マヌという男が水浴していると、手の中へ小さな魚が入ってきて、「私を育ててくれたら、君を助けてあげる」と言う。マヌが「助けるとは何からか？」と尋ねると、魚は「そのうち大洪水が起きて、みんな押し流されてしまう」と答える。そこで、マヌは魚を初めは壺に入れて飼い、それから池を造って捕食者に捕られない大きさになるまで育てると、海に帰してやった。魚はマヌに感謝して、船を造るべきときを告げ、いざ洪水が来ると、巨大な体に育った魚はマヌの船をヒマラヤの山頂まで曳いていき、木に船を結びつけるのを手伝った。洪水が引くと、マヌは世の中にたった一人残されたことに気づき、祈りを捧げ始める。すると一年も経たないうちに祈りが聞き届けられ、マヌが供えたバターとサワーミルクから一人の女性が生まれてきた。二人は世界に再び人間が栄えるようにと子作りに励んだ。

この話にはバリエーションがいくつかあり、時代を経ながら変化を遂げてきたことがわかるが、起源はバビロニアの洪水伝承に遡るのだろうか？　その可能性はある。メソポタミアの遺跡でインド産の印章や宝石類が発掘されることから、早くも紀元前二五〇〇年には両文化の間に交流があったことがわかる。時代が下ると、海上の通商路が文化交流を促すようになった。こうした文化交流に基づき、ヒンズー教の洪水譚はメソポタミアの洪水伝承から生まれたと主張する者もいる。メソポタミア起源説を唱える者は、ノアの洪水と話の筋が似ていることを指摘している。

しかし、大きな違いもある。とりわけ大きな相違は、世界の各時代は大洪水によって終わりを迎え、そのたびに人類も滅ぼされるというヒンズー教の世界観だ。ノアの洪水とは異なり、マヌの洪水は特別な出来事ではない。くり返し世界を破壊する洪水の一つにすぎないのだ。インドの他の洪水神話には、火の雨や飢饉に見舞われた人々が神聖な木に実る、いわゆる禁断の果実を口にしたいという欲求に駆られる話が出てくる。こうした洪水の原因は、ヘブライ〔ユダヤ〕やメソポタミアの伝承に見られる洪水の原因とはまったく異なる。ヘブライ（聖書）の洪水譚では放蕩や悪徳が洪水の原因になり、メソポタミアでは人類のはた迷惑なやかましさが原因で洪水がもたらされる。このような違いが生まれたのは、洪水譚がメソポタミアから伝わる間に、各地で尾ひれがついていったからだろう。

こうした相違点の起源は解明されていないが、相違が生じた理由や状況にかかわらず、数々の洪水譚が何世紀にもわたり語り継がれていくうちに変化を遂げたことは明らかだ。

地質学者が世界の地形を説明するためにノアの洪水を持ち出すことをあきらめ、考古学者がメソポタミアの洪水堆積物を求めて発掘を続けている間、聖書の歴史だけを研究する専門分野ができていた。地質学が宗教から離れた世俗的な学問になったのと時を同じくして、歴史家の間で聖書研究が専門分野として市民権を得るようになり、地質学者の岩石研究に負けない主体性と熱意をもって、旧約聖書の研究がなされるようになった。学者が創世記はもっと古い時代の伝承をもとに作られたものだという結論を出したことで、聖書の伝統的な解釈は新たな試練にさらされることになった。

9　焼き直された物語

旧約聖書の冒頭の章はバビロニアの物語の焼き直しだとジョージ・スミスが発見したのは一九世紀中頃だったが、それまで数世紀の間、旧約聖書の起源をめぐる論争の中心は、「どうすれば聖書を神の言葉通りに解釈できるか」という点だった。ヘブライ語の原典には母音が記されていなかったので、ギリシャ語に翻訳されたとき、特定の用語に複数の解釈が成り立つ余地があった。一五三八年にユダヤ人学者のエリヤ・ベン・アシャー・レヴィタ（一四六九～一五四九年）が、ヘブライ語の母音の挿入や句読点の追加や単語の分割の位置を示すアクセントやポイント記号は、旧約聖書が翻訳されてかなり後にラビ〔ユダヤの宗教的指導者〕が発明したものだと論じている。現在の表記法が採用される前は、ヘブライ語の聖書は子音の羅列だった。そこで、欠けている母音を挿入する位置や語と語の区切り方によって、意味が変わることがあった。聖ヒエロニムスのような聖書翻訳者は自分で判断せざるを得なかったので、意味に微妙な違いが生じ、字義通りの解釈が複雑になった。カルヴァン派のフランス人で聖書学の教授だったルイ・カペル（一五八五〜一六五八年）が一六五〇年に『聖書批評』を著して、聖書のさまざまな翻訳版を比較分析し、聖書は原典から直接伝えられた神の言葉ではなく、幾多の変遷の歴史をもつ書であることを明らかにした。聖書に人為的影響や誤りが入り込む可能性に対する危惧が頂点に達したのは、このときだった。

ルネサンス以前にも、ヘブライ語聖書とギリシャ語聖書は著しく異なることが知られていた。神の真の言葉が記されているのはどちらの聖書かをめぐって論争が起こり、なかにはヘブライ語の原典は誤りが多いとか、キリスト教徒を欺くために改竄《かいざん》されたのだと主張する学者さえいた。一方、ギリシャ語の聖書は翻訳の質が悪いと主張する者や、ラテン語の聖書は誤訳だらけだと論じる者もいた。キリスト教徒は、どの聖書を信じればよいのかという厄介な問題に直面したのである。

この難題に取り組んだマルティン・ルターは、ラテン語の聖書は欠陥品だと決めつけると、ギリシャ語聖書とヘブライ語聖書の表現の違いを調べるのに専念した。その結果、新約聖書のヤコブ書〔ヤコブの手紙〕とユダ書〔ユダの手紙〕は神の真の言葉ではないとして退け、聖書をドイツ語に翻訳したとき、最後に回した。ヨハネの黙示録については、個人個人が決めればよいが、「自分には、聖霊によって霊感を与えられたものとは思えない」と述べている(1)。ラテン語聖書には誤訳が多すぎるので、聖書の意味を確実に理解するためには、原典に戻って確認しなければならない、というのが彼の考えだった。ルターでさえも、聖書を解釈する際には、誤った常識に基づいて理解しないように用心しなければならないと認めている。

プロテスタントの異端性を裁き、カトリックの教義を明確にするために、一五四五年から一五六三年まで継続的に開催されたトリエント公会議で、司教たちは「ルターの批判を支持すると、ラテン語訳の聖書の権威が失墜してしまう」ことを深く危惧した。そして議論を重ねれば重ねるほど、ヒエロニムスのラテン語訳聖書の権威を再確認する結果となった。会議は最終的に、ラテン語聖書はギリシャ語聖書やヘブライ語の原典に勝ると宣言し、それが神の啓示であるという結論を出した。ルターは一般大衆も聖書の平易な表現を解釈できると主張したが、司教たちはそうは思わなかった。聖書の解釈を各自の裁量に任せることが異端に至る第一歩になると危惧して、会議はローマ教会の権威を守るために、なりふり構わずに原典よりもラテン語聖書の方に正統性を認めたのだった。

一六八五年に、フランス人聖職者のリシャール・シモン（一六三八〜一七一二年）は『旧約聖書の批判的歴史』を著して、「モーセの記述とされる部分の大半は、モーセが書いたものではない」と論じて一大スキャンダルを巻き起こし、新旧両教徒の怒りを買った。しかしシモンは、カルヴァン派に異を唱える学術的な論拠を用意するようにと、オラトリオ会〔共同生活をして司牧や教育活動に従事するカトリック修道会〕の上位職から依頼されてこの書を著したのである。カルヴァン派はローマ教会の権威を否定して、聖書だけを精神的な拠りどころにしていたからだ。シモンは旧約聖書の冒頭の数章から批判的に分析を始めた。聖書の言葉の解釈はいろいろあり、矛盾や混乱が生じているが、それは創世記がいくつもの文書を編纂してできあがった書だと考えると納得が行くのではないか。著しく異なる文体やくり返し、モーセが自身の死について記述しているという矛盾は、創世記がモーセの死後、長い年月にわたり、さまざまな書き手によって編纂されてきたことを示唆している。シモンはさらに新約聖書の分析も行ない、その原典が残っていないことを立証した。幾世紀にもわたって翻訳や筆写が行なわれるうちに、母音や語句だけでなく、節そのものが消失したり、挿入や修正が行なわれたりして、さまざまな相違や矛盾が入り込んでしまったのだ。

シモンは「聖書には誤りはまったくない」という聖書の無誤性を批判したので、標的のカルヴァン派はもとより、依頼主であるカトリック教会も衝撃を受けた。シモンは聖書が神の啓示によって書かれたものと信じていたが、ただ現在伝わっている翻訳版のどれが原典にもっとも近いのかがわからなかったのである。シモンの著書は効果がありすぎて発禁になり、本人もオラトリオ会から追放されてしまった。

それから半世紀後に、フランス人医師のジャン・アストリュックがシモンと同じことを主張したが、ソルボンヌ〔パリ大学の神学部〕の検閲委員会は無視した。ノアの洪水譚の出来事には明らかな反復が見られることと、神に対してヤハウェ（エホバ）とエロヒムという二種類の名前が使われていることに気づいたアストリュックは、代々伝えられてきた当時でも古い話をモーセが創世記にまとめあげたのだと主張した。アストリュックの主張はいくつかの証拠に基づいていた。たとえば、創世記の一章と二章には二つの創造譚が登場するなど、不要なくり返しが見られる。また、話がいきなり前後に飛ぶ。このような不自然さは、モーセが複数の原典を一つの話にまとめあげたときに生じたと考えたのだ。聖書は幾多の変遷を経た書物と見なされるようになった。

一七〇〇年代後半に、ドイツではもっと公的な立場で研究していた有識者たちが聖書を批判した。イェナ大学の著名な東洋言語学教授だったヨハン・アイヒホルン（一七五三～一八二七年）は、聖書の物語を比較分析して、創世記の記述の多くは先史時代の出来事を題材にした空想の物語だと結論した。さらに、さまざまな節の文体を分析し、乱れた層序のような文章を解きほぐしながら、創世記が合成された物語であることも明らかにした。

独立を勝ち取ったアメリカでは、伝統的な制度はもはや神聖なものではなくなってしまったが、トマス・ペイン（一七三七～一八〇九年）が『理性の時代』という小冊子を出版して、啓蒙運動という名のもとにアイヒホルンの出した結論を引き継ぎ、聖書批判を行なった。

創世記はモーセが記したものと信じられているが、その思い込みを取り除いてしまえば、それが神の言葉だという奇妙な考えも根拠を失い、創世記は寓話や荒唐無稽な伝承ないし作り話、言い換えれば、真っ赤なウソが書かれた作者不詳の読み物にすぎなくなる。イヴと蛇の物語やノアと方舟の物語は、面白さには劣るが『千夜一夜物語』と同等である。(2)

ペインの過激な主張は、創世記が聖書の信憑性の根幹をなすと考えているキリスト教徒に衝撃を与えた。ノアの洪水や天地創造の否定は、聖書の権威と約束された救済を脅かすものだった。

それでも、いわゆる聖書は旧約聖書と呼ばれるヘブライ語聖書に新約聖書が継ぎ足されたものだという点についてだけでも、聖書が変遷を経てきたことはヨーロッパとアメリカの両方で認められるようになった。新約聖書が誕生するずっと以前、ダビデの王国が滅ぼされた後にバビロニアで捕囚の憂き目に遭っていたユダヤ民族の伝承を後世に伝え、文化的独自性を維持するために、伝承は一つの歴史にまとめられた。その際に、数種類のバージョンがあった言い伝えを一つに融合してしまったのだということは容易に想像がつく。

一九世紀の聖書批判がもたらした大きな成果は、創世記を節ごとに分析して、類似する二つの物語が融合していることを明らかにしたことだ。複数の著者によって書かれた書物の文体や用語選択を解析して、著者を割り出すコンピューターソフトウェアが開発されているが、この聖書批判の成果はコンピューターの解析結果とも一致する。二つの物語が融合したと仮定すれば、人間の創造が動物の後に来る創世記一章と、アダムの創造が最初になっている創世記二章に見られる矛盾などを無理なく説明できるし、一九世紀における旧式の分析方法でもコンピューターを使うハイテクな方法でも、この仮定は裏付けられている。正解は一つしかないと単純に考えると、このような矛盾は困った問題となる。

洪水の日数は一五〇日なのか、四〇日なのか？　創世記の七章二四節と八章三節には、洪水は一五〇日続いたと記されているが、八章六節から一二節には、雨が四〇日間降り続いた後、水は二週間で陸地から引いたと述べられている。後者の場合は、洪水の日数は合計で五四日になる。一方、七章一一節によれば、洪水はノアが六〇〇歳になった年の二月一七日に始まり、八章一三節には、洪水が引いてノアが方舟を開けることができたのは六〇一歳になった年の一月一日だったと記されているので、洪水は一〇ヵ月半続いたことになる。言うまでもなく、これらの記述のすべてが真実なはずはない。

また、方舟に乗せた動物たちは二つがいなのか、七つがいなのか？　創世記の七章二節と三節には、神がノアに清浄な動物と鳥は七つがい、そうでない動物は一つがいずつ乗せるように命じたと記されているが、その一二節後の節によると、乗船したのはどの動物も二つがいだけである。

こうした矛盾点を説明することに心血を注いだ聖書学者たちは、創世記の二つの原典を区別する鍵は、各原典が神の呼称として「ヤハウェ」と「エロヒム」のどちらを使っているかを特定することだと論じた。ヤハウェは「ユダヤ人の主」を指す神聖な名で、エロヒムは単に「唯一神」という意味だ。「神はモーセに対して初めてみずからの名を明かしたので、それ以前の世界の歴史を記述する際にヤハウェを使うのは理屈に合わない」と一方の原典の著者は考え、形式ばらない普通名詞のエロヒムの方を使ったのだろう。同様に、動物たちの数が異なるのは、「神が清浄な動物とそうでない動物の区別をモーセに示したのは、ノアの洪水よりかなり後だった」ことを、もう一方の原典の著者が知っていたのを反映しているのかもしれない。

原典は二つあったという証拠が積み上がってきた。一九世紀末までには、旧教徒、新教徒、ユダヤ教徒、不可知論者とを問わず、どの派の学者でも「ノアの洪水譚はユダヤ人がバビロニアに捕われている間に、さまざまな話が一つに融合してできあがったものだ」と認めるようになった。聖書の注釈者の中には、こうした矛盾点の辻褄合せに四苦八苦している者もいるが、複数の物語が融合されたと考えればすむことだ。どのような理屈をつけても、モーセがみずからの死について記述することはできない相談だ。

新約聖書は、ギリシャ語で記された複数の伝承のうち、いくつかの断片的な話が編纂されたものとわかっているが、伝承の取捨選択に関しては編纂者の間で意見が分かれたようだ。旧約聖書ができたのはそれより何世紀も前のことだが、自由を奪われた民族が後世に残すべき伝承の取捨選択に必死に取り組んだときにも、同じようなことが起きただろうと十分考えられる。

聖書がたどった歴史をひもとくと、ヘブライ語の「エレッ」がラテン語訳聖書では「テラ」と訳されたことで、いずれも「大地」「陸地」「土」を意味する言葉ではあるものの、地形やノアの洪水に対するキリスト教徒の見方が影響を受けたことがわかる。ヒエロニムスは創世記をラテン語に翻訳したとき、「エレッ」と「アダマ〔土〕」の両者の訳語としてテラを当てたが、テラが後に英語の「アース〔陸地や地球〕」と翻訳されたことが、ノアの洪水は地球を水没させた大洪水だったという説を生むきっかけになった。しかし、ラテン語のテラは通常は陸地や土を表し、地球を指すことはない。地球を表すラテン語は「テルス」である。聖書の重要な節で、エレッツがアース〔地球〕ではなくランド〔陸地〕と英訳されていたら、ノアの洪水が世界を形作った地球規模の出来事だったという説がこれほど支持されることはなかっただろう。

いずれにせよ、アースという語は地球を指すとは限らない、と神学者は長いこと論じていた。スコットランド教会の牧師ロバート・ジェイミソン（一八〇二〜一八八〇年）は一世紀以上も前に、聖書では地方や国のような限定された地域を指す場合に、アースが用いられていることを指摘している。たとえば、創世記の一章一〇節で神は陸地をアースと呼んでいるが、このアースが地球全体ではなく、限定された地域を指していることは明らかだ。また、エレッツが地球ではなく、グラウンド〔土地〕と訳されている節もあるし（士師記六章三七節）、イスラエルやカナンのような地域を指している場合には、ランド〔土地〕と訳されている節もある（創世記二章一一節、二章一三節、一三章九節、レビ記二五章九節、サムエル記上一三章三節、サムエル記下二四章八節）。ノアの洪水以外では地域や地方を指している言葉が、ノアの洪水の場合には地球全体を指していると考える必要がどこにあるのだろうか？　おそらく、ノアの洪水が地球規模の出来事だったと信じる根底には、誤解や妙なこだわりがあるのだろう。欽定英訳聖書（一六一一年）にくり返し登場するユニコーン（野牛）は、ヘブライ語からギリシャ語あるいはラテン語、そして最後に英語に翻訳される間に、意味が取り違えられた可能性を如実に示している。(3)

一九世紀末までにはキリスト教神学者たちは、創世記は実際に起きた出来事を網羅した歴史の書ではなく、世界の生い立ちを通観したもの、あるいは比喩的に説明したものと見なすのが理に適っていると考えるようになった。このように見方が変わったことで、創世記の冒頭の数章は地球の歴史を説明するものではなく、人間の在り方も含めた世界観の道徳的基盤をなすものと見なされるようになったのだ。創世記は世界史の詳細な記述ではなく、初期の一神教信者を訓育し、霊感を与えることを意図した叙事詩として読むことで、厄介な解釈の問題を解決する理に適った道が開けた。しかしながら、この方法がいかに妥当といえども、ノアの洪水以外の洪水譚の起源や、洪水伝承が世界の各地に存在する理由を解明することはできない。

宣教師が世界の各地で集めた洪水伝承をもとにして、人類学者は二〇世紀初めまでに数百に上る洪水伝承をまとめた。当然のことながら、宣教師たちはこうした話はノアの洪水譚の原典が崩れた版だろうと考えていた。しかし、社会科学者の多くは、洪水伝承が世界の各地に見られるのは先史時代に起きた災害の記憶が伝えられてきたからか、あるいは潜在意識の中に洪水神話を作りたいという願望があったからだろうと解釈した。興味深いことに、心理学分野から非常に面白い仮説が出されている。アッシリア学の著名な教授のハインリッヒ・ツィンメルン（一八六二～一九三一年）は、「天地創造や楽園や……ノアの洪水の話はどれも、イスラエル人が取り入れたバビロニアの原典に基づいている」[4]と述べて、ノアの洪水譚はバビロニアの自然神話であると主張した。教授は権威ある『聖書百科』（一八九九年）で、洪水は冬を象徴し、舟で救われるノアは太陽神を表していると論じている。同様に、カトリックの司祭エルンスト・ベックレン（一八六三～一九三六年）は、方舟は天空の海を静かに渡る月を象徴し、舵を取るノアは月の神を表していると主張している。

ジークムント・フロイト（一八五六～一九三九年）の登場で、解釈は一変した。場合によっては、洪水はただの洪水ではなくなったのである。フロイトの信奉者のオットー・ランクは洪水神話を排尿幻想と見なした。さらに、より複雑な誕生や性的幻想を伴う神話と単純な神話を区別した。ランクは、原始的な民族は一般に平凡な排尿神話をもつが、ノアの洪水譚はすべての要素を兼ね備えた複雑な神話で、他に類を見ない事例だと考えた。排尿が洪水の起源で、方舟は子宮を象徴し、下船は再生と、子作りをして子孫を増やそうという誘いの両方を表していることは明らかだと述べている。精神分析的手法を用いて洪水神話の解明を試みる例はほかにもあるが、こうした分析結果は本質を突いていると思うにせよ、あるいは逆に下らないと思うにせよ、それを検証する術はない。

地質学が洪水神話を説明できるかどうか、とりわけ、ノアの洪水がティグリス川とユーフラテス川に挟まれた低地を水没させたメソポタミア限定の出来事だったと解明できるかどうかは重要な問題だった。一九世紀に起きた大洪水でバグダッドが破壊された後には、解明できる可能性は一段と現実味を帯びてきた。しかし、大方の地質学者はノアの洪水は地域的な出来事だったという前提を受け入れるだけで満足して、聖書批判にそれ以上深く踏み込もうとはしなかった。

ノアの洪水はまったくの作り話だという考えを広めたのは英国国教会の主教だった。ジョン・ウィリアム・コレンゾー（一八一四〜一八八三年）は南アフリカのナタールの主教になった英国人宣教師で、地質学や生物地理学、聖書批判に大きな影響を受けた。コレンゾー主教は一八六四年に『モーセ五書とヨシュア記の批判的検証』を著して、ノアの洪水譚を真に受けると生じる問題点を検証した。エデンの園の記述によると、大洪水の後も、どの川も流れが変わっていない。そうであれば、ノアの洪水は地表にほとんど影響を及ぼさなかったことになる。さらに、動物たちを方舟に乗り降りさせる輸送問題に加え、方舟の収容能力も大きな問題だ。しかし、コレンゾーが指摘した難問はこれにとどまらなかった。水牛のように群れで暮らす種や、蜂のように巣に群居する種は、一つがいだけ救っても種を存続させることはできないだろう。こうした問題が未解決なのに、聖書の記述を鵜呑みにして洪水が地球規模だったと信じ、魂の救済を託すことなどできようか？

ライエルのような地質学者と異なり、コレンゾーは局地的な洪水説を受け入れなかった。安易な考えに思えたのだ。洪水が局地的な出来事だったなら、そもそも鳥はどうして方舟に乗る必要があったのか？　水没していない場所まで飛んでいけばすむはずだ。したがって、局地的洪水説も辻褄が合わない。コレンゾーは聖書の記述が現実と矛盾すると思っただけで、その記述が地球規模の大洪水を示唆するということを否定したわけではない。ノアの洪水譚はよくできたお話にすぎないと考えたのだ。

当然のことながら、コレンゾーの考えはキリスト教神学者の評判がよくなかった。一九世紀の前半に地域規模の洪水を裏付ける地質学的証拠が発見されたことも手伝って、一八六〇〜七〇年代は局地的洪水説が一般に受け入れられていた。一八六三年に権威ある『聖書辞典』が地球規模の洪水説を否定して、ユーフラテス川の下流域で起きた地域的な洪水と解釈する方が地質学的証拠と齟齬をきたさないと述べている。

主流の神学者は、科学と合理的な思考は聖書の解釈を啓発するために神から授かった道具だと信じて疑わなかったので、地質学的証拠に裏付けられているのが局地的洪水だけならば、聖書を解釈し直せばよいと考えた。ケンブリッジ大学の神学教授ハーバート・ライル（一八五六〜一九二五年）は、発見された科学的証拠を採用したせいで創世記の解釈により幅をもたせる必要ができたとしても、科学はけっして信仰の敵ではないと力説した。

科学を天啓の敵ではなく友として扱うことは、神学が従うべき教えに違いない。伝統的な解釈がもはや通用しないと科学に言われると、友に裏切られたように感じるかもしれない。しかし、真実を述べるのは、正真正銘の友情の証である。科学は一つの道を閉ざしたとしても、これまで見

えなかったもう一つの道に導いてくれているのだ。(5)

ライルはバビロニアの洪水譚をユダヤ人の伝承に取り入れられた古代の伝説だと見なした。バビロニアと聖書の洪水譚に見られる相違は、宗教観の基本的な違いに由来する。聖書の洪水譚は道徳的な目的と純潔さが特徴で、多神教に基づくバビロニアの伝説とは区別できる。それでもライルは、ユダヤ人が捕囚の折にバビロニアの洪水譚を取り入れたのではないと考えた。双方の物語にはかなりの違いが見られるので、別個の話だと考えたのだ。

ライルは、同じ話に二つの原典が生まれたのは、ティグリス川とユーフラテス川に挟まれたメソポタミアの世界を見舞った洪水に関する祖先の伝承を共有していたからだと考えた。

人類が誕生して以来、最高峰を水没させるような並外れた規模の洪水が世界各地で同時に起きたという証拠はない。……ノアの洪水譚は、甚大な被害をもたらした地域規模の洪水がセム族の故郷を襲ったことを私たちに伝えているのだ。(6)

洪水譚が世界中に見られるのは、洪水が世界の各地で頻繁に起きる災害だったからだろう。

ライルのような神学者が伝統的な見方を再考しているとき、学者たちは世界中で洪水神話の起源を探し求め、数百に上る洪水伝承を発見した。大方の洪水伝説には、洪水を乗り切り、再び人類に繁栄をもたらすノアのような英雄が登場する。しかし、細かい点は洪水譚によってかなり異なるので、地球規模の同じ洪水を伝えているのかどうかについてや、その起源をめぐって論争が起きた。

フランスの考古学者フランソワ・ルノルマン（一八三七〜一八八三年）は、アフリカを除く世界の各地に伝わる洪水伝承をまとめ、一八八〇年に『歴史の起源』として出版した。ルノルマンは、ほとんどの洪水伝承は先史時代に起きた同一の出来事に由来すると考え、ヘブライの物語とメソポタミアの物語は、アブラハムが約束の地へ旅立つ以前の同じ出来事の話だと主張した。インドのマヌの話もメソポタミアに由来し、ギリシャのデウカリオンの洪水譚は古代のオリジナルの物語に新しい局地的な洪水の記憶が混入したと考えた。これらの洪水伝承に見られる類似点を重視したルノルマンは、「ノアの洪水は神話ではなく、アーリア人（インド－ヨーロッパ語族）、セム人（シリア－アラビア語族）、ハム人（北アフリカのクシ語族）という少なくとも三つの民族の祖先に甚大な被害をもたらした実際の出来事だ(7)」と述べている。北米の洪水譚はノアの洪水とは大きく異なるので、キリスト教の宣教師が伝えたものとは考えられない。また、フィジー諸島の洪水譚は津波にまつわる話ではないかと思われる。世界各地の洪水譚は事実に基づいてはいたが、同一の洪水に由来するものではなかった。

スコットランドの人類学者ジェームズ・フレイザー（一八五四〜一九四一年）は一九一八年に『旧約聖書のフォークロア』を著し、ルノルマンが編纂した世界の洪水伝承を補足する形で、さらに数百に上る大洪水の話をくわしく紹介している。どの伝承もそれぞれの地域に特有な自然現象に根ざしているようだった。たとえば、太平洋の諸島に伝わる、海が盛り上がって洪水が起きる話は、津波に見舞われた経験を反映していると思われた。フレイザーは、洪水譚はそれぞれの地域の経験から別々に生まれたと考えた。

しかし、洪水伝承のない地域もある。ヨーロッパでは、ギリシャとスカンジナビアを除いて洪水伝承はほとんど見られない。中国でも人類の大半を滅ぼしたような地球規模の洪水伝承が見つからないのは特筆すべきことだとフレイザーは思った。さらに、エジプトをはじめとして、アフリカでも土着の洪水伝承と思える明白な事例が見つからなかった。毎年洪水が起きたことが想像に難くないナイル川流域で洪水譚が見つからないということは、河川の一般的な氾濫が洪水伝説の起源にはなりえないのを示している。古代エジプトや他のアフリカの主要な河川流域では、洪水が起こらない方が恐ろしかったのだ。洪水が起こらないことは、大惨事をもたらす干魃《かんばつ》を意味したからである。

キリスト教の宣教師が洪水譚をもたらしたことは否めないが、土着の洪水伝承の多くは、山の上などの高所に海の生物の化石が見られることを説明しようとしたものではないか、とフレイザーは述べている。世界各地の原住民が聖アウグスティヌスのように、山の上で見つかった貝の化石やクジラの骨などを示して、太古の洪水の証拠だと述べている、と宣教師は満足気に報告している。洪水伝承は話の筋や細かい点が地域によって大きく異なるので、フレイザーにはそうした洪水譚がノアの洪水に由来するとは考えられなかった。その逆に、各地の大洪水の話が地球規模の大洪水の話に変わっていったと考えた方が無理がないと述べている。

全体として見ると、洪水伝承の多くは、豪雨や津波など原因は異なるかもしれないが、実際に起きた洪水が誇張されて伝えられたものにすぎないと考えるのが妥当だと思える。したがって、こうした物語は伝説とも神話とも言える。実際に起きた洪水の記憶をとどめていれば伝説と言えるが、実際には起きたことがない地球規模の大洪水が記されているならば神話だからだ。(8)

フレイザーが世界の洪水伝承を徹底的に調べた結果を発表した後は、「洪水伝承が世界中に見られる理由は、その起源が同じだからだ」という説は、地球規模の洪水を無批判に正当化する者だけが信じることになった。

世界中に洪水伝説があるのは地球規模の洪水があった証拠だとまだ正当化しようとする者は、中国に伝わる豊富な洪水譚の話の筋がメソポタミアのものとは大きく異なっていることを考えてみる必要がある。スタンフォード大学教授の歴史学者マーク・ルイスは『古代中国の洪水神話』で、中国の洪水譚は西洋文化の根底にある洪水譚とは著しく異なり、治水工事で洪水を食い止めることを人間の勝利として描いていると述べている。中国の物語のテーマは神の復讐や人間の弱さではなく、自然に打ち勝つことができる人間の力なのだ。

中国の洪水譚には、世界規模の洪水がもたらした大混乱から秩序を回復する様子が語られており、伝統や法律、制度を是認する手段として利用されていたことが読み取れる。洪水を引き起こしたのは、世の中の秩序を乱す与太者だとして描いている話もある。こうした話は、洪水によって階級制度が崩壊すると悲惨な結果になるということを示して、古代中国皇帝の権力にお墨付きを与えるものだった。また、洪水の水を灌漑用に溜めようとして失敗する話も登場するが、治水事業による洪水の制御の重要性を力説することで、堤防の維持管理をする支配階級の権威を正当化するのに一役買っていたのだ。

はるか紀元前一〇〇〇年より前に遡る中国の洪水譚には、禹《う》という英雄が登場する。禹は海に注ぐ運河を開き、洪水で水没した畑が使えるように低地の排水をした。こうして、世界（中国）は自然ないくつかの地域に分割された。また、禹が「水と土地を安定させて」(9)、農業と中国文明の発展に寄与した建設大臣として描かれている話もある。人々が「丘陵地から下りて、平地に住めるようになった」(10)のは禹のおかげだと考えられているが、それは中国社会がチベット高原の縁にある侵食の進んだ高地から肥沃な氾濫原に下りて、耕作を始めたことを示している。
洪水が起きたとき、世界には野草が生い茂り、森には鳥や獣が住んでいたと述べている話もある。洪水を手なずけることで、作物の栽培が可能になり、人間の定住できる場所が増えた。こうして大地に秩序がもたらされた。ここでは、自然の混沌を鎮める話とは、湿地を開拓して農耕地に変えることのようだ。復讐心に燃えた神が人類を滅ぼすために引き起こしたメソポタミアの洪水の物語とはえらい違いだ。

ノアの洪水譚はさまざまな地域の伝説に取り込まれている可能性があるので、多くの洪水譚の起源を特定するのは一筋縄ではいかない。ノアの洪水譚は聖書の中でもっとも生彩を放っているので、自分たちの洪水伝承をもっている人々がノアの話を読んだら、感銘を受けただろう。しかし、現地の伝説を最初に記録したのは宣教師が多かったので、キリスト教と接する以前からあった洪水伝説なのか、それともノアの話を聞いた原住民がそれに地域色を加えて、自分たちの伝承に仕立て上げたものなのか、判断しかねる場合がある。

一八四二年のことだが、南アフリカには洪水伝説が見当たらないと思っていたモファットという名の宣教師に、ある日、コイコイ族（当時はホッテントットと呼ばれていた）の一人が大洪水の話をしてくれた。その男は、その話は先祖から伝えられたもので、モファット以前に他の宣教師には会ったことがないと請け合った。しかし、後日、同僚の宣教師と話をしているなかで、同僚が土着のインフォーマント〔資料提供者〕にノアの話をしていたことがわかった。このように、記録に残らずに異文化間で伝承や神話が伝播する可能性があるので、洪水神話の起源を特定することはきわめて難しいのだ。

それから一〇〇年ほど後の一九三六年に、人類学者のアリス・リー・マリオットは、サウスダコタ州でアメリカ先住民の民間伝承を収集しているとき、物語が異文化間をいかに速く伝わるかということを偶然に発見した。ある日、年配のインフォーマントにマリオットたちの伝説を話してくれとせがまれたので、水に住む怪物と闘う勇士を描いたベオウルフの話を聞かせた。後日、そのインフォーマントが込み入った細部を省いて上手にまとめたベオウルフの話を部族の仲間にしているのを聞いて感心した。それから数年して、アメリカ先住民にベオウルフに似た神話があるという研究論文が民俗学の雑誌に掲載されているのを見て、マリオットは自分の話の発展を興味深く思った。

当然のことながら、洪水に見舞われやすい河口付近に暮らしている民族には、洪水譚が伝承されている可能性が高い。ティグリス川とユーフラテス川の河口には、トルコとイラクの山地から水が流れ込むので、山に降り積った大量の雪が春の豪雨に見舞われると、雪解け水と雨による増水で氾濫原は数メートルも水没することがある。堤防が決壊したら、すべてが水没するので逃げ場がない。この地域の住人は洪水が起きるたびに、高台へ逃げたり、家財道具や家畜を舟や筏に乗せて避難せざるを得なかっただろう。エジプトを含め、ナイル川流域に洪水伝説の記録が残っていないのは、水源がはるか遠くの、南の赤道付近にあるからかもしれない。東アフリカの大地溝帯に点在する大きな湖が水源なので、ナイル川の年間流量はティグリス川やユーフラテス川ほど大きく変動しない。毎年起こる洪水は例年通り中規模のものなので、脅威にはならない。むしろ、天の恵みなのだ。

洪水伝承は何世代ぐらい語り継がれるものだろうか？　数千年にわたって語り継がれた伝承の事例がいくつかの大陸で報告されているが、私のお気に入りは一八六五年に記録されたクラマスインディアンの伝承だ。クラマス族の伝承はマザマ山の噴火の真に迫った目撃証言を伝えている。ちなみに、オレゴン州のクレーターレイクは七六〇〇年以上前に起きたこの噴火で形成された湖だ。人類は文字を発明するまで、数万年にわたって知識を世代から世代へ口伝によって伝えてきた。伝承が世代を超えて語り継がれるためには、その伝承が重要だと見なされるだけでなく、聞き手にまだ見えるものと関連があり、きわめて記憶に残りやすいものでなくてはならない。特に洪水に見舞われやすい地域では、大洪水の伝承はこの三つの条件を満たすのだ。

振り返って考えてみると、世界の各地に見られる洪水伝説は事実に基づくものという、私の説は理に適っていると思う。数万年の間、口伝は世代から世代へ情報を伝える唯一の方法だった。すべての伝承に語り継ぐ価値があるわけではないが、甚大な被害をもたらし、難民が出るような大洪水の話は世代を超えて語り継がれたに違いない。読者の皆さんの家系に伝わる話を考えてみていただきたい。語り継がれるのは日常茶飯事ではなくて、記憶に残るような大きな出来事だ。

一九世紀前半に洪水地質学が致命的な打撃を受けてからは、地質学者はいっそうノアの洪水の解釈をめぐる議論を避けるようになった。「創世記がメソポタミア時代の地学の知識しかない人向けに書かれたものだからといって、天地創造の威厳や規模や力を伝えていないわけではない」というのが識者の合意だった。

一九世紀末までには、大方の地質学者はノアの洪水に対する興味を失っていた。もう決着がついていたのだ。細かい点については異論も残っていたが、ノアの洪水は中東で起きた地域規模の出来事だと一般に考えられていた。

トマス・ハクスリー（一八二五〜一八九五年）は、ライエルやダーウィンの研究をめぐって闘わされた論争を経験した世代で最後に残った著名な生物学者だったが、世界を水没させた大洪水は地質学的証拠と相容れないおとぎ話だと論じた。一九世紀に地質学とキリスト教の関係に生じた変化を回顧して、次のように述べている。

今日では、ノアの洪水の研究をするように依頼しても、まともな科学者は相手にしないだろう。微笑みを浮かべると、肩をすくめて、「もっと大事なことがあるのでね」と断られるのが落ちである。……しかし、私が若かった頃はそうではなかった。当時は、地質学者や生物学者が、創世記の一章やノアの洪水の問題にぶつからずに研究をするのは不可能に近かった。少なくとも、わが国ではノアの洪水の……史実を疑問視しているのではないかと疑われることは由々しい事態だった。(11)

ハクスリーは、地球規模の洪水説に異を唱えて覆してきたバックランドやセジウィックのような先人の功績を顧みることなく、地質学の創設をライエル一人の業績と見なしている。おそらくこうした先人は、ハクスリーにとっては悪役の聖職者だったので無視されたのだろう。「ライエルの合理主義と地球規模の大洪水に対する盲信との間で、一世紀にわたって論争が続いた」とハクスリーが記述したせいで、キリスト教と科学の間に長年にわたり確執が絶えなかったと考えられるようになってしまった。

二〇世紀の初頭には、ほとんどの地質学者が斉一説を信じていた。現在は過去を解く鍵というライエルの言葉は、地質学におけるドグマになっていた。地質学的証拠が蓄積されたために、シベリアで発見されたマンモスの死体も洪水を持ち出さずに説明できるようになったので、地球の地形を形作った原動力は地球規模の洪水だとする論拠は完膚なきまでに打ち砕かれてしまった。しかし、二〇世紀になってしばらくすると、福音主義キリスト教徒の間で洪水地質学の擁護者が台頭し、地質学と信仰（科学と宗教）は共存共栄できないという考えが助長された。こうした過激なまでに保守的なキリスト教徒は、新しい知見に照らしてノアの洪水の理解を深めようとするのではなく、科学的知見を認めるキリスト教徒と袂を分かち、聖書を字義通りに解釈するお気に入りの方法の正しさを立証するために、科学的知見を無視したり、都合のよい部分だけを認めたり、積極的に毀損したりした。今日、こうしたキリスト教徒は「創造論者」として知られている。

10 楽園の恐竜

ケンタッキー州のピータースバーグに新設された「天地創造博物館」で、エデンの園で人々が恐竜とピクニックを楽しんでいる場面などの展示を特集していると聞いたとき、絶対に行ってみなくてはと思った。恐竜触れ合いコーナーを設けた自然史博物館が出現するなど想像もしていなかったからだ。入口を入ると、イヴがリスに餌をやっているかたわらに、映画の『ジュラシックパーク』に登場したヴェロキラプトルがおとなしく佇んでいるジオラマが迎えてくれた。

グランドキャニオン国立公園の標識のところにパークレンジャーに扮した集札係が立っているので、入館者はそこで入場券を手渡して中へ入る。子供向けのグランドキャニオンを模した峡谷を通り抜けると、宇宙の年齢の問題を扱った二枚のパネルの前に出る。左のパネルには、理性は宇宙の年齢を数十億年と考えていると書いてあり、右のパネルには、すべては六〇〇〇年前に始まったと神が述べていると書いてある。さて、私たちはどちらを信じればよいのだろうか？　理性か、それとも理性を創造した神か？

　突飛な考え方に出会うだろうとは思っていたが、進化を認めていることには驚いた。科学的見解と創造論者の見解を対比するために、展示パネルに数種類の生命の木が描かれていたのだ。単細胞生物から現生の動植物に至る進化過程を示した通常の系統樹の隣に、神の「創造の果樹園」にいた限られた数の種が、ノアの洪水が起きる以前に新しい種へ枝分かれし始めたことを示す系統樹が描かれていた。その後、恐竜のように絶滅した種が出た一方で、運のよかった仲間は急速に現生種へ進化した。人類の進化を示す図は、天地創造から現在まで直線が一本引いてあるだけの実に単純なもので、途中にはまったく変化が示されていなかった。

　次の展示室には、さらに思いがけないことが待ち受けていた。床から天井まである大パネルに、歴史を通じて科学者は共謀して、神の言葉を疑い、傷つけ、貶め、非難し、汚し、取って代わろうとしてきたと書かれてあったのだ。科学者を人類の共通の敵と見なし、理性はわれわれ全員を脅かすものだと考えているのである。

　入館者は反理性を謳った展示を吸収した後、壁が落書きだらけの通路を通って、現代の世界を展示した部屋に入る。この通路には覗き窓が設えてあって、中を覗くと、未成年者がポルノ映画を見ているビデオや少女が人工中絶を依頼しているビデオが流されている。通路の向こう側には、教会の建物を取り壊している鉄球が見え、巨大な文字で「数百万年」と書かれている。言いたいことは明らかだ。地質時代を信じると、現代社会が退廃すると言いたいのだ。

　次の展示物は、人と恐竜が楽しそうに戯れ、「肉食動物は肉を食べなかった」という表示のあるエデンの園のジオラマだが、この展示を過ぎたところで、地質学に対する創造論者の見解に出会った。

動物がひしめくノアの方舟が、世界中に押し寄せた大波の一つに乗っている絵が展示してあった。世界を作り変えた洪水の後は、散発的に起きた火山の噴火や地震を除けば、たいした出来事は起きていない。河川や氷河の侵食作用で地形が形成されるという考えは、理性の戯言だとして、端から相手にされていない。

この展示からは地質時代がそっくり抜け落ちているのだ。何世紀にもわたって地球の歴史をひもとこうとしてきた先人の苦労は無に帰していた。樹木の年輪は年ごとの成長パターンを示すので、いくつかの樹木の年輪資料をていねいにつなぎ合わせて一万年以上も遡った記録が作れるのだが、それもふいになっている。極地の氷冠〔極地や高山などの万年雪〕を掘削したボーリングコア試料〔円筒状の地質試料〕には、年間の降雪が数十万年にもわたって記録された層が積み重なっているが、それも無視されている。数百万年を規模とする大陸の形成や移動を鮮やかに説明し、地球の歴史を一つの枠組にまとめあげたプレートテクトニクス理論が明らかにした事実も無視されている。これでは、地球の歴史が消されてしまったも同然だ。

創造論者は、神が計画に基づいて宇宙を創造したという検証不可能な説と共に、地球史について検証可能な解釈も唱えている。そして検証した結果、創造論者の唱える説が否定されたので、理性は創造論者の敵だと宣言したのだ。

地質学の基礎知識が多少でもあれば、この博物館にはパネルの解説と矛盾するものが展示されていることに気づくだろう。たとえば、堆積岩層に残っている恐竜の足跡は創造論者に深刻な問題をもたらす。地球の表面を引き裂いた出来事の最中に、陸上の動物がどうしたら海底を歩き回り、しかもその後、自分が歩いていた地面の下に骨が堆積するようなことが起こりうるのか？　また、硬い岩盤を侵食するためには、柔らかい堆積物を堆積させるよりも激しい流れが必要なことは誰でもわかる。それでは、洪水がもっとも猛威を振るっているときにすべての堆積岩を堆積させ、その後、洪水の勢いが弱まってからグランドキャニオンを引き裂き、世界の地形を侵食するなどということがどうすれば起こりうるのだろうか？

それから、聖書には恐竜のキの字も記されていないのに、どうしてこの博物館にはアダムとイヴと遊ぶ恐竜の展示がこれほど多いのだろうか？　地球史に残るほどの出来事は、天地創造以後はノアの洪水ぐらいしかなかったのなら、洪水以前には恐竜と人間は共存していたに違いないと創造論者は考えているようだ。このような信条が支持されたのはなぜだろうか？

現代の創造論の起源は、地質学が神学や自然哲学とは別の専門分野の学問になった一九世紀に遡る。地質学者がノアの洪水を研究対象にしなくなったとき、キリスト教徒は地質学的知見を受け入れるのを厭わない者と、ノアの洪水は実際に地球規模で起きたと主張する者に分裂した。その後に起きた進化をめぐる論争で、両者の溝はさらに深まった。新旧両教徒の大半は地質学的知見を受け入れて聖書の解釈を見直すようになったが、アメリカで生まれた新しいタイプのファンダメンタリスト〔キリスト教原理主義、根本主義の信奉者〕は、世界を破壊した洪水が史実だということを教義の中心として擁護した。

トマス・ペインが激しく非難したにもかかわらず、聖書はアメリカ独立戦争（独立革命）を無傷で切り抜けた数少ない伝統的な権威の拠りどころだった。独立戦争の際に、さまざまな形の独立心や、誰にでも良識と道徳観が備わっている（ただし、女性と奴隷は除く）という画期的な信念が育まれた。アメリカの新教徒は、自分たち独自の信念に従えば神に近づけると確信していたので、伝統的な権威の枠組を排除するようになった。この良識重視の大衆主義《ポピュリズム》はファンダメンタリズムへの道を開き、そこから現代創造論が生まれたのだ。

一九世紀に入り、東部の既成の教会から遠く離れた西部の開拓が進み、人々が東海岸の教会から遠く離れた地に移住するにつれ、既存のキリスト教会も野外伝道集会《キャンプ・ミーティング》を催して信仰復興《リバイバル》運動を行ない、西部へ勢力を拡大していった。草分けと言えるのは、一八〇一年に開かれた「ケンタッキー・ケインリッジ・リバイバル」で、人気の伝道師による説教やさまざまな催し物のある野外の伝道集会に数千に上る人が集まった。もっとも、賭け事に興じる者や飲み騒ぐ者も大勢いたので、伝道師の話を聞くのが唯一の目当てだったとは限らない。一週間に及ぶ集会が人気を博したので、これは伝道師にとって福音を全国に広めるのに有効な戦略だとわかった。

長老派はお祭り騒ぎをする伝道集会に参加した牧師を懲戒したが、対照的に、メソジスト派とバプテスト派〔浸礼派〕は信者を増やすために伝道集会を利用した。教育を受けていなくても、西部の開拓者に受ける話ができるようなカリスマ性をもった伝道師を重用した両派は、フロンティアが消滅する頃までには、プロテスタントの最大教派に成長していた。

一般大衆を相手にした伝道師は、神学校出の学者や書物で育った大学教授の考えよりも庶民の常識の方が信頼できると考えていたので、宗教的権威の束縛を断ち切れ、聖書を自分自身で解釈せよと説いた。優秀な伝道師、つまり、信者の数を瞬く間に増やすことに長けた伝道師は、平易な言葉で気さくに話しかけた。宗教的権威は聖書だけという信条と大衆主義とが結びついたとき、誰もが自分なりに聖書を解釈する資格があるのだから、神学的論争の裁定も大衆の世論にゆだねようという気運が高まった。その結果、どのような解釈も受け入れられる無法地帯が出現し、すでに否定された考えが合理的な考えと対等に競い合うようになってしまった。

アメリカの宗教界では宗派間の抗争が激しくなった。主流派と教義や実践、信条について意見が合わなくなった分派は飛び出していった。こうした新派は自分たちにとって重要な問題について主流派と意見が合わなかったが、どの宗派も「キリスト教徒にとって聖書が唯一の権威であり、その意味するところは明白である」と確信していた。彼らは「聖書は記されている通りのことを意味している」と信じていたが、「意味していること」について、各宗派の意見は一致していなかった。

南北戦争が始まると、アメリカのキリスト教徒は神学的危機に直面した。北部も南部も聖書を利用して、一方は奴隷制を糾弾し、片方は奴隷制を擁護した。どちらかの見解が誤っているはずだとすれば、一般大衆の常識による聖書解釈に絶対に誤りはないなどと、どうして言うことができようか？こうした矛盾は、聖書解釈の相違を浮き彫りにするばかりだった。

保守的なプロテスタント〔福音派〕は、聖書に誤りはないという考えに基づき、聖書を文字通りに解釈する反動的な直解主義を推し進め始めた。聖書に些細な誤りや人間の影響があるのを認めると、キリスト教徒の救済という概念が根底から揺るがされると信じていたのだ。聖書が意味することは常識で判断できるので、深い意味を読み取る必要はないというのである。常識に則って聖書を字義通りに解釈し、それに徹しようとすればするほど、福音派はキリスト教主流派の思想から乖離していった。

現代的な考えや価値を大らかに受け入れると、みずからの信仰の根本をなす核心的教義を裏切ることになると考える保守的なプロテスタントの信者の中に、ファンダメンタリズムが生まれた。ファンダメンタリストにとって、もっとも重要な教義は聖書の無誤性だった。一八九五年にナイアガラで開かれた聖書会議で、ファンダメンタリズムの創始者たちは聖書の無誤性を含む「ファンダメンタリズムの五つの基本信条」を定めた。それから二〇年ほど後の一九一〇年から一九一五年にかけて、保守的プロテスタントの学者たちが、『ファンダメンタルズ』という一連の小論を継続的に刊行し、聖書を歴史的・文学的な見地から批判的に分析することは聖書の権威を損なうと激しく批判した。これらの文書から、ファンダメンタリズムという呼称が生まれたのである。

ファンダメンタリストも、初めから厳密な聖書の直解主義を主張していたわけではない。聖書に誤りがあるはずはないが、無謬性を保つために、解釈は必要に応じて調整できると考えていた。聖書はさまざまな解釈が可能なのだ。最初のファンダメンタリストたちは聖書の無謬性を保つために、比喩的な解釈と文字通りの解釈を適宜使い分けていた。今日のファンダメンタリストに比べると、当時の取り組み方は驚くほど柔軟だった。一日一時代説、あるいは断絶説《ギャップ》に基づいて古い地球説を認めていたし、ノアの洪水が人間の祖先を滅ぼした局地的な出来事だったかもしれないという考えも、頭から否定はしなかった。

一九二〇年代までには、緩やかに手を結んでいたプロテスタントの過激派が、解釈の自由を認める人たちを、伝統的な信条や教義を信仰しなくなった似非キリスト教徒と見なすようになった。真の信仰を守ると称して、新たに登場した過激なファンダメンタリストたちは、聖書の直解主義と聖書の無誤性を結びつけた。彼らが躍起になって聖書批判をやめさせようとするわけは、誤りを犯す人間の影響が聖書に入り込んだ歴史があったのを認めると、キリストによる救済を疑うことにつながると確信しているからだ。聖書の無誤性に基づいた字義通りの解釈は、教義の再検討を迫る近代主義の洪水から聖書を守るためにファンダメンタリストが築いた堤防の役割を果たしたのだ。

一九三〇年代に入り、解釈の自由を認める方向性を食い止めようとする試みがキリスト教主流派に影響を与えなかったので、ファンダメンタリストは孤立化の一途をたどった。そこで、彼らは独自の教会や学校を創設し、聖書の無謬性を教えることに専念した。自分たちの自己完結した世界に閉じこもり始めると、彼らは公立学校で進化論とその論拠である古い地球説という異端思想を教えるのを禁止させようと奮闘するようになり、そこで焼き直された洪水地質学が新たな武器として持ち出されるようになった。

二〇世紀の中頃までに、放射性元素の崩壊率から、岩石や化石の年代を直接測定できる年代測定法などの科学技術が飛躍的に進歩した。その結果、地球科学に革命的な変化がもたらされるようになり、聖書の直解主義を主張するファンダメンタリストの過激派は、地質学者との接触を絶ってしまった。特に考古学者は、マンモスは突然の天変地異によって急速冷凍されたり埋められたりしたと唱える創造論者の考えに冷水を浴びせた。

カーネギー博物館の考古学部長だったインノケンティ・トルマチョフは、一九二九年にマンモスのすべての発見記録を一七世紀まで遡って調査し、発見時の状況や状態を詳細に記載した。発見された場所は三〇ヵ所を超えていた。トルマチョフは、夏にはツンドラの草を大量に食べていたという証拠を挙げて、マンモスがシベリアの温暖な地域に暮らしていたという説をこき下ろした。マンモスは氷河期に適応した動物で、その犠牲者ではなかった。マンモスが絶滅したのは、最終氷期の終わりになってからだ。

さらに、マンモスの死体は肉を食べられるほど保存状態がよかったというのは、著しい誇張だと報告している。犬は溶けたマンモスの肉をむさぼり食ったが、人間には食べられなかった。トルマチョフの報告を読むかぎり、冷凍マンモスでごちそうを作ったという話には真実味がない。目撃者の報告には例外なく、死体は腐敗が進み、悪臭を放ったと記されていた。発見現場の状況から、マンモスは柔らかい泥や溶け始めた凍土のぬかるみにはまり込んだり、川で溺れたりして命を落としたようだ。マンモスは平凡な孤独死を遂げたのだ。

地質学の教育も訓練も受けずに、独学で地質学の本を何冊も著したジョージ・マクレディ・プライス（一八七〇～一九六三年）という人物がいた。その信奉者にはこうした科学的証拠も通用しなかった。プライスはセブンスデー・アドヴェンティスト教会〔安息日再臨派〕を創設した予言者のエレン・グールド・ホワイトの著書を読んで、洪水地質学の正当性を確信した。一日が二四時間から成る六日をかけて神が世界を創造し、七日目に休息をとったのを見たというホワイトの幻視体験に基づき、プライスは一般に受け入れられていた一日一時代説と断絶説を否定した。ホワイトがトランスに似た状態で体験した幻視によれば、ノアの洪水が地球の表面を作り変えた際に、化石が埋められたことが示されたという。ホワイトはまた、洪水の後で大風が「巨大な雪崩のように山の頂を吹き飛ばして、それまでなかった場所に大きな丘や高山を作り出し、死体は樹木や石、土と共に埋めてしまった[1]」と述べて、神が腐り始めた死体を片づけた様子を語った。地下に埋められた植物は石炭となり、神は火山を噴火させたいと思ったときに、その石炭に火をつけるのだ。ホワイトの幻想的な話は、一七世紀の自然哲学者が唱えた荒唐無稽な説明に似ている。

一八七〇年にカナダのニューブランズウィック州の片田舎に生まれたプライスは、父を幼い頃に亡くし、母は黙示録とキリスト再臨を信奉するアドヴェンティスト派に入信した。プライスは高校を卒業すると、アドヴェンティスト派の年上の女性と結婚し、二人でカナダ中を回り、ホワイトの著書を訪問販売して生計を立てた。数年後の一八九一年に、米国のミシガン州にあるバトルクリーク・カレッジというアドヴェンティスト派の学校に入学したが、二年後には生計のために本を売る生活に戻らざるを得なくなった。

二〇世紀に入る頃、カナダ東部の高校で校長をしていたプライスは、地元の医師から本を借りて読んでいるうちに、医師が述べる進化論を危うく受け入れそうになった。地質学という強固な地盤の上に立つと、進化論が理に適っているように見えるのだろうとプライスは考えた。地質年代は計り知れないほど長く、悠久の時の彼方へ失われてしまった世界があるという考えには一理ある。しかし、ホワイトの教えと地質時代の矛盾をどうしたら解消することができるだろうか？　結局、祈りに従って、地質学者は勘違いをしているのだと判断した。化石はみな同じ時代のものだ。プライスは自分が危うく誘惑に負けそうになったことに衝撃を受けて、化石はノアの洪水でできたものだというホワイトの幻視を広めることを誓った。ついに天職を見出したのだ。

それから数年後、カリフォルニア州南部のアドヴェンティスト派の療養所で用務員をしていたとき、時間がたっぷりあったので、プライスは地質学理論に反論する方法を考えていた。一九〇六年に『非論理的な地質学』と題する著書を自費出版して、進化論の地質学的論拠を激しく非難し、化石の年代がそれぞれ異なる証拠はないと主張した。岩石の中に地質学者が見つけた一連の生物化石は、ノアの洪水が起きる前に世界の各地に棲んでいた生物群集が混ざり合ったものだ。地軸の傾きが突然変化して、地下に溜まっていた水があふれ出し、世界が水没したというのが実際に起きたことだ。そのとき、奇跡的に発生したとてつもない嵐によって溺死体は地中に埋められ、悪臭が漂わずにすんだ。その後、水が引くときの侵食作用で、ナイアガラ瀑布やグランドキャニオンのような自然の驚異が形成されたのだ。プライスの説明は、バーネットやウッドワードが提唱した陳腐な説の焼き直しだった。

プライスは著書を著名な地質学者に送って意見を求めた。わざわざ返答をした地質学者は数少なかったが、その中にスタンフォード大学の学長で、化石魚類の専門家のデイヴィッド・スター・ジョーダンがいた。彼はプライスに宛てた手紙で、「誤りや遺漏、例外」に基づいたプライスの主張は、いわば「ヨーロッパのさまざまな史実を取り上げて、それが同時に起きたと論じている」ようなものなので、地質学者が真摯に耳を傾けてくれると期待しない方がよいと忠告した。[2] しかし一方で、プライスの優れた知性と地質学の知識不足を認めたので、その後二〇年以上にわたって、地質学の野外調査や研究室の作業を学ぶように説得を続けた。しかし、それから数十年後、化石収集に出かけた学生たちは、同行した世界的な創造論者が化石を見分けることができないことを知って仰天した。

現代創造論の起源はプライスに遡る。プライスはホワイトの教えに忠実に従うように創造論を練り上げて、字義通りの創世記解釈と相容れないのは岩石の記録ではなく、地質学者が唱える学説だと確信するに至った。プライスは自説を「新天変地異説」と呼んで、天変地異がくり返し起きたとする従来の説と区別した。

プライスは最初からファンダメンタリストの間で頭角を現したわけではなく、当時広く受け入れられていた一日一時代説や断絶説と自説が相容れないことを指摘しないようにしていた。聖書の無誤性を断固主張するファンダメンタリストたちは、ほとんどが保守的な『スコフィールド版注釈付き聖書』の信奉者だったからだ。この聖書は断絶説を認めて、創世記の一章一節にある最初の天地創造は「悠久の過去に行なわれたのであり、あらゆる地質年代がそこに含まれる」と解釈していた。[3] 地球規模の洪水は文字通り真実で、地球の表面を作り変え、あらゆる化石を世界中の堆積岩と共に堆積させたのだと主張したのは、プライスだけだった。

地質学者は情け容赦なくプライスの考えを嘲笑った。教授たちは格好の課題として、大学院生にプライスの主張の誤りを立証させた。ケンタッキー大学の地質学部長だったアーサー・ミラーは一九二二年に「サイエンス」誌でプライスをこのように評している。「怪しげな自称地質学者で、学会員でないばかりか、科学界でもまったく知られていないにもかかわらず……『それまでは暗示だけしかなかった大変動と洪水』の証拠を示した偉大な闘士として、『ファンダメンタリスト』からは称賛されている」[4]。そして、プライスの新天変地異説は「ノアの洪水の形をとった旧天変地異説にほかならない」[5]のに、大胆にも地質学者は偏見に満ちていると批判するとは驚きである、と述べている。

プライスはミラーの侮辱的な批評を読むと、「サイエンス」誌宛てに怒りに満ちた手紙を書き、反論の機会を与えなければ告訴すると脅した。編集者は事実に誤りがあれば訂正すると申し出たが、プライスの地質学的見解を載せることは拒んだ。これに対して、プライスは「サンデースクールタイムズ」紙に反論を掲載して、怒りを爆発させた。

プライスは大洪水が世界を作り変えたと確信していたので、天変地異が突然起きた証拠としてマンモスの広大な墓場を挙げたが、実際にそんなものが発見されていないことは知らなかった。また、マンモスの肉は食べられるほど新鮮だったという、信憑性の薄い話をくり返し持ち出しているが、この誤った俗説が発見者の報告と食い違っていることを知らなかったようだ。さらに、高緯度地方で見つかる石炭の層やサンゴの化石は、洪水以前の世界が暖かかった証拠だと主張したが、地質学者には極地方で熱帯の生物の化石が見つかる理由がまだ説明できなかったので、この主張は特に説得力があると考えていた。

プライスは一九二三年に、標準的な基礎知識を網羅した『新地質学』を出版した。一般読者向けの本だが、教科書のような体裁で書かれており、伝統的な地質学を激しく非難していた。この本は現代地質学に不可欠な重要事項を取り上げていなかったが、地質学に無知な読者にはわからなかっただろう。しかし、ついにそれに気づいた読者が一人出てきた。プライスは、生物は地質時代を通じて徐々に移り変わってきたという地質学的解釈には欠陥があるばかりか、「近年発見された数多くの事実によって、誤りだと立証された」[6]と、具体的な証拠を挙げもせずに断言していた。そればかりか、洪水以前の世界では、三葉虫、アンモナイト、恐竜、マンモスなど、化石として残っている動物はすべて人類と平和に暮らしていたと主張していたのだ。

プライスは、数世紀に及ぶ発見や論争を知らずしてか、単に無視したのかはわからないが、地質学的な記録はすべてノアの洪水によるもので、それによって化石がぎっしり詰まった膨大な量の堆積物ができたと考えた。上部の重みを最下層が支えきれなくなると、堆積物は崩壊した。岩石層に褶曲や傾斜が生じたのは、岩石層がまだ柔らかいときだったと主張して、主流の地質学者は偏見に満ちていると非難したが、プライス自身は地質学を学ぼうともせず、地質学者が何世代にもわたって蓄積してきた証拠をあっさり無視した。

一九二〇年代には、ファンダメンタリストは進化論の攻撃に利用できる論拠を探し求めていたが、当時、彼らは地質学の考え方から切り離された鎖国状態にあったので、プライスの洪水地質学をきちんとした科学に基づいたものと信用して頼ることにした。筋金入りの福音主義者の中には地質学を正規に学んだ者はいなかったので、ファンダメンタリストにとっては、プライスの見解は実質的には唯一の科学的証拠になったのだ。進化論との闘いに的確な声明を出したことで、プライスはファンダメンタリストの寵児になった。一九二〇年代の中頃までには、保守的な宗教誌へ頻繁に寄稿するようになっていた。プライスは科学的な教育や訓練を受けていなかったが、じきにファンダメンタリズムの科学的権威になった。

一九二五年の春に、進化論に対するファンダメンタリストの信条が重大な局面を迎えた。テネシー州デイトンで、高校教師のジョン・トマス・スコープスが州法に違反して人類の進化を教えたことを認める事件が起きたからだ。スコープスが被告となった裁判は一躍有名になり、そこで被告側弁護人のクラレンス・ダロウは聖書と科学の関係について証言する専門家として、検事のウィリアム・ジェニングス・ブライアンを最後に喚問した。ブライアンは著名な政治家で、道徳の退廃は進化論によって聖書の権威が失墜したときに生じたとし、それを正す運動の機会を窺っていたので、喜んで証人台に立った。

ダロウは、聖書に見られる数多くの矛盾点についてブライアンを問い詰めた。たとえば、アダムとイヴの間に生まれた人殺しのカインは、この世に両親と自分しかいないのに、どうやって妻を探したのか？　また、クジラに飲み込まれたヨナがその腹の中で何日も過ごした後で、吐き出されたというのは本当か？　さらに、アッシャー主教は天地創造の年を紀元前四〇〇四年と算出しているが、中国やエジプトの歴史がそれよりはるかに古いのに、どうしてこの計算が正しいと言えるのか？　そして、地球規模の洪水譚を字義通りに解釈できると信じている信頼の置ける科学者の名前を挙げることができるかと問いただすと、ブライアンはプライスの名を挙げた。

ダロウはその名前を聞くと、「プライスの名を挙げたのは、君と同じ信条をもった人の中で、地質学者を自称する唯一の人物だからだ。……プライスは地質学者ぶっているが、断じて地質学の専門家でないことは、この国の科学者なら誰でも知っている」[7]と述べて、ブライアンを嘲った。さらにダロウは、創世記の一章には天地創造に費やされた日々のことが記されているが、その一日は二四時間ではないという点をブライアンに認めさせた。一日が数百万年に相当するかもしれないのだ。人類が六〇〇〇年前に創造されたとしても、地球自体は非常に古いかもしれない。ブライアン自身は大洪水が地球規模ではなく局地的だったという説の信奉者だったため、若い地球説を信じる創造論者は地球平面説を唱える者と同じだと考えていたらしいが、それでも進化論を非難するためには、プライスの洪水地質学に頼らざるを得なかったのだ。

ブライアンの冗談を交えた反論にもかかわらず、その日の公判が終わる頃までには、ダロウは目的を果たしていた。直解主義者もご多分に漏れず、聖書から都合のよい部分だけを選んで恣意的に解釈しているだけだという点を明らかにしたのである。もう一人の被告側弁護人のダッドリー・フィールド・マローンは、キリスト教徒にとってブライアンの唱える聖書解釈が唯一というわけではないと指摘し、現代の科学は宗教的真理と相容れないものではないから、受け入れることも可能だと述べた。

マスコミだけでなく、運命もブライアンに味方しなかった。ブライアンは裁判のすぐ後で、この世を去った。

そこで創造論者は戦術を変え、司書や教師に攻撃の矛先を向けると、自分たちにとって好ましくない教科書を教育の場から排除する作戦に出たのである。一九二〇年代に新聞の第一面に大きく報道された創造論者は、一〇年もするとほとんど忘れ去られてしまった。大衆紙から閉め出された創造論者は自分たちの組織の基盤作りをすることにして、機関や学校の設立や雑誌の発行に着手した。この時期のファンダメンタリストは、地質年代やノアの洪水の解釈が人によって大きく異なっていた。プライスのように、天地創造には六日が費やされ、その後に地球規模の洪水が起きたと文字通りに解釈する者もいれば、断絶説を信奉する者や、天地創造に費やされた日々の一日は地質年代に相当すると考える者もいた。ファンダメンタリズムの指導層は、福音主義キリスト教徒たちが内部の対立を解消できないようでは、どうやって世界を自分たちの考え方に変えさせることができるのかと危機感を抱き始めた。

もちろん、化石として残っている生物は突然起きた天変地異で死んだとプライスが初めて主張したときは、化石の年代を特定する手段も、主張を検証する方法もなかった。地層が重なった順序を利用するステノの手法では、化石を含んだ地層の相対年代を知ることはできるが、化石が入った岩石や化石そのものの年代を直接測定することはできなかった。

放射性炭素年代測定法の開発は画期的なことだった。この方法を使えば、最近数万年間の堆積物の年代を確実に特定できるからだ。シカゴ大学原子力研究所のウィラード・リビー（一九〇八〜一九八〇年）が開発したもので、自然界に存在する不安定な炭素14という炭素の放射性同位体の崩壊率を測定して、年代を推定する方法である。大気中の粒子に宇宙線の陽子が衝突すると、二次宇宙線の中性子が生まれ、大気の大部分を占める窒素の原子核に取り込まれる。この核反応で炭素14が作られるが、炭素14はベータ崩壊をして、通常の安定同位体である窒素14になる。ちなみに、炭素14の半分が窒素14になる半減期はおよそ五七二〇年だ。植物が光合成によって大気中の二酸化炭素を有機物に変えるとき、炭素14も取り込まれる。生物が生きている間は、常に新しい炭素が体内に取り込まれるので、大気中の炭素14と炭素12の比率が体内でも維持されるが、死ぬと新たに炭素14は取り込まれなくなり、既存の炭素14は指数関数的に（残りの量に比例して）崩壊して窒素14に置き換わるので、体内の炭素14の量は減少する。そこでリビーは、炭素14の半減期がわかれば、現在の崩壊率を測定することで、

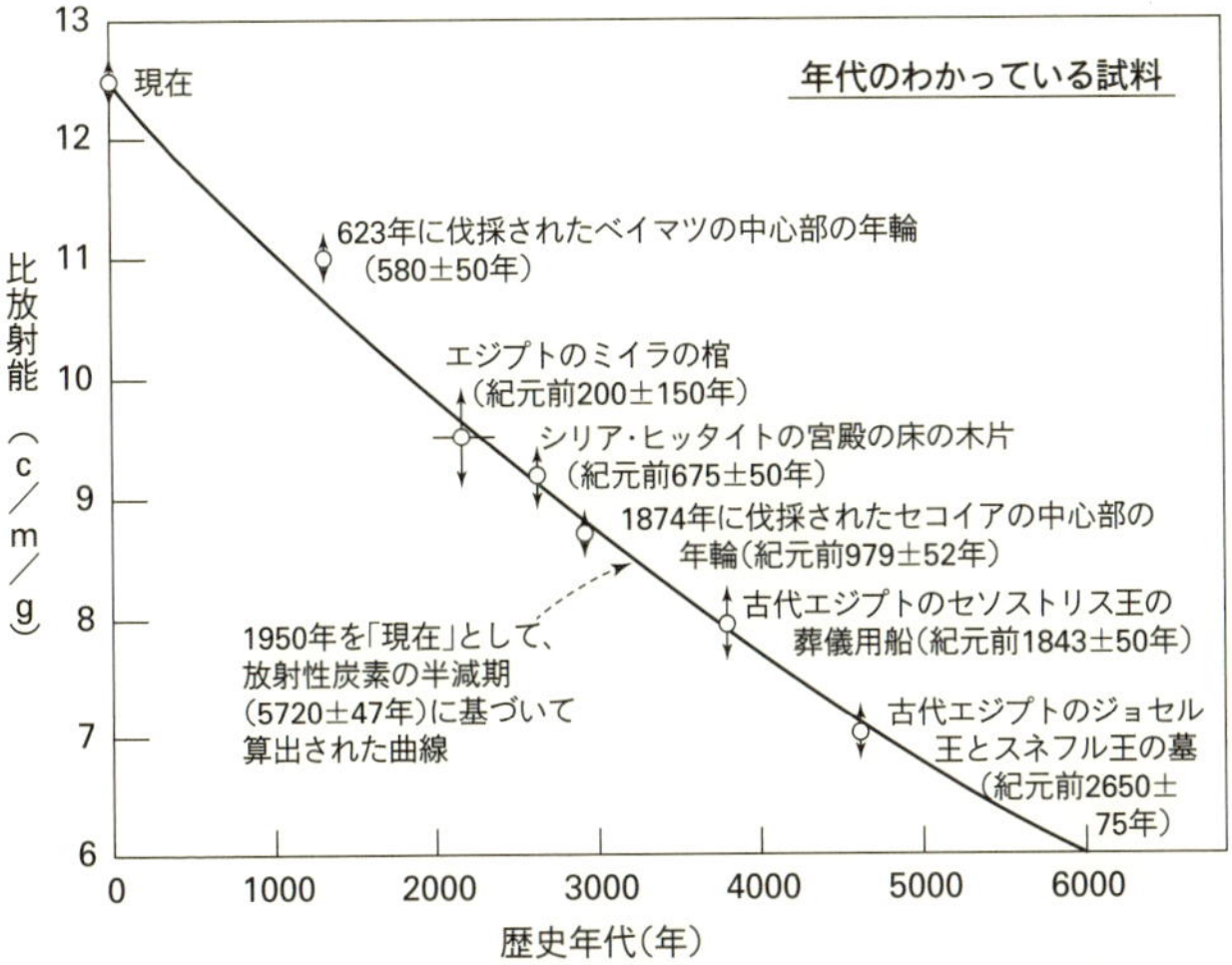

年代のわかっている試料を用いた放射性炭素年代測定の最初の検証結果のグラフ。既知の年代（丸印）と放射性炭素の崩壊に基づく予測値（曲線）はほぼ一致する。（「サイエンス」誌に掲載されたアーノルドとリビーの論文「放射性炭素による年代決定」（1949年）の図より）

炭素14の崩壊がどのくらい続いてきたのか（死後から現在までの時間）を推定できるはずだと考えたのだ。

六二三年に伐採されたベイマツ、紀元前三世紀のエジプトのミイラを納めた棺、樹齢三〇〇〇年のセコイアの中心部の年輪、紀元前一八四三年頃に死去したファラオ〔古代エジプトの王〕の葬儀に用いられた船の甲板、約五〇〇〇年前の墓の木片など、年代がわかっている木材の試料を使って、リビーは放射性炭素年代測定法の精度を検証した。炭素年代測定法によって推定された年代は、試料の年代とほぼ一致した。放射性炭素年代測定法は使えることがわかったのだ。

炭素年代測定法でマンモスの死体の年代を測定した結果は、洪水地質学の信奉者に深刻な問題を突きつけた。四万年以上前に死んだものや、死んでから一万年に満たないものなど、死体によって年代が大きく異なったのである。マンモスは一斉に死んだのではなかったのだ。この測定結果は、マンモスは一度の天変地異で死んだという説を覆すものだった。

福音主義者はこうした調査結果をどのように受け止めたのだろうか？　多くは放射性炭素による年代測定の結果を受け入れて、地球は古く、洪水は局地的だったという可能性を認めたが、洪水地質学と若い地球説を信奉するファンダメンタリストは、事実を示して反論することも、聖書を解釈し直すこともしなかった。彼らはただ、信じようとはしなかったのである。

しかし、創造論者にとって、マンモスの問題はこれで終わらなかった。洪水で命を落としたのならば、すべてのマンモスが溺れ死んだはずだが、個体によって死因が異なるのだ。年老いたゾウが死を迎えたときのように、腹をつけ、足を前へ投げ出した姿勢で死んでいる個体や、永久凍土を踏み抜いて穴に落ち込んだもの、あるいは湿地にはまり込み、抜け出せなくなったものなどがいた。マンモスの胃の中から発見されたコケや草本類は、死体が発見された場所の周囲数百キロ内に自生しているものだった。マンモスは創造論者が主張するように、熱帯地方から洪水で運ばれてきたのではなく、死体が発見された場所の近くで暮らしていたのだ。

マンモスは大規模な天変地異で絶滅したという主張は、二〇世紀の科学的検証でことごとく否定されてしまったが、創造論者は気づいていないようだった。

科学に対して敵意を抱く信者が増えていることに危機感をもった福音主義キリスト教徒は、聖書と科学の関係に関する研究を推進するために、一九四一年に米国科学協会を設立した。協会の重要人物の一人に、プリンストン大学で博士号を修得した化学者のJ・ローレンス・カルプがいた。彼はシカゴ大学のリビーの研究室で放射性炭素年代測定法を習得して、その権威になり、コロンビア大学で炭素年代測定研究室を開設した。一九五〇年に「米国科学協会誌」に掲載された論文で、カルプは洪水地質学を科学とキリスト教の面汚しだと非難した。

カルプの影響で、米国科学協会は古い地球説を信じる派と若い地球説を信奉する創造論者の二派に分裂することになった。前者は、世界は神が創ったものだが、創造には地質学的時間がかかったと信じている。若い地球説を信奉する創造論者が、進化が起きるのに必要な長大な時間を許容する古い地球説を非難し始めたので、激しい論争が起こり、両派の間に亀裂が入った。今日でも、福音主義キリスト教徒にはそうした対立が見られる。

創造論者の基礎的な誤りの原因は、洪水地質学を唱える著名な主導者が、とりわけ地質図作成法、考古学、構造地質学という重要な分野の教育や訓練を受けていないことにある、とカルプは言及した。地質学は化石に基づいて岩石の相対年代を決定していたわけではなかったが、創造論者にとっては地質学と進化論は同義語だった。また、創造論者は岩石が形成されたり変形したりする条件は明らかになっていないとも主張しているが、洪水地質学者たちが自信に満ちているのは、こうした誤りを本当に信じているからだとカルプは述べた。そして、最後には寛大にも、洪水地質学者たちは時代遅れなだけだと締めくくった。創造論者が頼みの綱にしているプライスの洪水地質学は、炭素年代測定法の開発や油井のために堆積層を貫くボーリングがなされていない時代のことで、当時は堆積岩が形成されたり変形したりする条件も解明されていなかった。一言で言えば、洪水地質学者は地質学のことを何もわかっていないのだ。

カルプは堆積岩層を取り上げて、堆積岩は一度だけの洪水ではできないと指摘し、洪水地質学の正体を暴いた。一九三〇年代にベネズエラの油井をボーリングして採取されたコア試料には川の泥が圧縮されて、硬い頁岩に変成する過程を示す地層が完璧に記録されていた。泥の堆積物を垂直に三〇〇メートル以上も掘削して得られたこの試料を調べたところ、堆積した泥が圧縮されて岩石になるためには、その上に少なくとも一六〇〇メートルの堆積物が積み重なる必要があることが明らかになった。しかし、上に乗っているのが水だけなら、水深が一六〇〇メートルあっても岩石にはならない。上に乗った堆積物の重さで、泥に含まれた水を絞り出す必要があるからだ。石灰岩や砂岩についても同じような研究結果が出ている。現在、地表に露出している堆積岩がすべてノアの洪水でできたのだとしたら、その上を覆っていたはずの一六〇〇メートルの堆積物が、わずか数千年の侵食作用で跡形もなく消えてしまうものだろうか?

創造論者をさらに追い詰めたのは、アパラチア山脈に見られるような地域規模の褶曲が堆積岩層に生じるメカニズムだ。創造論者は、地層がこのように変形したのはノアの洪水で堆積した土砂が岩石になる前に地滑りを起こしたからだと主張していたが、カルプはそうした主張が物理的に不可能なことを示した。シェル石油の地質学者によれば、実験で再現するためには、物質の特性だけでなく、すべての縮尺を実際に合わせたモデルを作製する必要があった。モデリングクレイ〔模型製作用粘土〕に地下八～一六キロの地殻内に相当する温度と圧力を加えると、簡単に堆積岩の褶曲を再現できる。固結していない堆積物が硬い岩石に変わるには、かなり深い地下に埋まる必要があるが、岩石が褶曲するにはそれより高い温度と圧力が必要なので、さらに深い地下に埋まらなければならない。洪水地質学では、褶曲した堆積岩が世界各地で見られることを説明できないのだ。

カルプはさらに、放射年代測定法の一種であるウラン－鉛法で決定された岩石の年代が、野外地質学者がステノの原理に基づいて明らかにした地層の順序と一致することも述べている。ウラン－鉛による放射年代測定法を使えば、堆積岩に含まれる化石の助けを借りずに、地層の基本的な順序を確定することができるのだ。プライスは「地質学者は化石の連続性（したがって進化）に基づいて、地層に人為的な順序をつけている」と主張しているが、この主張は地質学に関する無知をさらけ出している。

仮に巨大な波が起きて時速一六〇〇キロにも及ぶような高速で進み、それが押し寄せて堆積岩が堆積したとしたら、化石群集を説明するために創造論者が持ち出した生態的帯状分布のようなものが残る可能性があるだろうか、とカルプは疑問を投げかけた。ちなみに、創造論者が持ち出した生態的帯状分布説とは、岩石層によって含まれる化石の種類が異なるのは、ノアの洪水が起きる前の地球では、生息域ごとに異なる動物相が分布していたからだとする考えだ。このような激流ならば、地球の表面からはぎ取られたものをごちゃ混ぜにしてしまっただろう。創造論者は化石を説明するために生態的帯状分布を持ち出したが、そもそも巨大洪水の後では、そうした分布に従って化石が残ることはなかっただろう。

堆積岩の年代は新しいとする説があるが、それを否定するもっとも単純な根拠がある。テキサス州の西部やミシガン州には、水が蒸発した後に残された石膏（硫酸カルシウム）が堆積してできた分厚い蒸発岩層が見られる。石膏は、三〇センチに満たない層が析出するだけでも、深さ三〇〇メートルの海水が蒸発する必要があるため、テキサス西部の厚い石膏層ができあがるまでには、深さが七〇〇キロを超える海の水が蒸発したことになる、とカルプは推計した。死海で記録された最大の蒸発率をもとにして計算した結果、この石膏層ができあがるまでに数十万年の年月を必要とすることがわかった。世界中の蒸発岩床はノアの洪水が起きた年にできあがったわけがないのだ。

放射性崩壊、海水の塩の量、光の速度と星までの距離の関係など、まったく異なる手法に基づいて得られた証拠がすべて、地球の年齢は数十億年ではないにしても、数百万年は下らないことを示していた。

カルプは、明らかに間違っている説を主張するのは、教養のある人々に福音を広める妨げになると警告して、プライスの説に対する批判を締めくくった。福音主義者のカルプは、地質学を学ぶようにという神託を受ける前は化学を研究していた。この半世紀の間、地質学の分野に進む福音主義キリスト教徒があまりにも少なすぎることに危機感を抱いていた。地質学に無知なプライスとその信奉者が福音主義者の間で絶大な影響力をもっているのは、地質学に明るい福音主義者がいないからだ。

主流派キリスト教徒の学者の大半は、プライスの洪水地質学を認めていなかった。一九五四年にバプテスト派の著名な神学者バーナード・ラム（一九一六〜一九九二年）は『科学と聖書に関するキリスト教徒の見解』を著し、福音主義の見地から創造論を批判した。ラムは、地球規模の洪水が最近起きたとする説に異を唱えた。世界中の多様な民族がわずか数千年前のノアから生まれたと考えるのは馬鹿げていると思ったのだ。

ラムは、科学に対するキリスト教徒の態度を培ってきた二つの伝統を対比させた。「恥ずべき伝統」に従う者は、科学に反感を抱き、「確立された学問の伝統では認められていない議論や方法を用いてきた」のに対して、「気高い伝統」を守る者は、「科学と聖書の事実を学ぶように心がけてきた」[8]。科学を宗教に対抗させるのは、創造物を創造主に歯向かわせるようなものだ。「自然と聖書の作者が同じ神ならば、神の二冊の本には同じ物語が記されているに違いない」[9]。このようにして、ラムは福音主義キリスト教徒に、解釈と啓示を混同してはいけないと忠告したのだ。聖書が絶対に誤ることとのない神の言葉で記されているからといって、科学的な事柄について言わんとしていることが常に明らかだとは限らない。聖書の意味を明確に理解したと確信しても、必ずしも理解したとは限らないのだ。ラムは放射年代測定法を擁護して、放射性元素の崩壊率はさまざまな圧力や温度の下で検証されてきたが、崩壊率に変化は見られなかったと述べた。放射性同位体は一定の率で変化している。「私たちがガソリンの残量から車が走行した距離を割り出せる[10]」ように、地質学者にはウランや炭素が崩壊に要した年数を推計できるのだ。

地球は神が人間に適するように作り変える数百万年前に誕生していたというのは、ラムにとっては創世記と地質学を調和させる考えだった。ラムは自著の結びで、同時代の福音主義者は地球が平らでないことも宇宙の中心でないことも認めているばかりか、多くの者が現代地質学は信仰とはまったく矛盾しないと考えていると指摘している。

ラムの著書はファンダメンタリストの間に大きな波紋を起こした。新福音主義の指導者を自認していたラムは、現代文化を取り込み、好戦的な態度を排して、学問を受け入れようと努めた。ラムの著書が出版されると、著名な福音伝道者のビリー・グラハムはすぐにその著書を称賛して、聖書の霊感について新たな見解をもち、現代科学に敬意を払って受け入れるようにと呼びかけた。地球規模の洪水説は葬り去られたように思えた。まともな科学者や大方の神学者は地球規模の洪水説を相手にしなくなった。今に始まったことではないが、科学と聖書が穏やかに共存できるという事実を受け入れるかどうかは、聖書の解釈次第なのである。

一方、二〇世紀の地質学者は斉一説による世界観に満足していた。現在起きている作用を研究することが、過去の世界を理解する鍵だと信じていたのだ。天変地異説に反対するのが常識として広く受け入れられてしまったため、今度は大洪水の証拠を発見した若い地質学者が、その異端的な発見を同僚の地質学者に認めてもらうまでに二〇世紀の大半を要することになった。しかし、大洪水の地質学的役割と地形に残された痕跡を渋々ながらも再認識するようになると、地質学者はノアの洪水をはじめとする世界各地の洪水伝承を合理的に説明する基礎を築き始めたのだった。

11 異端視された洪水

存在するはずがないと確信しているものの証拠を認めるのは難しいことだ。二〇世紀の地質学者も例外ではなかった。地形を作り出せる大洪水などありえないと信じていた。しかし、その確信を打ち砕くような出来事が起きたのである。

米国のワシントン州東部には、チャネルド・スキャブランドと呼ばれる溝状の跡がある溶岩台地が見られる。そこは土壌がはぎ取られ、岩がむき出しになった荒涼たる地形だが、この風変わりな場所で大洪水には地球の表面を作り変える力のあることが再発見されたのだ。

私は地元のワシントン大学で地質学を教えて一〇年になるにもかかわらず、氷河期末に起きた大洪水が岩石を侵食してできあがったチャネルド・スキャブランドの深い峡谷を訪れたことがなかったので、肩身の狭い思いをしていた。そこで、現地で野外実習を行なう同僚から引率の手伝いを頼まれたとき、遅まきながらこの類い稀な地形を見ておこうと思った。しかし、行ったことのない場所へ引率するのはいかがなものかと思い、引率ではなく付添いで構わないかと返事をした。ところが、いざ蓋を開けて見ると、なんと私が実習の責任者になっていた。この実習が教育的なのは間違いないが、誰にとっての教育だったかは問題になるところだ。

地質学の野外実習では、ゆっくりと車を進めながら、矢継ぎ早に話をすることが多い。カスケード山脈を横断するときには、この山脈がスイスのアルプスに匹敵する高さに隆起した時期をめぐって繰り広げられた二〇世紀の論争について話をするのが常で、今回もその話をした。ワシントン州の東部は一五〇〇万〜一七〇〇万年前にイエローストーンの火山地帯から流れ出た黒い溶岩に覆われているが、カスケード山脈の北部で研究していた地質学者は、この山脈の起源は非常に古く、溶岩流出以前に隆起したと考えていた。しかし、カスケード山脈の南部で調査していた地質学者は、山脈は溶岩流に覆われた後、かなり経ってから隆起したもので、そんなに古くはないと主張した。しかし、この相反する解釈は両方とも正しいことが判明した。現在のカスケード山脈は合成されたもので、北半分が先に隆起し、南半分はずっと後になってから隆起し始め、北半分と同じ高さになったのである。見方を変えれば簡単に説明がつき、矛盾が雲散霧消することもあるのだ。

カスケード山脈を下ると、まもなくワシントン州東部の高地砂漠地帯に入った。ワシントン州西部の温帯雨林から遠く離れ、植物がなくなったので地形を見るのが楽になった。コロンビア川を渡り、さらに東へ進むと、耕されたばかりの畑から風で土が舞い上がっている高原に出た。つむじ風と先を争いながら、私たちはモーゼズ・クーリーと呼ばれる峡谷へ下りていった。幾重にも重なった玄武岩層の壁がそそり立ち、岩壁の下半分は崖錐〔崖下に崩れ落ちて堆積した岩屑〕に埋もれていた。谷底に落ちた岩を動かすものは何もなかった。重力に従って落ちたその場所に、ただ積み重なっていた。

車を停め、学生たちを小さな丘の上に集めると、この峡谷がどのように形成されたのかと尋ねた。学生たちは直ちに、風や氷河の作用は否定した。峡谷は氷河谷に特有なU字型をしていなかったし、硬い玄武岩が風の侵食作用で峡谷になるとも思えなかったからだ。しかし、周囲には谷を作り出す河川もなかった。しばらくして、私たちが立っている小石の山は花崗岩の丸い礫でできていると指摘し、地平線の向こうまで行かないと花崗岩がないのに、どうやって花崗岩の礫がここに運ばれてきたと思うかと尋ねると、学生たちはシーンとしてしまった。

風変わりな巨礫が散在するワシントン州東部の峡谷は、早くから地質学の野外実習に利用されてきた。周辺の様子を紹介すると、砂漠の真ん中には、滝の跡が残る百数十メートルの崖がそそり立ち、現在は川が流れていない場所に、巨大な甌穴《おうけつ》〔渦流で回転する小石が岩石河床に作った穴〕が見られる。そして、玄武岩の峡谷には花崗岩の巨礫が散在している。こうした周辺の景色を目にしていると、やがて矛盾した事実がしかるべき場所に収まり始め、自動車ほどの大きな迷子石や、そうした石を運び、滝を作り出した水がどこから来たのかという疑問に対する答えが浮かんでくる。ヒントを与えさえすれば、学生たちはワシントン州の東部に起きた大洪水を思いつく。探す対象がわかれば、証拠は目の前に転がっているのだ。しかし、洪水で谷が形成されることはありえないと教えられていると、砂漠の真ん中で大洪水が硬い岩石を侵食して深い谷を作り出したとは、まず思わないだろう。

大洪水が地球の歴史で中心的役割を果たしたとする説がヨーロッパの地質学者によって否定されてからは、こうした説は地質学者に異端視されるようになった。J・ハーレン・ブレッツ（一八八二～一九八一年）は一九二〇年代にワシントン州東部で大洪水の証拠を見つけたが、他の地質学者に信じてもらえるまで、二〇世紀の大半を要した。地質学者は大洪水の存在を完全に否定していたので、本当に証拠が見つかっても、信じられなくなっていたのだ。

ブレッツは始終物議をかもしていたので、引退後、彼のことを手厳しく批判してきた大物の地質学者たちが死去してしばらく経つまで、賞は何一つもらったこともなかったし、経歴を称える本を書いてくれる著名な同僚もいなかった。学界で異端者扱いされて孤立していたのだ。ブレッツは典型的な野外地質学者で、他の地質学者が気づかないことや気づいても気にかけないことを丹念に調べ、地形のジグソーパズルのピースをつなぎ合わせる作業をしているうちに、この地域に大規模な氷河湖の決壊による大洪水が起きた証拠を見つけたのである。

当時は、ライエルが唱えた「現在は過去を解く鍵」という斉一説が一般に受け入れられていたので、それを疑問視したブレッツは不評を買ってしまった。彼は大学院を卒業したばかりで、まだ世事の分別がついていなかったからか、大洪水を示す有力な証拠を見抜いたのだ。高さが百数十メートルに達する水の壁が、うなりを上げてワシントン州の東部に襲いかかり、深い峡谷を刻みながら、コロンビア川の峡谷へ滝のように流れ込んだのだ。そして、コロンビア川に流れ込んだ激流で生じた戻り水で、オレゴン州のウィラメット川流域は広大な湖と化した。異端者扱いされるのは本意ではなかったが、ブレッツは理論よりも物的証拠を重んじるべきだと主張した。証拠を見ようとしなかったのは、今回は地質学界だった。ブレッツは自分が間違っているなら、人に反証を挙げられる前に自分で証拠を見つけようと思い、さらに調査を続けたが、見つかるのは大洪水の証拠ばかりだった。しかし、地質学界の重鎮はいろいろと理屈をつけて、ブレッツが集めた証拠を認めようとしなかった。

ブレッツは生まれ故郷のミシガン州で教師をしていたが、後にシアトルの高校へ移った。野外調査が大好きで、週末や夏休みにはピュージェット湾付近の地質や近くのカスケード山脈の氷河を調べていた。その後、シカゴ大学に入学して、ワシントン州西部の氷河地質の研究で博士号を取り、一九一三年に首席で卒業した。ワシントン大学で一年ほど教鞭をとったが、野外調査に対する熱意を同僚に理解してもらえなかったので、シカゴ大学に招聘されたのを機にシカゴへ戻り、一九四七年に退官するまで地質学の教授を務めた。地質学の野外実習に熱心で、ワシントン州東部の地形に魅せられていたブレッツは、夏になるとコロンビア峡谷で野外実習を行なった。

ブレッツはコロンビア峡谷で、記録に残る最高水位から百数十メートル上の玄武岩の崖の上に花崗岩の大きな迷子石が乗っているのを見つけた。氷河がこの峡谷まで到達しなかったことは地質学的証拠で裏付けられているので、巨礫を運んできたのが氷河でないことは明らかだった。当時、カスケード山脈のこの地域は太平洋の海の下にあり、巨礫は流氷に乗ってきたのだろうと同僚は考えたが、ブレッツは海生生物の化石や太古の浜辺の証拠が見つからないので、巨礫は淡水によって運ばれてきたに違いないと思った。しかし、そのような大洪水はどのようにして起きたのだろうか?

ブレッツは夏になるとコロンビア峡谷を訪れ、上流域の調査をしたが、峡谷の調査を数年行なった後、調査地を北のチャネルド・スキャブランドへ移した。その風変わりな地形を調査しているとき、現在の川から百数十メートル上に滝の跡や甌穴があるのに気づいた。涸れ谷《クーリー》に堆積した巨大な砂礫堆は、激流が大量に流れたことを物語っている。分水嶺をまたいで洗掘跡〔流水の作用で表面の土砂が削りとられてできた溝状の跡〕があり、流水が峰を越えて、隣の谷へ流れ込んだことを示している。流線形をした丘が、島のように、侵食されてできた水路より三〇メートル以上高くそびえていた。ブレッツは、この無秩序な地形が硬い玄武岩層を百数十メートルも侵食した大洪水によって形成されたことを実感した。自分の目の前で、想像を絶することがかつて起きたのだ。

一八三八年にサミュエル・パーカー師（一七七九〜一八六六年）が、グランド・クーリー峡谷はコロンビア川の昔の川筋だったと述べて以来、探検家や地質学者は、氷河によって流路が変わった川が高原を横切って徐々にスキャブランドを侵食し、やがて元の川筋に戻ったということで意見が一致していた。しかし、ブレッツは、現在は川が流れていないこの地域の峡谷が、通常の河川によって形成されるのとは異なる合流パターンを示していることに気がついた。そこには、枝分かれした後に再び下流で合流する複雑な水路網が見られたのである。このような水路網は、谷を完全に満たした水が洪水となって、分水嶺を越えてあふれ出したときに初めて形成される。ブレッツはこの大洪水を「スポケーン洪水」と名づけた。しかし、この水はどこから来たのだろうか？

ブレッツは一九二三年にチャネルド・スキャブランドの形成仮説を初めて米国地質学会で提唱した。大洪水に言及するのはタブーになっていたので、ブレッツは大洪水を持ち出さないようにして、主に野外観察の結果を詳細に説明し、チャネルド・スキャブランドの峡谷を侵食したのは、コロンビア川を堰き止めた氷河ダムからあふれ出した水だと述べた。その後も夏の調査を何年も続けたブレッツは、スキャブランドの地形は流路を変えた河川の働きだけで徐々に形成されたのではないという確信を深めた。

峡谷の底に三〇メートルも堆積した礫はずっと深い流れによって運ばれたものであることと、また現在の乾いた滝の跡からわかるように、かつては支流が滝となって本流の川に合流する懸谷《けんこく》となっていたが、それは通常の河川による侵食で形成されたものではないことをブレッツは確信した。このような特徴は滑らかに統合された流路網ができあがる前の段階の侵食作用で形成されたものだ。現地調査で発見された証拠が、コロンビア川からあふれ出た大洪水に深く削り取られてチャネルド・スキャブランドができたことを裏付けているのに戸惑いながらも、ブレッツはそれ以外の可能性をすべて否定する理由をいくつも発見していった。

コロンビア峡谷を下流に向かって証拠をたどっていったブレッツは、自分が提唱している洪水によってオレゴン州のポートランド付近に大きな三角州が形成され、コロンビア川の水がウィラメット川流域に逆流したことを突きとめた。川幅が狭くなっている場所を利用して最大流量を計算してみると、毎秒一八七万立方メートルという自分でも信じられないほど膨大なものだった。ここで見つかった証拠も大洪水を示していた。

洪水の原因としては、急激に起きた一時的な気候の温暖化か、氷冠〔氷帽〕の下で起きた火山噴火の二つしか考えられなかったが、いずれも納得の行くものではなかった。ブレッツには「原因のわからない大洪水」としか言えなかった。

ブレッツの同僚も同じように首を傾げていた。「河川の侵食作用で谷が形成されるには長い年月がかかる」というのが定説になっていた。ブレッツも、自分が提唱した大洪水説が、広く受け入れられている考え方に難題を突きつけていることはわかっていた。しかし、現在は川が流れていない峡谷に残っている巨大な砂礫堆は、規模を別にすれば、砂の川底にできる漣痕《れんこん》〔波状の紋〕とそっくりなのだ。基盤岩が侵食されて涙形になった丘の中には、未固結のシルト〔泥〕に覆われているものがあるので、それを侵食して流線形に形作った水の流れが丘の上までは来なかったことがわかる。こうした観察結果から、洪水の規模を推定することができた。ブレッツは、自分の観察結果をもっとも合理的に説明できるのは大洪水だと、不本意ながらも結論を出した。

ブレッツは一九二七年一月にワシントンDCの地質学会で研究結果を発表するように依頼された。

硬い玄武岩層が百数十メートルも侵食されてできた涸れ谷があること、滝の跡が数百ヵ所を数え、なかには幅が三キロから五キロに達するものがあること、広い範囲にわたってシルトと土壌が百数十メートルの深さまではぎ取られていること、さらに、あふれた水が流れた水路網の跡が分水嶺をまたいで残っていることなどを順序立てて説明したが、結局は徒労に終わった。そもそもこの企画は待ち伏せ攻撃だったのだ。米国地質学会と米国地質調査所の代表者も出席していて、一人一人立ち上がっては、ブレッツの異端的な洪水説を酷評した。

最初の批判者は、それほど大量の水を短時間で放出する水源を見つけるのは困難だと慎重に指摘し、くり返し起きた小規模な洪水がスキャブランドを少しずつ侵食したのだと主張した。次の批判者は、洪水の水量がいかに多かったとしても、短時間で硬い玄武岩をあれほど侵食することは無理だろうと述べ、疑問を呈した。また、氷河の溶けた水で膨れ上がり、川筋が変わったコロンビア川がスキャブランドの溝状地形をゆっくりと侵食したのだろうと主張した者もいた。しかし、健全な地質学を護ろうとしたこの人物は大洪水説を否定することに熱心なあまり、あふれた水が流れて水路が削られたとき、その標高はもともとは異なっていたが、その後の地殻運動で偶然同じ高さにそろってしまったのではないかと論じた。ブレッツの観察結果を疑問視する者はいなかったが、彼の解釈ではそれだけの水量と流速を生み出すメカニズムの説明がつかないとして、その主張には誰もが異を唱えた。この論争は一方的で偏っていたが、こうした偏りは観察結果の解釈をめぐって論争する地質学者の伝統に深く根ざすものだった。水路網が形成されたチャネルド・スキャブランドを説明するためには、さらに野外調査を行なう必要があるということでは、ブレッツ本人も含めて、全員の意見が一致していた。

米国地質調査所の地質学者ジョゼフ・パーディー（一八七一〜一九六〇年）もこの地質学会に出席し

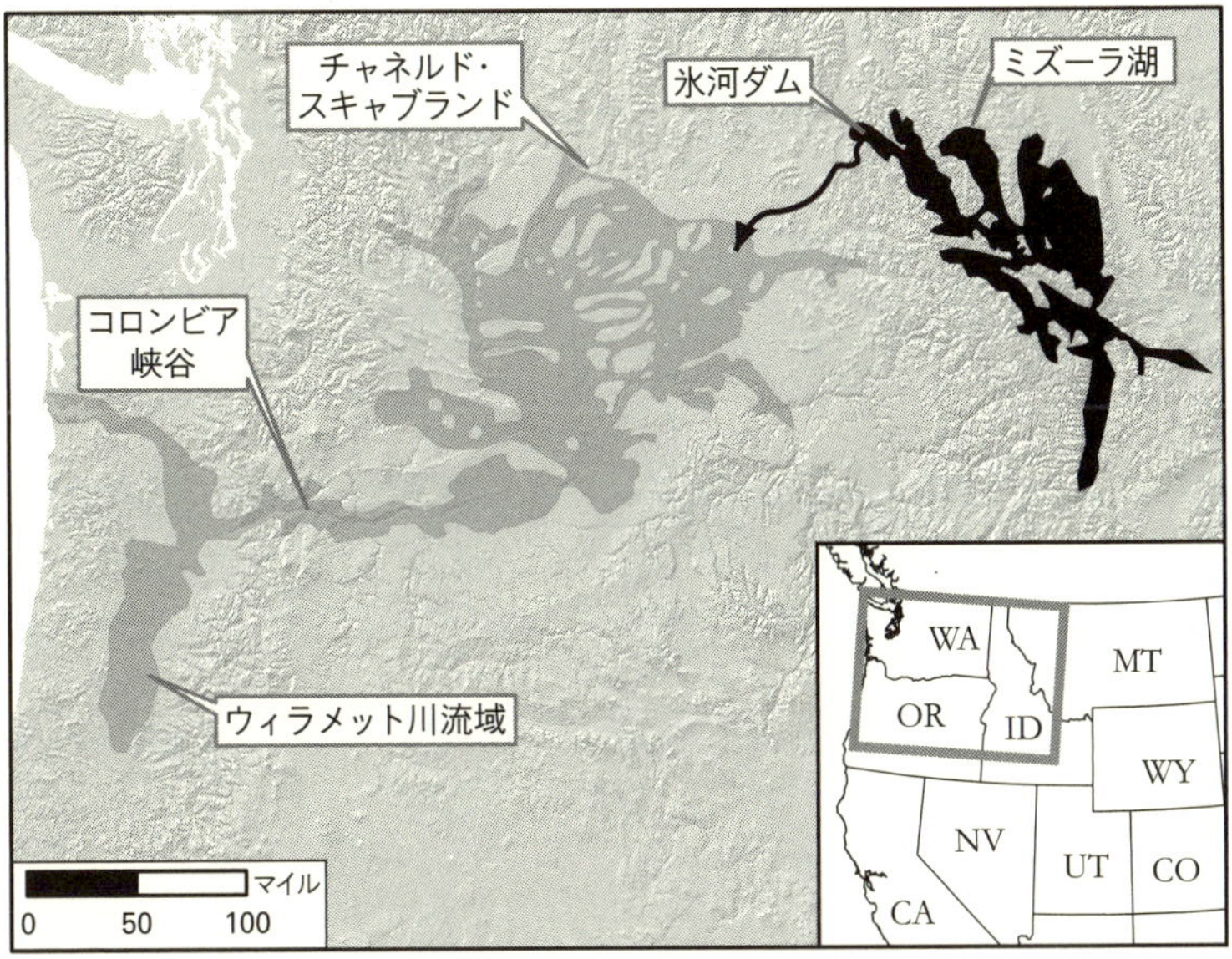

氷河が堰き止めたミズーラ湖の決壊による洪水を示す地図。黒い部分はミズーラ湖、灰色の部分は洪水で形成されたチャネルド・スキャブランドの水路網とコロンビア峡谷、コロンビア川からウィラメット川流域に逆流した範囲を示す
（WA＝ワシントン州、OR＝オレゴン州、CA＝カリフォルニア州、ID＝アイダホ州、NV＝ネバダ州、MT＝モンタナ州、WY＝ワイオミング州、UT＝ユタ州、CO＝コロラド州）

ていた。パーディーはその二年前の一九二五年に、スキャブランドはミズーラ湖の決壊がもたらした大洪水で侵食されたのではないかと考えていた。ちなみに、ミズーラ湖は氷河に堰き止められてできた太古の湖で、パーディーが一九一〇年にモンタナ州の西部でその証拠を発見し、ミズーラ湖と命名したのである。彼はブレッツに手紙を書き、ミズーラ湖がスポケーン洪水を引き起こした可能性があると述べたが、ブレッツはその手紙を無視した。ワシントンでの地質学会の記録によれば、パーディーは同僚に「ブレッツが主張している洪水の起源を自分は知っている」と打ち明けたという。しかし、最初にブレッツを批判したのがパーディーの上役だったので、逆鱗に触れたくなかったのと、自分の経歴や評判に傷がつくのを恐れて、それ以上声を大にして主張はしなかった。

翌年の夏、ブレッツはコロンビア川の支流を調査し、支流に逆流した水が運んだ堆積物を発見した。スネーク川を調査すると、逆流による堆積物をアイダホ州ルウィンストンの先の上流までたどれた。大量の逆流水を支流にもたらすのは、大洪水以外には考えられない。ブレッツは渋々パーディーの見解を受け入れて、ミズーラ湖をスポケーン洪水の供給源だと認めた。

パーディー以外にブレッツの主張を信じる者はいなかった。折しも大恐慌の最中で、東部の地質学者たちにとって、西部の辺鄙な地にあるスキャブランドを訪れることが難しかったうえに、スキャブランドを実際に見たことのある者もほとんどいなかったからだ。

スキャブランドをめぐる議論は続き、地質学者は相変わらず異端者の洪水説を非難した。なかには、氷河に堰き止められたコロンビア川から逆流した水が洪水を引き起こしたとする、ブレッツの初期の説を再び取り上げる者もいた。また、氷河は南にあるスキャブランドに達していないという事実を無視して、氷河の侵食作用を持ち出す者もいた。一方、巨大な甌穴の説明はつかないが、河川の通常の侵食作用で太古の河川がゆっくりと削られていったのだろうと考える者もいた。さらに、著名な地質学者が、峡谷を横切るように見られる高さ三メートルほどの波状の地形を詳細に記述したが、後にそれを無視したこともあった。ちなみに、この波状地形は、後にブレッツが大洪水を裏付ける確かな証拠と見なした地形だ。

流れを変えたのは、一九四〇年にシアトルで開かれた米国科学振興協会の大会だった。太平洋岸北西部の氷河地質学の部会で、ジョゼフ・パーディーは大洪水に懐疑的な聴衆を前にして、氷河期のミズーラ湖底に残された巨大な漣痕の根拠を詳細に説明した。パーディーは、湖底に見られる高さ一五メートルの漣痕は湖底付近の緩やかな水の流れではなく、速い流れによって形成されたものだと考えていた。湖を堰き止めていた氷河ダムが突然決壊したら、深さ六〇〇メートルの湖の水は一気に放出されただろう。パーディーが指摘するまでもなく、氷河ダムの決壊がブレッツのスポケーン洪水を引き起こしたと考えるのは理に適っている。約二五〇〇立方キロメートルの水が狭い裂け目から一気に放出されたら、行く手にあるものはすべて押し流されてしまっただろう。

ブレッツは七〇歳近くになっていたが、一九五二年の夏にスキャブランドを訪れ、最後の調査を行なった。米国開拓局によるコロンビア川流域灌漑開発プロジェクトで明らかになった証拠を自分の目で確かめたかったのだ。掘削工事によって、高さ三〇メートルの巨大砂礫堆だと考えていた丘が、実際に大量の水が押し寄せた奔流によって形成されたことがわかり、ブレッツはたいそう喜んだ。

開拓局が撮影した航空写真の中に、ブレッツは自説を裏付ける決定的な証拠を見つけた。何十年も前によじ登った起伏に富んだ地形が、数百キロ上流のミズーラ湖の流出口付近にあるのと同じような巨大な漣痕だということが航空写真でわかったのだ。地上ではヤマヨモギの茂みに隠れてわかりづらいが、空からは巨大な漣痕がはっきりと見て取れた。「規則的にくり返す模様は、洪水がもたらした想像を絶する巨大な奔流によって形成された河床形態と考える以外に、説明のしようがない[1]」。ブレッツは初めからから正しかったのだ。

何十年もかかったが、ブレッツは疑い深い同僚の地質学者たちを納得させる証拠をついに見つけたのだ。一九六五年の八月に、地質学者の国際視察団が大洪水の証拠を直接確認するために、ミズーラ湖跡からチャネルド・スキャブランドまで現地を視察した。ブレッツは高齢のため同行することができなかったので、視察団は視察旅行の最後に、ブレッツに「私たちは一人残らず天変地異説の信奉者になりました[2]」という文で結んだ祝電を打った。異端的だった洪水説が受け入れられるには、地質学者の世代交替が必要だったのだ。

一九七六年の夏、NASA（米国航空宇宙局）の科学者たちは、火星を周回する無人探査機ヴァイキングが送ってきた画像に映し出された流線形をした丘や巨大な水路を説明するとき、大洪水が生み出した地形を理解するためにブレッツが行なった綿密な野外調査の結果を引き合いに出した。ブレッツが九四歳の誕生日を迎えるほんの少し前のことだった。政府の機関に所属する地質学者たちがブレッツの異端的な洪水説をこぞって非難してから五〇年後に、NASAは謎めいた火星の地形を理解する鍵として、ブレッツが行なったチャネルド・スキャブランドの研究を高く評価したのだ。

一九七九年には、米国地質学会は最高の名誉であるペンローズ賞をブレッツに授与した。このとき、九七歳になっていたブレッツは、「仇《かたき》はみんな死んじまったので、ほくそ笑んでやる相手がいないわい」と、息子に冗談めかしてぼやいたそうだ。今にして思えば、自分の研究生活は地質学の世界を支配し、洪水説に偏見を抱かせていた斉一説との戦いだった、とブレッツは述懐している。

チャネルド・スキャブランドの地形から大洪水を推定することは、地質学の暗黒時代を象徴する天変地異説に逆戻りすることだったのだろうか？　それは許されるはずがない。……健全さと斉一説に回帰することが求められたのだ。(3)

その後、現地調査が進むと、洪水がくり返し起きた証拠が見つかった。逆流がもたらした分厚い堆積物には薄い地層が幾重にも見られ、何回もの洪水で堆積したことがわかったのである。氷河ダムは形成と崩壊をくり返したのだ。氷河が前進し、川が氷河ダムで堰き止められるとしばらくの間は安定しているが、堰き止められた水の量が増し、氷が浮き始めると、ダムが決壊して大洪水が引き起こされる。堰き止められていた水がすべて放出されると、氷河が再び前進を始め、川を堰き止める。こうした過程が、氷河が最終的に後退するまでくり返されたのだ。ミズーラ湖には流出口が一つしかなかったので、そこを氷河に堰き止められた湖はいわば洪水の温床と化した。

湖の推定流入率に基づく計算では、湖が一杯になるまでに三〇年から七〇年かかるという結果が出たが、この年数は湖底の堆積物に見られる年ごとの堆積層の数が示す洪水間隔と一致する。一方、下流の地層を詳細に分析した結果、洪水堆積物のそれぞれの地層は別々の洪水でできあがったもので、洪水はどれも秒速六メートル以上の速さで流れるすさまじいものだったことがわかった。また、洪水堆積物に含まれていた有機物を放射性炭素年代測定法で調べたところ、一万五三〇〇年から一万二七〇〇年前の間に数十年周期で一〇〇回も氷河ダムができては決壊し、洪水が起きたことが判明した。

ミズーラ湖の決壊が一〇〇回にも及んだことが判明すると、ブレッツの説も斉一説にほかならないことになり、異端の汚名がそそがれたという見方もできる。氷河ダムが決壊するメカニズムは単純でわかりやすい。氷河に堰き止められた湖に水が満ちると、氷のダムが浮き上がり、たちまち大洪水が起こる。この過程がくり返されるかぎり、何度でも洪水は起きる。

　ミズーラ湖の洪水が事実として受け入れられたことで、火星だけでなく、アジア、ヨーロッパ、アラスカ、アメリカの中西部の似たような地形を見分けられるようになった。広大な氷床の周縁部では、太古の昔に氷河ダムの決壊によって、大洪水がくり返し起きていたことを示す有力な証拠がある。今にして思えば、氷河ダムはさほど知的な設計《インテリジェント・デザイン》でないのは明らかだ。水に浮くからである。

　最終氷期の末期に、ユーラシア大陸と北米大陸の氷床周縁部では氷河ダム湖がくり返し決壊し、そのたびに大洪水が起きていた。シベリアでは、北へ流れる河川が氷河ダムに堰き止められ、あふれた水が分水界を越えて流れ出し、本来の川筋が変わってしまった。英国は、氷河湖決壊洪水の侵食作用で英仏海峡が形成されたときに、島国という運命が決まったのだ。広大な氷床の周縁部では、甚大な被害をもたらす洪水は避けられない現実だった。

　先史時代の北米やユーラシアでは、大規模な氷河ダムの決壊はけっして稀なことではなかっただけでなく、大洪水を引き起こすことも多かったので、氷床の周縁部に住んでいた人々は大洪水を目撃したと思われる。こうした洪水を生き延びた者たちの体験談は、何世代にもわたって語り継がれたのではないだろうか？

　コロンビア川沿いにあるキャンプ場で、大洪水により堆積した巨大な砂礫堆から石器が出土したが、そこの洪水以前の堆積物からも、焦げた骨と石器が見つかっている。私が知るかぎり、この出土品が、高さ三〇〇メートルの水の壁がコロンビア峡谷に押し寄せてくるのを目撃した人間がいた可能性を示す唯一の物的証拠だ。しかし、目撃者がいたとしても、洪水を生き延びて目撃談を語り伝えたかどうかは知る由もない。ワシントン州東部で布教活動を行なった初期の宣教師が、インディアンのヤカマ族やスポケーン族には、洪水を生き延びた者が避難した場所を伝える伝承があると報告している。コロンビア川下流の先住民にも洪水伝説が伝わっていたそうだ。上流のアイダホ州では、ネズ・パース族とショショーニ族にも洪水伝承が伝わっている。下流ではオレゴン州のウィラメット川流域南部に住んでいるサンティアム・カラプヤ族にも、谷間が洪水に見舞われたとき、コーヴァリス西部の山腹に逃げた話が伝わっている。

こうした伝承がミズーラ湖の洪水に由来すると考えるには、一つ問題点があった。人類が北米にやってきたのは洪水よりも後だと考えられていたからだ。しかし、最近、オレゴン州中南部のペイズリー洞窟で発見された人間の糞化石を放射性炭素年代測定法で測定したところ、ミズーラ洪水の年代と重なる一万四〇〇〇年～一万四二七〇年前のものだとわかった。ミズーラ洪水が起きていた頃、この地域にはすでに人間が住んでいたことになる。この地域に伝わっている洪水伝承が、ミズーラ洪水とその逆流水によるウィラメット川流域の氾濫に由来するものだとすれば、科学がようやく民間伝承に追いつき始めたことになる。

北米では、氷河ダムの決壊は太平洋側北西部に限ったことではない。たとえば、後退するカナダ氷床の縁にできた堀のような形をした広大なアガシー湖は、氷が溶けるにつれて湖岸線が変わり、くり返し大洪水を引き起こしていた。決壊して水が排出される位置が変わるたびに洪水の向かう方向が変わり、南はミシシッピ川、北はハドソン湾、東はセントローレンス川などから大西洋へと水が流れ込んだ。アガシー湖は八〇〇〇年以上前に最後の洪水を引き起こしたときでも、ミズーラ湖の一〇〇倍

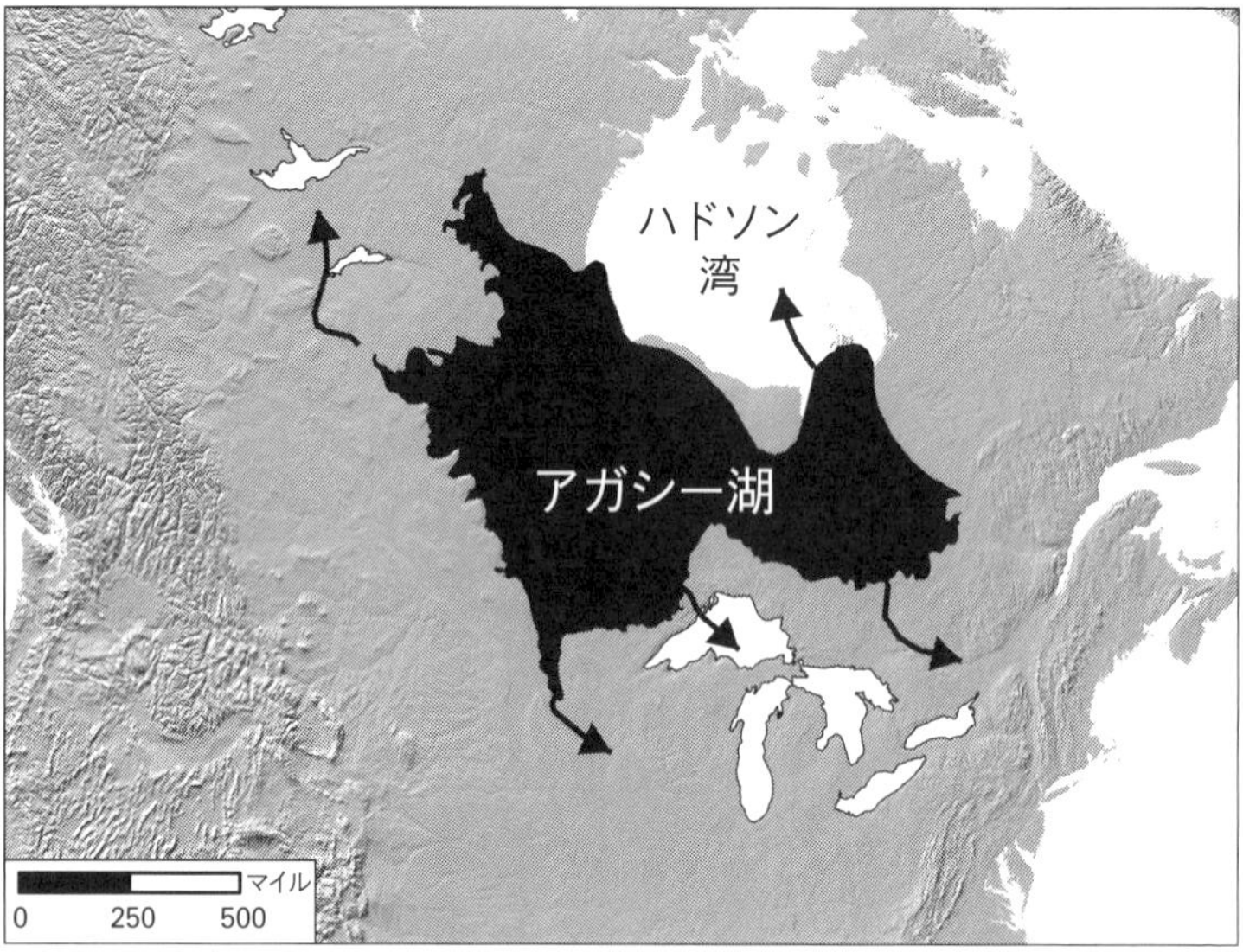

アガシー湖の地図。黒い部分は最大湖水面、矢印は氷河の後退期に起きた大洪水の流出口と洪水の方向を示す

の大きさがあった。洪水で湖が空になるほどの膨大な量の淡水が大西洋に流れ込んだため、海流が変わり、メキシコ湾流の北上が妨げられてしまった。北ヨーロッパの気候が高緯度の割に温和なのは、メキシコ湾流が暖かい海水を北大西洋まで運んでいるためだ。メキシコ湾流の北上が止まると、イギリスはシベリアのような気候になってしまうだろう。グリーンランドの氷床のコア試料に記録された寒冷期が、アガシー湖から大洪水で水が排出された時期と一致するのは偶然ではない。

アメリカ先住民の祖先はアラスカからティエラ・デル・フエゴまでの広域に暮らしていたが、彼らがアジアから陸上を歩いたり、小舟を使って海岸沿いを通ったりしてベーリング海峡を渡ってきたとすれば、氷床の周縁部を通ったと思われる。アメリカ先住民のクローヴィス文化は、アガシー湖が八四〇〇年前に最後の洪水を引き起こすまで、中西部と北東部で大洪水がくり返し起きていた時期と重なる。アルゴンキン語族の洪水伝承は五大湖周辺に集中しているが、そこはアガシー湖の氷河ダムが決壊したときの流出口に沿った地域だ。また、下流のネブラスカ州やカンザス州に伝わるポーニー族の伝承では、巨大なバイソンの骨とミズーリ川の大洪水が結びついている。こうした伝承は先祖が体験した大災害を伝えているのか、それとも地元に見られる不可解な地形を説明しようとするものなのか、あるいは両方なのだろうか？

スペリオル湖周辺に住んでいたオジブワ（チペワ）族には興味深い洪水伝説が伝わっている。時が始まった頃のある九月に大雪が降った。太陽の熱を入れておいた袋をネズミが囓って穴を開けたために熱が漏れ出し、瞬く間に積もった雪が解けて、大洪水が起きた。一番高い松の木も水没してしまい、みんな溺れ死んだが、一人の老人がカヌーに乗って難を逃れ、動物たちを助けた。この伝説が氷河ダムの決壊が引き起こした洪水の話だと気づくのにたいして想像力はいらないだろう。

氷河ダムの決壊にまつわる話は北ヨーロッパにもある。北欧神話によると、かつてスカンジナビアには氷の巨人が支配する氷の王国が広がっていた。主神のオーディンとその兄弟が氷の王を殺すと、王の血（水）がほとばしり、氷の巨人族を溺れさせた。また、オーディンは兄弟といっしょに、氷の巨人の眉毛で氷の国と人間が住む国の境に壁を作ったという話もある。この壁は、スウェーデンとフィンランドの氷床が後退していく際に残されたモレーン〔氷堆石〕を彷彿させる。モレーンも眉毛のように弧を描いて畝状に隆起しているからだ。一二五〇年以前にアイスランドで記録されたヴァイキングの詩や物語にも、オーディンとその兄弟が氷の巨人を殺したために、大洪水が起きて低地が水没し、大型の哺乳類が溺れ死んだが、そのとき現代の世界が誕生したという話がある。

熱帯地方の洪水譚は詳細が異なっている。太平洋諸島に伝わる洪水伝承は、突然、海から巨大な波が木々を根こそぎ倒しながら押し寄せ、高台に逃れた人だけが助かるという内容になっている。南太平洋に伝わる洪水伝承の多くには雨が登場しない。洪水を引き起こすのは雨ではなく、海なのだ。スマトラ、ボルネオ、ニューギニア、フィジー、タヒチ、トンガ、ニュージーランド、ハワイ諸島に伝わる津波伝承は、稀に起きる災害が伝説の素材になりうることを示している。

津波は水平線の彼方から、時には大海原を越えて、突然押し寄せてくる。地滑りや地震のような大きな衝撃で水位が大きく変動すると、その圧力波が伝わるのだ。周囲の海の水が移動するわけではない。津波は時速数百キロメートルというものすごい速さで伝わるので、数時間で海を越えることもある。津波の先端部が海岸に近づくと、たいてい海水面が低下するので、津波が陸地に到達する前に、急激に潮が引く。海水が一度引いて行き、波頭が到達したところでどっと押し寄せるのだ。突然、潮が引き、海の底が現れるので、物珍しさから海辺に近づき、じきに押し寄せてくる大波にさらわれてしまう人があとを絶たない。地元には津波の原因が見当たらないので、神の不興を買ったとしか考えられないだろう。フィジーの島民は最近まで、突然の津波に備えて大型のカヌーを用意していたそうだ。

二〇〇四年一二月二六日にインド洋で起きたマグニチュード九・三のスマトラ島沖大地震による津波で、二五万人以上の命が奪われた。インドネシアのアチェ州のシムル島は津波で大きな被害を受けたが、命を落としたのは、八万人近い住民のうち七人にすぎなかった。犠牲者がこれほど少なかったのはなぜだろうか？　この島は一九〇七年にも大津波に見舞われているが、このときは島民の四分の三が犠牲になり、遺体がココナツの木の上にひっかかっていたという。一九〇七年の津波の生存者は

「陸に上がる海」を示す新語を作った。このときの経験が島民の間に語り継がれていて、今度の津波に活かされたということがインタビューで判明した。地震の揺れを感じた際、シムル島民は海辺の村から丘の上へ逃げるべきだと知っていたが、そのような伝承が伝わっていなかったインドネシア本土では、大勢の死者が出てしまったのである。

北米太平洋岸のカリフォルニア州北部からオレゴン州とワシントン州を経てバンクーバー島に至る「カスケード沈み込み帯［プレートの境界で、プレートがもう一方のプレートの下に沈み込む地帯］」では、アメリカ先住民の間に共通して津波伝承が見られる。太平洋の海底にある海洋プレートが北米プレートの下に少し押し込まれるたびに、この地域に大きな地震が起きる。この地域で巨大地震が最後に起きたのは一七〇〇年一月二六日だが、それがわかったのは、地震もないのに津波が来たという記録が日本の寺院に残っていたからである。北米西部の海岸で発生した波が、太平洋を越えて日本まで押し寄せたのだ。

太平洋岸北西部について宣教師が残した初期の記録によると、沿岸地域に住む部族の多くに洪水伝承が伝わっていることがわかる。こうした洪水伝承の中に、わずか三〜四世代前に起きた洪水を伝えるものがあることに宣教師は首をひねった。クララム族のある老人は、自分の祖父は大洪水の生存者に出会ったとさえ話した。宣教師は、ノアの洪水が起きた時期を先住民がなぜこのように取り違えているのか不思議に思ったのだ。しかし、先住民は取り違えていたのではなかった。海辺近くに住んでいた先祖の部落に壊滅的被害を与えた津波の目撃談を伝えていたのだ。一七〇〇年に起きた地震の直後、ブリティッシュコロンビア、ワシントン、オレゴンの各州の沿岸地域に住んでいた先住民の部落が津波に襲われ、放棄されたことが考古学的証拠で裏付けられている。激しい揺れが三分以上続いた後で、一〇メートル近い波が海岸に押し寄せた。この劇的な話が語り継がれたのは間違いない。

この地域に伝わるもっと古い伝承には、地震とそれに伴う津波がサンダーバード〔雷神鳥〕とクジラの闘いとして、ありありと描かれている。クジラは動物たちを怖がらせ、人間の食べ物を奪う恐ろしい怪物として扱われている。人々が飢えに苦しんでいるのを知ると、心優しいサンダーバードは山の住み処から飛んできて、海に飛び込み、クジラと戦った。この戦いで海の水が引いたり、再び山のように盛り上がってきたりして、押し寄せた大波でカヌーは木の上にもっていかれ、多くの人々が命を落とした。

西洋にも津波に関連する神話がある。地中海ではめったに起こらないとはいえ、ギリシャ神話に登場するデウカリオンの洪水譚と、海に沈んだとされる伝説の国アトランティスの神話は、いずれも津波に由来すると考えれば納得が行く。一九六九年にギリシャの地震学者アンゲロス・ガラノポウロス(一九一〇〜二〇〇一年)は、サントリニ島(ティーラ島)の火山噴火がデウカリオンの洪水譚のもとになったと提唱した。(島を形成している火山も知られていたので)放射性炭素年代測定法を用いて火山灰の年代測定を行なった結果、デウカリオン王の治世にあたる紀元前一五〇〇〜一六〇〇年と判明した。パロス島に残っているギリシャ王の系譜を記した大理石の碑文によると、デウカリオンの洪水は紀元前一五三九年頃に起きたようだ。サントリニ島の都市を破壊した噴火で津波が発生し、ギリシャの沿岸に押し寄せた。デウカリオンの洪水譚の初期バージョンには、洪水は海からやってきたと記されてさえいる。

アトランティス伝説を持ち出したのはプラトンで、ソロン(紀元前六四〇頃〜五六〇年頃)の時代からこの伝説は伝えられてきたと信じていた。ソロンはプラトンより二〇〇年ほど前にアテナイで活躍した偉大な立法家で、エジプトを訪れた際に、デウカリオンの洪水伝承について神官に尋ねた。神官は、アトランティスという有力な島嶼都市を見舞った大災害のことに触れた。その大いなる都は、陸地と海水路が同心円状になった島嶼の中央の島にあり、外側の島には港が三つもあり、外海とは狭い水路でつながっていた。しかし、その都は一日で消えてしまったという。ヘラクレスの柱（プラトンによれば、ジブラルタル海峡の入口を挟んだ二つの岬）の向こうに存在していたこの国は、ソロンの時代よりも九〇〇〇年も前に栄えていたのだ。

ガラノポウルスは、ソロンはエジプト語の百と千を取り違えたのではないかと考えた。一〇で割ると、プラトンが示したアトランティスの年代が紀元前一五〇〇年前後となり、大きさもサントリニ島と一致するからだ。プラトンは、ソロンが伝えたアトランティスは大きすぎて地中海には収まらないことに気づき、ヘラクレスの柱をペロポネソス半島南部からジブラルタル海峡へ移して、アトランティスをその先の未知の世界へ厄介払いしたのだろうか？

サントリニ島の住人がアトランティスの住人と同じだったかどうかは別として、彼らは活火山の山腹に都市を築いていた。サントリニ島はカルデラ〔火山活動などによってできた大きな窪地〕という自然の堀に囲まれ、防衛が楽だったうえに、温泉にも恵まれていたので選ばれたのだ。青銅器時代でありながら自由に湯を使える贅沢な生活と引き換えに、サントリニ島の住人はそうとは知らずに活火山の真ん中で暮らす危険を冒していた。やがて火山が大噴火を起こして、津波が誘発され、のどかな島の都は跡形もなく破壊されてしまう。この出来事がデウカリオンの洪水譚として後世に語り継がれたのではないかと私は思う。

一方、世界各地に伝わる洪水伝承の起源は津波ではなく、海水面の緩やかな上昇だと主張する人々

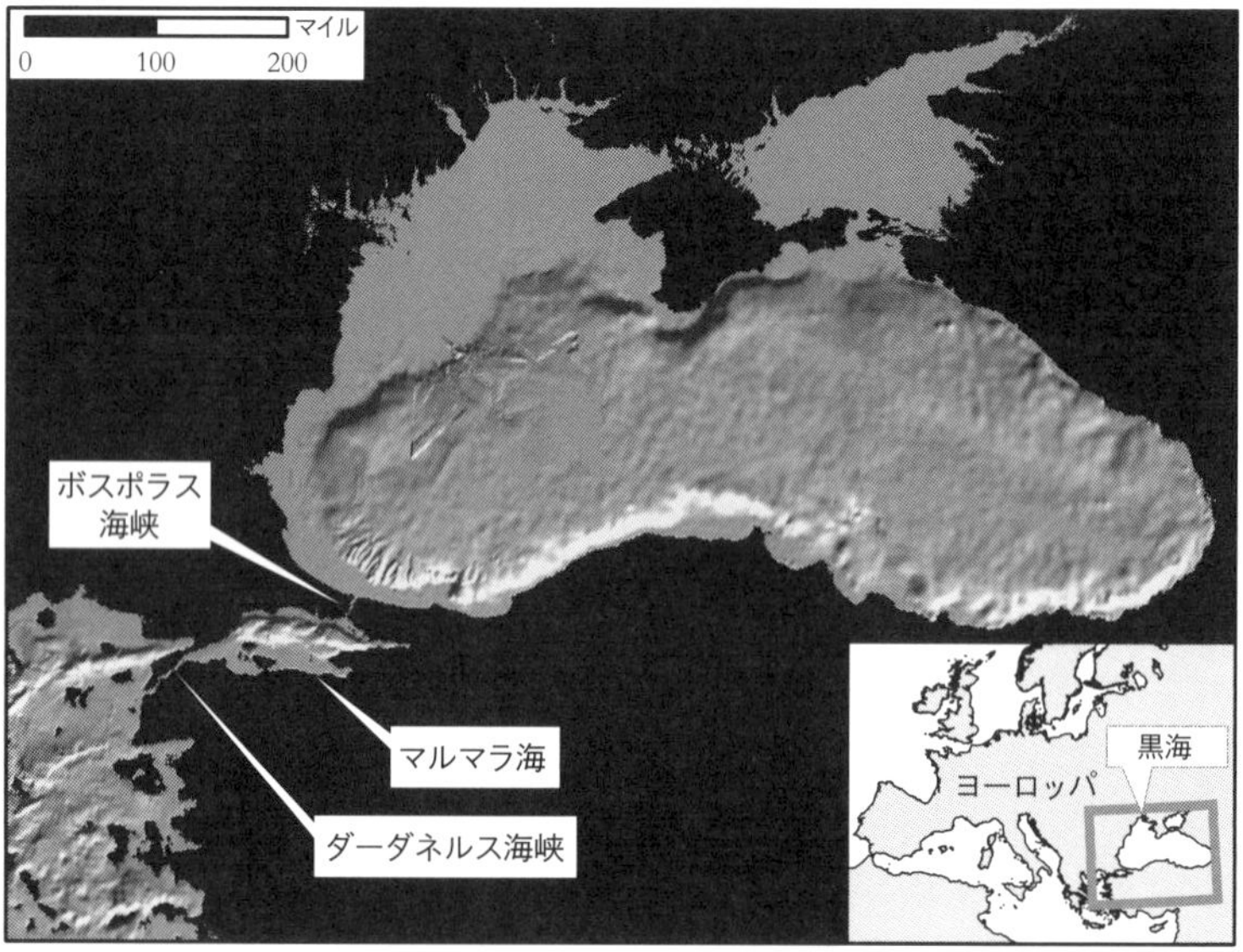

黒海の地図。ダーダネルス海峡、マルマラ海、ボスポラス海峡を通じて地中海につながる

もいる。たとえば、一九六〇年にコロンビア大学の地質学教授ローズ・フェアブリッジは、最終氷期の末期に氷冠が溶けて、海水面が一〇〇メートル以上も上昇したとき、海岸近くの低地に住んでいた人々が洪水のために移住を余儀なくされ、洪水伝承が生まれたのではないかと提唱した。しかし、フェアブリッジの説を支持する者はいなかった。一年に三〇センチにも満たない海面上昇を逃れるのに方舟を造る必要があるとは思えないからだ。

しかし、北米では八三〇〇年から八二〇〇年前に氷河の後退に伴って氷床が溶け、海水面が急激に一・五メートルも上昇している。アガシー湖が最後の大洪水を引き起こしたのもちょうどこの頃だ。このときの海面上昇で、ヨーロッパの沿岸地域は軒並み水没し、農耕に適した土地が突然失われてしまった。この海面上昇は、新石器時代の人々が突然移動を始めた時期や、狩猟採集生活が営まれていた地域に農業が広まった時期と一致する。それ以前は、ヨーロッパの新石器時代の遺跡はアナトリア〔小アジア〕とギリシャに限られていたが、急激な海面上昇の後、農業がヨーロッパ各地に広まった。海水面の上昇がどうして石器時代の人類に移動を促したのだろうか?

この突然の海面上昇で、ボスポラス地峡の峡谷部を破って、地中海の海水が黒海盆地にあった淡水湖へ流れ込んだという仮説が提唱されている。七万二五二〇平方キロメートル近くに及ぶ地域が水没し、湖の水位は海面と同じ高さまで上昇したと思われる。この洪水で村が水没し、離散の憂き目に遭った農民も出たかもしれない。

一九六九年の春に、海洋探査船アトランティスII号が、黒海の海底で注目すべき有機物の堆積層を発見した。黒い泥層を真ん中に挟む三層の地層が見つかったが、それは、海が一度、淡水湖になり、その後、再び海に戻ったことを示していた。奇妙な黒い泥層の半分が動植物の遺骸でできている箇所もあった。有機体の黒い泥は風変わりな灰色の粘土の上に乗っていたが、その粘土の細孔の中には淡水が入っていた。最下層には塩水に棲む動物相が見られ、それが一度、淡水の生物に置き換えられた後、しばらくしてから再び塩水の生物種に入れ替わっていた。海水面が低く、河川が氷河の溶けた水で増水していた頃は、黒海は淡水の湖だったようだが、その後に海水が流れ込んだため、湖底付近は水が淀み、酸素の乏しい状態になった。これはいつ頃に起きたのだろうか? 真ん中に挟まれた黒い泥層を放射性炭素年代測定法で調べた結果、およそ七〇〇〇年前だということがわかった。

最新の地質学的知見と聖書の矛盾を解消することを目的として一八六五年に設立されたヴィクトリア協会というキリスト教団体が、一九七二年にノアの洪水についてシンポジウムを開催した。このとき、英国人で聖書科学を信奉するロバート・クラークが、黒海の底で発見された有機泥層はノアの洪水で堆積したものではないかと述べた。おそらく、南極で大きな氷山が海に崩れ込んだり、氷冠の下で火山が噴火したりしたときに、海水面が上昇して、黒海に流れ込んだのだろう。いずれにしても、黒海の底近くは水が淀んでいるので、水没した地形が保存されているはずだとクラークは考えた。しかし、ノアの故郷が黒海の泥の下に眠っているかもしれないという主張を真剣に受け止める人はほとんどいなかった。

しかし、地中海と黒海の間で水の出入りがあることは昔から知られていた。淡水の方が軽いので、地中海から黒海へ流入する重い海水は底の方を流れるが、黒海から地中海へ流出する淡水はその上を流れてゆく。蒸気機関が発明されるまで、水夫たちはダーダネルス海峡とボスポラス海峡を通って黒海へ向かうときは、海底付近を流れる速い海流の中に石を詰めた籠を沈めて、船を引っ張ってもらっていた。表層では黒海から淡水が流れているが、その下の底層では、いわば海水の川が黒海へ向かって流れていたのだ。

一九九三年に海洋学者のビル・ライアンとウォルター・ピットマンはロシア・アメリカ合同調査隊を率いて、戦略的に重要な黒海の海底を調査した。海底をソナーで探査しているとき、太古の河床や川によって侵食された峡谷、湖岸線がある証拠を見つけた。海底堆積物を採取したところ、灰色の粘土層がその上の黒い泥層に替わると、含まれている貝は海水棲のイガイから淡水棲のイシガイに替わった。研究室から戻ってきた炭素年代測定の結果を見て、二人は驚いた。試料を採集した場所や深さに関係なく、最初に淡水湖に侵入した海生生物は同じ年代のものだと判明したのだ。黒海の至るところで、酸素の減少と塩水の流入が同時に始まっていた。これは、大量の塩水が淡水湖に一気に流れ込んだときに起きる現象と考えられる。

小規模な爆発を起こして地震波の伝播する速度を測定することで、解像度の高い海底地層の断面図が得られるが、その結果、海底の堆積物の下にかつての地表面が埋もれていることがわかった。この地表面は上下の堆積層と不整合を成しており、黒海を隔てる敷居となっているボスポラス海峡の基盤岩よりもずっと下まで伸びていた。海底を掘削して取り出したボーリング試料には、乾燥してひび割れが生じた地面や灌木の根が海洋の泥をかぶった状態で入っていた。地質試料として取り出された各地層に含まれる放射性同位体の組成の変化から、黒海の海底に海の生物が住めるようになるほど地中海から海水が流れ込むのに、およそ一〇〇〇年を要したと推定された。また、二〇〇〇年に行なわれたその後の調査で、現在の水面より百数十メートル下に玉石の浜があるという証拠が見つかり、そこがかつての湖岸線だったことがわかった。

ライアンとピットマンには、地中海から黒海に海水が流入する少なくとも一〇〇〇年前から、この地域で農業が行なわれていたことがわかっていた。肥沃な盆地に暮らしていた人々は、自分たちの世界が洪水で水没したとき、家畜を連れて逃げ出さざるを得なかっただろう。この時期は、ヨーロッパやメソポタミアの氾濫原に農耕文化が初めて伝わった時期と一致することが、考古学的研究でわかっている。ここでも、ノアの洪水を合理的に説明する根拠の候補が見つかったのだ。

黒海に突然塩水が流入したという、ライアンとピットマンの主張に異を唱える科学者もいる。黒海と地中海をつなぐマルマラ海の海底ボーリング試料には、微小な海生生物（有孔虫）が含まれていたのだ。こうした微生物が見つかったことから、彼らが推測したよりも早い時期に、穏やかな海水の流入があったのではないかと考えられるのだ。さらに、黒海に注ぐドナウ川の河口には洪水以前に堆積した三角州があり、その標高から考えると、洪水以前の黒海の水位は現在よりもせいぜい三〇メートル低い程度だった。したがって、ライアンとピットマンの主張する洪水で黒海の水位が上昇したとしても、三〇メートルを超えたはずはない。黒海の洪水仮説に関して地質学者の意見は分かれているが、二〇〇七年に刊行された、この仮説の地質学的根拠を検証した本を執筆した著者の多くは、過去一万二〇〇〇年の間に起きた地中海から黒海への海水の流入は壊滅的なものではなく、穏やかなものだっただろうと論じている。いわゆる「ノアの洪水仮説」をめぐる地質学的論争では、現在も活発な議論がくり広げられている。

一九九〇年代にライアンとピットマンの仮説を初めて耳にしたとき、筋が通っていると思った。ノアの洪水を合理的に説明しているように思えたのだ。しかし、当時の私は、メソポタミアの洪水が起こる前のシュルッパクの最後の王はジウスドラだと記したシュメールの粘土板のことは知らなかった。現在では、ノアの洪水が黒海で起きたものか、メソポタミアで起きたものかを判断することはできないだろうと思っている。いずれも興味深いし、一見すると合理的な説明だが、決め手に欠ける。

メソポタミアに最初に農業を伝えた人々がどこから来たかは不明だが、初めてメソポタミア南部に農耕が伝わったのは、地中海の海水が黒海に流入してから少し後のことだった。シュメールの都市の下にはこうした農耕民族の集落の遺跡が乱されずに残っており、文化的な断絶を示す考古学的証拠も一切ないので、メソポタミアに初めて農業を伝えた民族はシュメール人の祖先と考えられる。この農耕民族は故郷が黒海の底に水没したとき、洪水を逃れてメソポタミアへたどり着き、自分たちの世界を破壊した大洪水の話を伝えたのだろうか？　もしそうならば、ティグリス川とユーフラテス川に挟まれた低地に住んでいた人々の間で、洪水譚は尾ひれがついて大仰になっていったのだろう。

創造論者は直ちに、ノアの洪水を科学的に裏付けるライアンとピットマンの仮説を非難した。自分たちが主張する地球規模の大洪水ではないからだ。規模が大きいとはいえ、黒海の洪水はノアの洪水ではありえない。ノアの洪水の足元にも及ばないのだ。影響力のある創造論者のウェブサイトで、ライアンとピットマンは聖書を損ねようとしたと非難された。他の創造論者は、地球規模の洪水が史実だということを否定する者は悪魔に惑わされているのだと単純に考えていた。

かつて地質学者と保守的なキリスト教徒の両者が、黒海の大洪水の証拠はノアの洪水を証明するものだと解釈して、創世記を史実と認めそうになった時期があった。しかし、時代は変わった。現在では、地質学者がノアの洪水を裏付ける証拠を示し、創造論者は証拠がないにもかかわらず、地球規模の洪水を信じることをあくまで要求している。しかし、ノアが黒海の底に沈んだ地域に住んでいた民族の一人だった可能性を否定できるだろうか？　現時点は、地質学も考古学も歴史学も、この問いに対する答えを出せる段階ではない。こうした問題に一家言もっている者にとっては、真実は依然として信念の問題なのだ。

12 幻の大洪水

よく疑問に思うのだが、どうして創造論者は、生物化石に整然とした順序があるという発見から放射年代測定法の開発やプレートテクトニクス理論に至るさまざまな科学の進歩を否定することができるのだろうか？　もっと首をひねるのは、聖書の記述を裏付けるように思えるときでさえ、科学を否定してしまうことだ。現代創造論者の考え方を理解する鍵は、ジョン・ウィットコム（一九二四年～）とヘンリー・モリス（一九一八～二〇〇六年）の影響にあるようだ。神の言葉が科学の気まぐれに屈していると感じて衝撃を受けた二人は一冊の本を著したのだが、それが契機となって、若い地球説を標榜する創造論が現代に復活したのである。

ウィットコムは、一九四八年にプリンストン大学で古代史とヨーロッパ史を学んでいた一年生のとき、福音主義キリスト教に改宗した。プリンストンを卒業すると、インディアナ州のウィノナレイクにあるグレース神学校というファンダメンタリストの学校に入学し、後にそこで旧約聖書とヘブライ語を教えた。ウィットコムはパットン将軍（一八八五〜一九四五年）の右腕の息子で、好戦的な若者だった。この若い聖書教師は、古い地球説と局地的な洪水説を信奉することは、斉一論的地質学を無批判に受け入れることに根差した言語道断な愚挙だと考えた。

南部のバプテスト派として育ったモリスは、大学の学部生時代は宗教に無関心だったが、卒業するとしばらくの間、真剣に自分の魂を探求する日々を過ごし、その後に進化論を否定して、字義通りに六日間で天地創造がなされたと信じるようになった。しかし、信仰と世俗の興味の間で葛藤することはなく、ミネソタ大学の大学院に進み、水理学で博士号を取得した。モリスは大学の教師になり、ヴァージニア工科大学土木工学科の学科長にまで出世した。

旧約聖書の理論家と水理学者というこのユニークな二人は、一九五三年の夏に開催された米国科学協会の年次大会で出会った。モリスが「近年の天地創造と地球規模の大洪水を裏付ける聖書の証拠」という講演を行なったときに、ウィットコムが聴きに行ったのだ。彼は講演内容に感心し、ここに自分の仲間がいたのだと思った。一方、J・ローレンス・カルプが洪水地質学を厳しく批判したことを知っている聴衆の一人が、穏やかにではあるが、モリスの話はすでに却下されていると述べたことに愕然とした。

さらに、地球規模の洪水を否定したバーナード・ラムの著書が福音主義者の間で好意的に受け入れられたことに激怒して、ウィットコムは地球規模の洪水を裏付ける聖書の証拠について論文を書くことにした。一九五七年に論文を書き終えると、すぐに出版社を探した。福音主義の老舗出版社のアードマン社とムーディ社が興味を示したが、アードマン社は原稿を読んで、出版を断った。ムーディ社は引き受けてくれたが、ノアの洪水の科学的側面を扱った章については、博士号をもつ研究者、できれば地質学者に査読または共著者になってもらうことを勧めた。ウィットコムは渋々と承諾した。なんとか一人の地質学者に原稿に目を通してもらえたが、その学者は原稿を読んで唖然とした。そして、このような世界を破壊する大洪水が真実ならば、経験豊富な地質学者がとうの昔に論文にまとめているだろうと手紙で伝え、ウィットコムに地史学の基礎を勉強するべきだと諭した。

しかし、ウィットコムは地質学者の忠告に従おうとはせずに、仲間の創造論者の助言だけを求めることにした。意見を求めた仲間の中では、モリスが一番熱心に力になってくれた。最初の三章に感心したモリスは、自分も洪水地質学の本を書こうとしていたことを打ち明け、皮肉や嘲笑を避けるために、神学的議論だけをするように助言した。そうすれば、地質学の論争に陥るという愚行を避けられるだろうと考えたのだ。

ウィットコムは、洪水地質学に対する専門的な反論にくわしい人物から意見を聞くことができたのをありがたく思い、モリスに共同執筆の依頼をした。モリスは二つ返事で承諾し、それから四年後に論文が完成したが、ムーディ社には受け取ってもらえなかった。しかし、進化論の根拠となる地質学に異を唱える小さな出版社から、一九六一年に『創世記の洪水』として出版されるに至った。

初めの章では、方舟に乗らなかった人類や動物を破滅させた地球規模の洪水が史実であると長々と述べられている。ウィットコムとモリスは、ジョージ・マクレディ・プライスよりも考古学的証拠や地質学的証拠を積極的に認めてはいるが、プライスと同様、証拠の評価の仕方には選り好みや偏見が見られる。「このように判明した歴史の枠組を私たちの基準として、すべての関連するデータがこの条件下でどのように理解できるか検証してみる。……ここで行なうのは科学的な判断ではなく、精神的な判断である」(1)と二人は率直に認めている。

二人の考えでは、キリスト教徒は「ノアの洪水の記述が誤りで否定されるべきか、あるいは聖書の記述を否定していると思われる地史学の方が間違っていて、訂正する必要があるのか[2]」という厳しい選択を迫られている。

神の言葉が自分たちを惑わすはずがないと確信していたウィットコムとモリスは、科学と聖書を融和させるためにはどうすればいいか、はっきりわかっていた。科学に合うように聖書を解釈し直すのではなく、「聖書をして語らしめ、それから地質学的データをその教えに照らして解釈せよ[3]」と説いた。つまり、聖書を読んで地質史を理解したら、その解釈を裏付けるデータを探し出し、それに反する証拠は無視するのだ。

ウィットコムとモリスはまず、聖書の無誤性を自明のこととして前提条件とし、ノアの洪水の記述が示す明白な意味と矛盾する、穏やかな洪水や局地的な洪水を否定した。ノアの洪水が地球規模のすさまじいものだったのは、どんなバカでもわかるだろうというわけだ。

二人は聖書の記述から推測した地質学的結果をいくつも示した。四〇日間続いた世界的な豪雨で、途方もない量の水が地上に降り注いだことは確信していたが、雲の中に溜められた水量では、世界を水没させられないことは認めていた。洪水の水の供給源は雲以外でなければならないので、天地創造以来、地下に溜められていた水が地上にあふれ出したに違いないと考えたが、それでも足らずに天の水も持ち出した。

聖書には、天空の上にある水について謎めいた言及をしている箇所（創世記一章七節）があるが、ウィットコムとモリスはこの言及に基づいて、神は原初の世界を巨大な水蒸気の天蓋で覆っていたと論じ、ノアの洪水の水は十分にあったと主張した。ちなみに、一七世紀に天文学者のエドモンド・ハレーがすでにこれと同じ主張をしている。しかし、二人は水蒸気の天蓋をどうやって地上に降ろしたのかを合理的に説明することができず、さらに奇跡を持ち出した。神は水の天蓋を空の上に吊しておいたので、必要に応じてそれを切って落とせばよかったと言い逃れをしている。

この水蒸気の天蓋は、宇宙から来る有害な放射線を遮っていたので、アダムや洪水以前の人類の祖は信じられないくらい長生きできた。また、天蓋がもたらした温室効果で、地球全体が熱帯の気候になったので、温暖な環境に生息する生き物の化石が世界中で見つかるのだ。

神の御業により、天蓋から水が四〇日間降り注ぎ、崩落した低地に水が流れ込んで、世界の大洋となった。地殻変動で大陸が隆起する一方、破滅的な洪水で生物は堆積物に埋められ、やがて化石になった。それから数ヵ月の間、世界は地震や火山の噴火で揺さぶられ、その後はしばらく氷河時代が続いた。さらにウィットコムとモリスは、岩石に残された記録がこうした推測をすべて裏付けていると主張した。しかし、二人が持ち出した証拠は、「化石が含まれているのも、地球の歴史とされているものが主に準拠しているのも堆積岩だが、その堆積岩のほとんどは流水によって形成されている(4)」というものだ。

洪水は地球規模だったと二人は主張し、その専門的な根拠に堆積岩の存在とそれが流水によって形成されることを挙げているが、そこから一足飛びに、世界を水没させたノアの洪水は史実であるという結論を下すのだ。

ウィットコムとモリスは地質学の教科書を文脈を無視して引用し、地質学者は岩石の相対年代の決定に化石を利用していると述べ、伝統的な見解を非難している。すでにシッカーポイントやグランドキャニオンのような場所で地層の順序が確立されていることは完全に無視しているのだ。二人はプライスが地質学者からまともに相手にされていないことは知っていたが、化石記録に順序が見られるのは、洪水以前の世界は地域によって環境が異なっていたことを示しているというプライスの考えを取り入れた。最古の岩石には単細胞生物の化石しか含まれていないが、岩石が新しくなるにつれて、含まれる化石生物の多様性と構造の複雑さが増す理由を説明するために、二人は三つの説を挙げている。一つは、堆積物と化石は密度に応じて沈殿するというウッドワードの唱えた説だが、この説はとっくの昔に否定されている。二つ目は、海の動物は最初に死に絶えたので、古い地層に埋もれているという説である。三つ目は、特定の動物は、解剖学的構造によるものか創意工夫によるものかはわからないが、洪水に見舞われたときにすぐには溺れ死ななかったので、洪水がもたらした堆積物の上層に埋まったという説だ。

地質学の基礎知識がある人なら、どの説も化石記録を説明できないことぐらいすぐにわかるだろう。決定的なのは地層に含まれる化石にはっきりとした順序が見られることだ。三葉虫は一番下の地層でしか見つからないが、そうした地層に含まれる化石はたいてい華奢な浮遊生物のもので、密度の高い化石は見られない。化石が堆積する順序に水力学的な選別作用が関わっているとしたら、液体の中を密度の等しい物体が沈む場合、大きな物体ほど速く沈むので、小さな三葉虫は大きな三葉虫よりも上で見つかるはずだ。しかし、岩石の中に残された化石にこのような順序は見られない。低地に生息していたナマケモノは、短時間で山に逃げることはできなかったはずだが、その化石が見つかるのは一番上の新しい地層だけだ。恐竜と人類が同じ岩石層で見つかることはない。

数世紀前にこうした説を最初に唱えた者たちは、自説を地質学的記録に照らして検証しようとしたが、ウィットコムとモリスはそのようなことはしなかった。その代わりに、一般に受け入れられている地質学的証拠を疑問視し、聖書の記述の不都合な側面を説明するために、先人と同様に、必要に応じて言い逃れを考え出したり、奇跡を持ち出したりした。動物を方舟に乗せたり下ろしたりする問題を解決するために、方舟に乗れた動物は近くに住んでいたものだと主張した。いずれにせよ、洪水以前の世界は地形が現在とはまったく異なっていたはずだ。動物たちの世話や餌の問題については、超自然的な助けがあったとだけ述べている。

人類が北米に到達したのは紀元前一万年頃だというのが、当時の考古学者たちの一致した意見だったので、ウィットコムとモリスも、ノアの洪水がそれ以前に起きたはずがないことは認めざるを得なかった。そこで二人は、放射性炭素による年代測定法を否定し、考古学者の推定した年代は間違っているはずだと結論づけたのである。炭素年代測定法は洪水後の年代の測定にしか使えないと主張するために、特に大気中の炭素14の濃度、宇宙線の入射量、放射性元素の崩壊率が一定であるという仮定を批判した。原始地球を覆っていた水蒸気の天蓋が宇宙から来る放射線を遮断していたので、ノアが下船する前の大気では炭素14の生成は抑えられていたと論じる一方で、地質学的データが若い地球説と矛盾しないように、洪水以前は放射性元素の崩壊率はもっと大きかったと主張したが、天蓋が落ちるまでの間は温室効果で楽園は灼熱地獄と化しただろうという点は無視した。

放射性炭素年代測定法は、過去の地球の大気や宇宙線の変動に影響を受ける、という二人の主張には一理ある。しかし、宇宙線の量が変動するのは確かだが、測定の結果に大きな影響を与えるほどではない。さらに、宇宙線が放射性炭素年代測定の結果に深刻な影響を及ぼすという二人の主張は、一九八〇年代にワシントン大学のミンツ・スタイヴァーらによって根拠がないと立証ずみだ。スタイヴァーらは、伐採された年がわかっている木材の断面に見える年輪のうち、いくつもの異なる木で年代が重なっている年輪の部分を利用して年を数え、個々の年輪を放射性炭素年代法で測定した。ちょうど、バーコードを読み取るような調子だ。それを利用して、炭素年代測定法の誤差を補正し、一万三三〇〇〇年前まで遡る較正曲線を作成した。

しかし、ウィットコムとモリスは炭素年代測定法を否定しただけでなく、さらに動植物や土壌、岩石はどれも古く見えるように創られたのだと主張した。神は岩に含まれている放射性同位体の組成を操作して、本当に古い岩石で測定されるのと同じにしたというのだ。二人によれば、放射性炭素年代測定法にとって厄介な問題は、岩石や化石には神の手により適切な量の放射性同位元素が入れられており、本当に古いように見せかけられていることだという。

地質学的証拠を巧みにかわすために、神は世界が古く見えるように創ったのだと主張したのはウィットコムとモリスが最初ではない。このような考え方は一九世紀に地球規模の洪水説を信奉した人々の間で広く受け入れられていた。彼らは、神が前もって化石を岩石の中に入れておき、自然に堆積したように見せかけたのだと主張していた。ヴィクトリア朝のイギリスで嘲笑された考えが、冷戦時代のアメリカに根付いたのだ。

ウィットコムとモリスは、洪水が起きる前には巨人族がいたというコットン・メイザーが唱えた説も焼き直している。テキサス州のグレンローズ付近を流れるパラクシー川沿いで発見された恐竜と人類の足跡化石は重なり合うほど近くに残っていると主張し、両者の足跡が並んで写っているとされる写真も掲載している。足跡が非常に大きいことを指摘して、二人は洪水以前に巨人族が住んでいたという聖書の記述に言及した。しかし、後に件の足跡を自分の目で確かめたモリスは、恐竜の足跡にすぎないことを認めた。(5)

ウィットコムとモリスは、ノアの洪水を持ち出してすべての堆積物を説明し、一七世紀の宇宙論者から無断借用と見なされそうな地質史を提唱した。二人は一八世紀と一九世紀の洪水説信奉者たちに世界規模の洪水説を断念させた地質学的証拠をことごとく無視して、地質学者がまだ解明していない問題に的を絞って論陣を張った。地層に埋まった化石は時代によって種類が異なるという見方にこだわらなければ、大洪水説も地質学的な諸説と同様に、納得の行く説明ができると考えていたのだ。

ウィットコムとモリスは地球科学者の見解に見られる伝統的な問題点を指摘しているが、その懸念にはもっともなところもある。たとえば、恐竜が絶滅した原因は何なのか？　原因を探る仮説の多くは厳しい反論に遭っている。いわば、最後の章が失われてしまった推理小説だ。

さらに、大陸の高いところに取り残されている大規模な海洋堆積岩層も謎だ。海のものがどうやって陸に上がったのか？　ウィットコムとモリスは、地質学者がこの現象をまだ解明していないことに気づいた。現在、山脈を隆起させる力をもっていると考えられるのは地震だけだが、二人の考えでは、聖書に記されている地球の歴史は非常に短い時間なので、その間に起きた地震による隆起はたいしたものにはならないだろう。二人によれば、山を隆起させたり、岩石を褶曲させたりする作用はもはや働いていないのである。

ウィットコムとモリスは伝統的地質学の致命的な欠陥と思われる点に付け込んで、地球規模の大洪水というすでに信憑性を失った仮説を復活させたのだ。二人が唱える説は科学的データに裏打ちされたものではないので、プレートテクトニクス理論が登場するとじきに潰えることになるのだが、当時の地質学者はまだ大陸移動の謎を解明できていなかった。

地質学者が丹念に解き明かしてきた岩石層の順序は、主に化石の遷移〔ある場所に生息する生物群集が時間と共に変化していくこと」という概念に基づいているので虚構だ、とウィットコムとモリスは主張した。地質学者は含まれている化石に基づいて岩石の年齢を特定し、それによって地質史を解き明かしているので、循環論法に陥っていると二人は考えたのだ。彼らの言う通りならば確かに循環論法になるが、その言葉づかいを見ると、批判している対象を理解していないだけでなく、地質学と進化論を混同していることがよくわかる。

地質学では、基本的にステノが提唱した地層累重の法則（地層の上下関係）に基づいて、地層の相対年代を決めている。化石の遷移が地層の順序に従っていることは、仮定ではなく、立証された事実である。本書の冒頭で紹介したグランドキャニオンのような場所では、岩壁に露出した地層を一目見ればその順序は明らかにわかるので、化石記録を調べるまでもないのだ。

ウィットコムとモリスは、古い化石が新しい化石の上に見られる場所を挙げて、地質学者が化石遷移という先入観に合わせるために地層の柱状図〔断面図〕をでっち上げている証拠だと述べている。しかし、地域の地質構造をマッピングすれば、褶曲や断層による変形がわかることも、層序〔地層の順序〕が逆転しているかどうかを独自に判定するよく知られた方法があることも、二人は無視している。たとえば、砂層に残った漣痕の方向や、肌理の細かい岩石に見られるマッドクラック〔粘土や泥の乾燥によるひび割れ〕から、堆積岩層の上下がわかる。古い地層が新しい地層の上に乗っている場合には、層序が逆転していたり、断層面や断層帯には剪断《せんだん》されたり破砕された岩石のかけらが見られるなど、褶曲または衝上断層の証拠が必ず見つかるのだ。こうした関係は岩石に含まれる化石の種類とは何の関係もない。

このほかにも、雨痕の方向、級化層理（粒の粗い物質の方が速く沈殿するので、堆積物の下層を占める)、生物が掘った穴の方向が当時あった一番上の表層から内部へ向かっている点など、層序が逆転しているかどうかを知る方法はまだある。

層序の逆転が存在することこそが、洪水地質学にとっては致命的な問題なのだ。洪水の最中に重力の働く方向が入れ替わるようなことでも起きないかぎり、一回の洪水で堆積物に層序の逆転が生じるはずがないからだ。また、ノアの洪水以降、たいした地形の変化が起きていないのなら、洪水で一旦形成された地層がどうしたらひっくり返ることができるのだろうか? 一方、十分な時間があれば、大陸同士が衝突したり擦れ合ったりしたときに、断層帯で地層の変形が生じて、岩石層の逆転や入れ替わりが起きる可能性は十分にある。

これだけでも十分だろうが、さらにサンゴ礁の化石が洪水地質学にとどめを刺している。ウィットコムとモリスは、地質記録に残っているサンゴ礁の化石はノアの洪水で海底からはぎ取られ、他の諸々といっしょに堆積したのだと説明している。しかし、私も学部生時代に野外実習でサンゴ礁の化石を実際に観察したが、荒れ狂う洪水に翻弄されてバラバラになったサンゴの破片が砕屑物の中に無秩序に混ざっているのではないのだ。大きな石灰岩の塊になり、繊細なサンゴの枝がまだ付いているものもある。礁湖、前礁と背礁、開けた海水域の環境と共に、サンゴ礁がそっくり保存されている。現在のサンゴ礁とまったく変わらない。サンゴ礁の一部を粉々に砕いて世界中にばらまく一方で、一部を元のまま保存するというのは筋の通らない馬鹿げた話だ。

ノアがサンゴ礁を方舟にどうやって乗せたかという厄介な問題はさて置くとして、ウィットコムとモリスが主張しているようなノアの洪水が起きたとしたら、方舟に乗せてもらえなかったサンゴは堆積物の混ざった濁流で絶滅してしまっただろうと思われるので、洪水の後に現代のサンゴ礁ができあがるまでに要した年数は簡単に算出できる。サンゴの個体は一年に一・三センチほど成長するが、サンゴ礁には絶え間なく波が打ち寄せるので、普通は年に数ミリしか成長できない。百歩譲って、年に一センチ成長すると仮定しても、サンゴ礁の厚みが一〇〇〇メートルになるまでに一〇万年を要する。

ウィットコムとモリスの主張には、このほかにも致命的な欠陥がある。水蒸気の天蓋に覆われていた原初の地球はどこでも一様に穏やかな気候に恵まれていたとする説には、厄介な問題が潜んでいる。現在の海洋水の三分の一程度でも水蒸気の天蓋として空中に吊すと、地上の大気圧が高くなって、生き物は押しつぶされてしまうだろう。さらに、温室効果は暴走を始め、楽園は灼熱地獄と化すだろう。

最後に、聖書は堆積岩や化石のことに一言も触れていないが、ウィットコムとモリスの論法で行くと、ノアの洪水以前には堆積岩は存在しなかったという洪水地質学の中心となる主張は否定されてしまう。聖書を字義通りに解釈すると、洪水が起きたとき堆積岩はすでに存在していたことになる。ノアが方舟の防水用に使用した瀝青（創世記六章一四節）は、堆積岩からとれる物質だからだ。

ウィットコムとモリスはこうした矛盾には取り組まずに、ひたすら斉一説に挑みかかった。進化論というさらなる悪の根源は斉一説だと考えていたからだ。斉一説を唱えたライエルは、自然界の法則は不変だと主張したのだが、二人はそれを「万物は現在に至るまで変化したことはない」と取り違えていた。ライエルは、地球規模の洪水がもたらした堆積物の種類を知りたければ、まずは大きな洪水が残した堆積物の研究から始めるのが望ましいと考えていた。地質学の発展のために健全な方法論の基礎を築こうとしていたのだ。奇妙な話だが、ウィットコムとモリスは、何世代にもわたり地質学者はライエルに惑わされてきたと激しく非難した後に、手の平を返したようにライエルの斉一説的な論法を使って、ノアの洪水にかき混ぜられた瓦礫は、水力学的な力の作用で化石を含む地層にきれいに分かれたのだと主張した。

ウィットコムとモリスの『創世記の洪水』に対して、キリスト教徒は賛否両論の反応を示した。福音派の雑誌の中には創世記を擁護しているとして賛辞を寄せたものがあったが、ウィットコム自身も認めているように、知り合いの中でも多くの福音主義者は古い地球説を受け入れていた。それでも、この本はファンダメンタリズムを信じる庶民の間で人気を博し、洪水地質学を復活させて、現代創造論を生み出した。

若い地球説を主張するウィットコムとモリスの著書が、ファンダメンタリストの間でこれほど大きな共感を呼んだのはなぜだろうか？　それ以前に出版された創造論の本とは異なり、注釈がついているので学術的な香りがしたからではないか、とある批評家は述べている。また、ウィットコムとモリスは聖書の意味を常識的に捉えるように力説しているので、一日一時代説や断絶説のように聖書を解釈し直すことで科学と折り合いをつけようとする者よりも、聖書に忠実なように思えたのだろう。二人が主張する洪水地質学では、一日を一時代と解釈したり、聖書の記述にないギャップ《ギャップ》を持ち出したりする必要がない。ウィットコムとモリスに言わせれば、聖書はただ文字通りのことを述べているだけで、実に単純な話なのだ。二人が示した聖書の読み方がファンダメンタリストに受けたのである。

また、二人の著書が支持を得た理由としてもう一つ、創造論者たちはみずから選んで、何世代にもわたって社会と隔絶した生き方をしてきたので、読者は現代地質学についてほとんど知らなかったということが挙げられる。さらに、その頃、宇宙開発競争でソ連に後れを取ったアメリカが、理科教育の振興を図る必要性を感じ、高校で進化論の記述のある教科書を採用する動きが広がっていて、ファンダメンタリストの怒りが爆発していた。二人の本の出版は、ちょうどその時期と重なったのだ。

ウィットコムとモリスは、地質学から進化論を経ると必ず共産主義に至るのだと決めつけ、それをキリスト教徒のアメリカに対する脅威と見なした。一世紀前のカール・マルクス（一八一八〜一八八三年）の葬儀で弔辞を述べたフリードリッヒ・エンゲルスは、ダーウィンを引き合いに出し、マルクスは経済の進化法則を発見したと言ってその業績を称えた。それから一世紀後、ウィットコムとモリスは、エリート科学者を「キリスト教を放棄して、公益という社会主義的理想の推進に肩入れする道徳心なき輩」と見なし、その台頭に世界が脅かされていると考えたのだ。現代社会に荒廃をもたらした元凶は、地質学と地質学に後押しされた進化論である。二人は、共産主義者と同様に地質学者も阻止しなければならないと信じていたのだ。

モリスはその後、「創造研究所」を設立すると、一般大衆向けにカラー図版満載の豪華本を出版したり講演を行なったりして、洪水地質学の普及に努めた。研究所は巧妙に宣伝活動をくり広げて、若い地球説を掲げる創造論の先鋒を務め、福音主義に影響を与え続けている。

一九六〇年代の半ばに、デイヴィス・A・ヤングという地質学者が現れ、主流の地質学理論をひっくり返そうとするモリスの運動に希望の光が差したように思われた。ヤングは著名な旧約聖書学者の息子で、一九五〇年代にプリンストン大学で地質工学を学んだときには、軽い気持ちで斉一説を受け入れていた。だが、ペンシルヴェニア州立大学の鉱物学の修士課程に入学した後に『創世記の洪水』を読み、地質学者はノアの洪水を裏付ける証拠を再び探す必要があると確信するに至った。この難題に立ち向かうためにブラウン大学の博士課程に入ったが、一九六九年にはもう地球規模の大洪水があったとは信じていないとモリスに打ち明けている。それでもヤングは聖書の無誤性を深く信じていたが、その一方で、若い地球説を支持する創造論〔YEC派〕を批判する代表的な福音主義の科学者となった。

一九七二年にヤングが長老派の雑誌に書簡を送り、地質学に無知な創造論者はキリスト教の信頼性を脅かしていると警告したとき、モリスの失望は怒りに変わった。ヤングはそれから五年後の一九七七年に『創造と洪水』という著書を書いてさらに先まで踏み込み、創造論者は似非科学を説いていると非難すると共に、聖書の再解釈を推し進めている米国科学協会を行きすぎだと批判した。福音主義キリスト教徒を中道に導きたいという願いから、ヤングは地球の歴史を創世記に記されている一連の出来事に結びつけ、天地創造の一週間は比喩的に解釈すべきで、七日目はまだ続いていると述べて、一九世紀の神学者の主張をくり返した。

ヤングは、聖書に収められた各書に掲載されている系図に食い違いが見られることを指摘し(6)、自明と思われる聖書の解釈が必ずしも正しいとは限らないと主張した。聖書を注意深く読めば、科学とキリスト教は基本的に矛盾しないことがわかると考えていたのだ。

物理的、化学的、地質学的、生物学的な法則や作用は天地創造の際に神によって創られ、現代まですっと存在しており、そうした法則に従って宇宙が発展してきたという考えを、キリスト教科学者は無理に否定する必要はない(7)。

ヤングは、ウィットコムとモリスのような洪水説信奉者は完全な想像に基づいて未確認の推測に依存していると批判し、科学界も主流派の神学者もノアの洪水をうまく説明できていないことが、洪水地質学の人気がいまだに衰えない一因になっていると主張した。また、伝統的なノアの洪水説を擁護するキリスト教徒は、科学的な問題を避けるために安易に奇跡を持ち出しすぎる、と苦言も呈している。地球規模の大洪水を立証しようとする創造論者は、可能なかぎり科学的証拠をそろえたと主張しながら、説明に窮するとすぐさま奇跡を持ち出すのが常だからだ。

「ノアの洪水で世界中の堆積岩が形成され、方舟はアララト山に漂着した」という創造論者の主張にも厄介な問題が潜んでいる。この主張は相矛盾しているのだ。トルコの地質図を見ればわかるように、アララト山を形成している成層火山は堆積岩の上に乗っている。つまり、堆積岩より新しいのだ。アララト山が洪水の後にできたのだとすると、ノアはどうすればアララト山に漂着することができたのだろうか？　ノアの洪水で世界中の堆積岩が形成されたという主張は、アララト山そのものによってはっきりと否定されているのだ。

私は『創世記の洪水』を実際に読むまでは、どうすればウィットコムとモリスは信憑性を失った説を大まじめに説き、創造論を現代に甦らせることができたのかと不可解に思っていた。しかし、読んでみて、地質学者が説明に窮している問題を巧みに利用していることがわかった。

一九五〇年代の後半になっても、地質学者には大陸同士の関係や山脈の起源について満足の行く説明ができなかった。一九世紀の大方の地質学者は、大陸の分裂は地球史の早い時期に起きたと考えていた。ドロドロに溶けていた原始地球が冷えて収縮したときに、山脈ができたと考えられていた。大陸は現在の場所で形成され、その縁が縮んで山脈になったのだ。しかし、鉱物が放射性崩壊するときに大量の熱が発生することがわかり、地球が冷却しているという仮説に矛盾が生じた。冷却しなければ、縮むこともない。

一方、ハットンの唱えた山脈形成仮説を受け入れる者もいた。堆積物の層が十分に厚くなると、堆積物の自重で下層に熱が発生し、その熱と自重で下層の物質が岩石に変わる。そして堆積層で熱が発生すると、何らかの作用で隆起が起こり、山脈が形成されるという仮説だ。しかし、海底の地殻は密度の高い玄武岩でできているが、大陸の地殻は密度の低い花崗岩であることが判明した。つまり、海盆を熱しても大陸にはならないのだ。ハットンが提唱した「悠久の地質時代」という概念は時の試練に耐えているが、山脈形成仮説は怪しくなってきた。それでは、山脈の存在と大陸の配置はどのように説明すればよいのだろうか？

大陸移動説を最初に唱えたのは、ドイツの気象学者アルフレート・ヴェーゲナー（一八八〇～一九三〇年）である。ヴェーゲナーは、大陸は衝突・合体と分裂をくり返しながら、ゆっくりと移動していると主張した。今日、存在するすべての大陸は、もともとは「パンゲア」という一つの巨大な大陸だったが、数億年前にゆっくりと分裂し始めたと考えた。ちなみに、ヴェーゲナーがギリシャ語をもとにして名づけたパンゲアとは、「すべての陸地」という意味だ。

ブレッツの洪水説と同様に、ヴェーゲナーの大陸移動説も初めはひどい嘲笑を浴びた。大陸が分裂や合体をくり返すメカニズムを提示できなかったからだ。ヴェーゲナーの主張は生物地理学（地球上の動植物や化石の地理的分布を研究する分野）と、熱帯の生物の化石が高緯度で見つかるのは大陸が気候帯を越えて移動しているからだという仮定に基づいている。現在は共通の種がほとんど見られない大陸同士でも、互いの古い岩石層から見つかる化石がよく似ているのは、大陸同士がかつてはつながっていたからだと思われた。

アメリカの地質学者は、大陸を動かすほどの圧縮力に地殻が耐えられるとは思っていなかった。一九二八年に開催された大陸移動説に関するシンポジウムで、ある著名な地質学者は、ヴェーゲナーは自説に合う事実だけを選んで、都合の悪い事実や原理を無視していると批判した。また、ヴェーゲナーの主張が正しければ、「この七〇年の間に蓄積された地質学的知見をすべて忘れて、始めからやり直さなければならないことになる」(8)と、不平を述べた地質学者もいた。太古の昔から大陸と海洋底は動かぬものであるという伝統的な考え方に矛盾が生じたことはこれまで一度もなかったので、地質学者は地球の歴史を一から説明し直さなければならないとは思っていなかったのだ。

プレートテクトニクス理論が登場して、山脈が隆起するメカニズムが解き明かされるまでにさらに数十年かかった。海洋底の中央を走る山脈(海嶺)から噴出する熱水、海底にバーコードのように並んだ平行な地磁気の帯、地震の地理的分布という三つの謎に地質学者は頭を悩ましてきたが、プレートテクトニクス理論でまとめて考えることで、ようやく謎を解くことができた。さまざまな地域で最新の科学技術を駆使して、それぞれ別個の問題に取り組んでいた研究者のグループによって、地球の表面を大陸が移動するメカニズムを解き明かす手がかりが初めてもたらされたのだ。

ソナー〔音響測深装置〕が開発されるまで、礁や大洋島から遠く離れた深海の地形は、波のベールに覆い隠されていて知る由もなかったが、ソナーの登場でまったく新しい海底の姿が知られるようになった。ソナーは第二次世界大戦中に、敵の潜水艦を探知したり、海上を航行する船舶に照準を合わせやすくしたりするために、水中のレーダーとして広く利用されたが、海底の地形図を作成する際にも役に立つ。その仕組みは単純だ。音波を物体に当て、跳ね返ってくるまでに要した時間を測定する。音速がわかれば、物体までの距離を特定することができる。コウモリが飛行に利用している方法と似ている。海底の地形図を組織的に作成し始めた海洋学者たちは、説明のつかない現象に直面した。海上からは見えないが、世界の大洋の底には野球ボールの表面にある縫い目のように、山脈がぐるりと走っていたのだ。さらに、こうした海嶺の尾根の中央がへこんで長い谷が走り、そこからは熱水が吹

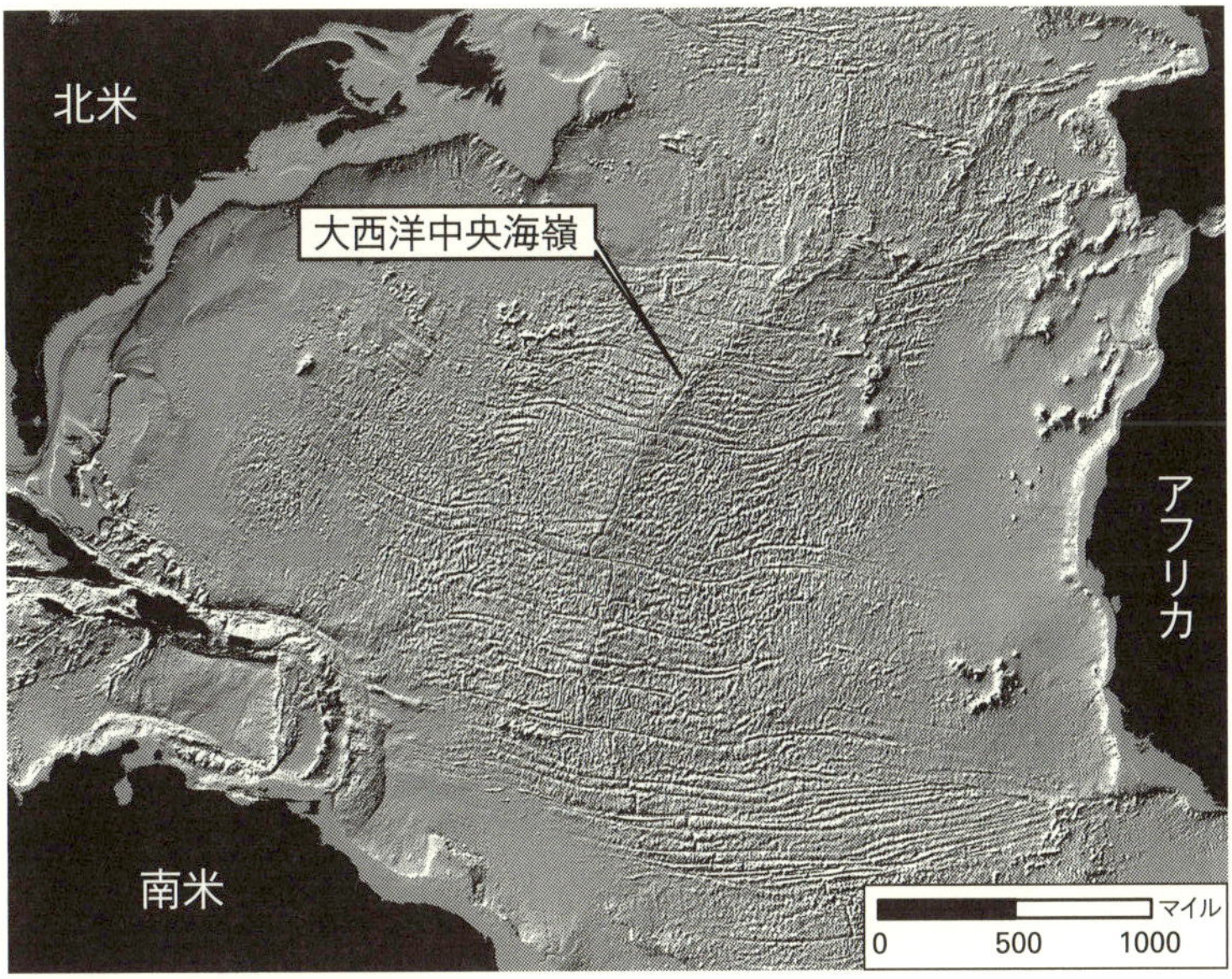

北大西洋の中央海嶺の地図

き出し、裂け目では活発な火山活動が見られた。中央海嶺に沿って海洋底は両側に引き裂かれて広がっていき、海嶺の裂け目では新たに海洋地殻が生み出されているのだ。

磁場（磁界）の強さの微妙な差や磁極（S極またはN極）の方向を検出できる磁力計の開発に伴い、もう一つの手がかりがもたらされた。潜水艦の磁気特性を検出できれば、追跡して撃沈するのに非常に役立つことがわかったが、そのためには海洋底の岩石の磁気と潜水艦の磁気を識別する必要があった。識別には海底の地磁気を示した地図があると便利なので、海軍が磁気図の作成に取りかかったのだが、ここでも驚くべきことがわかった。中央海嶺を軸にして対称的に正磁極〔地磁気の向きが現在と同じ〕の帯と逆磁極〔地磁気の向きが現在と逆〕の帯が交互に現れるのだ。それぞれを黒と白に分けて地図に示すと、海洋底の磁気パターンはシマウマのような縞模様の帯になる。そのことを最初に報告した研究者たちは、まったく説明がつかないと述べていた。しかし、それから一〇年後に、その縞模様は地磁気の逆転を記録した磁気テープのようなものだとわかった。中央海嶺では岩石が次々と形成されているので、古い岩石は新しく形成された岩石に下から押し上げられ、冷却すると海嶺からゆっくりと遠ざかっていくが、それぞれの岩石には当時の磁極が記録されているのである。

核実験禁止条約が遵守されているかどうかを確認する作業の副産物として、地震が起こる分布域とメカニズムが明らかになり、地殻変動に関する三つ目の重要な手がかりがつかめた。地下核実験を行なうと、地震で発生する地震波とは異なる地震波が生じることがわかったため、アメリカ政府は一九五〇年代から六〇年代にかけて、地震学に予算を大盤振る舞いした。そして、一九六三年に部分的核実験禁止条約が批准されたことで、条約の遵守を確認するために、地震波の監視と震源の特定作業を引き続き行なうことが非常に重要になった。地震計のネットワークが世界中に張りめぐらされ、震源地のリストが急速に蓄積されると、驚くべきパターンが浮かび上がってきた。ほとんどの地震は地表から数百キロ以内の地殻の最上層で起きていた。しかし、六六〇キロ以上の深部で発生する地震は説明がつかなかった。それくらいの深部になると、岩石は高温のために軟らかくなっているので、地震を引き起こすのに必要な剛体変形は起きない。しかし、調査方法が改良され、こうした並外れて震源の深い地震は、地球の内部へ沈み込む地殻の端の岩盤（スラブ）で起きていたことがわかった。

こうした互いに関係がないように見えた三つの観察結果が統合されると、海嶺の裂け目で地殻が生み出され、誕生した海洋地殻がゆっくりと海嶺の両側へと離れていき、海洋の縁にある沈み込み帯で大陸地殻の下に沈み込むという循環過程が明らかになった。海洋底の中央で新しい地殻が上ってきて、

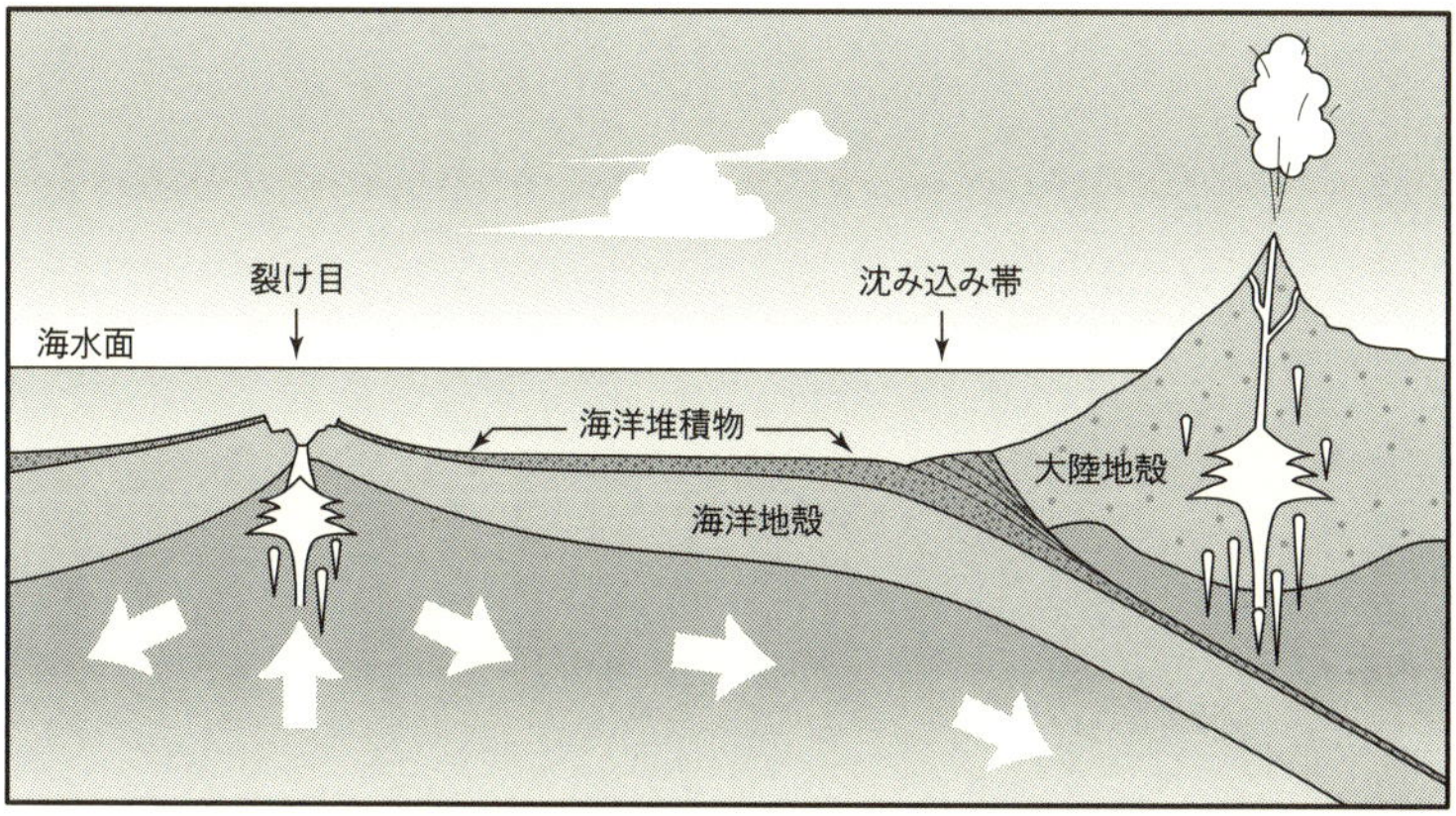

プレートテクトニクス理論による地球内部の循環の様子を示した模式図。中央海嶺の裂け目からマントルが湧きだして新しい海洋地殻が生まれ、それが両側に広がって行き、沈み込み帯（海溝）でマントル内部に再び沈み込む。海洋地殻が水平に移動するにつれ、大陸も移動する。（ヴェロニク・ロビゴーのイラストより）

海盆の縁にある深い海溝へと沈み込み、リサイクルされる。つまり、中央海嶺でできた地殻は次第に押しやられて、より密度の小さい軽い大陸に衝突すると、またマントルの中へと引き込まれていくのだ。プレート〔地球表層を形成する岩盤で、地殻とマントル最上部から成る。その厚さは一〇〇キロメートルほど〕は筏のように大陸もその上に載せて移動してゆき、地質時代という長い時間をかけて分裂と合体をくり返し、山脈を押し上げたりしながら、地球の表面を作り変えている。それまでは、大陸が移動することや、地震や火山帯、山脈が特定の場所に集中していること、異なる種類の岩石を含む山脈が形成される過程などは説明できない謎だった。プレートの移動によって地殻運動を説明する壮大な理論が打ち立てられたことで、大陸移動や山脈の形成過程の説明も、プレートが分裂や衝突、すれ違いを起こしている場所に地震や火山帯が集中している理由もすべて説明できるようになった。

洪水を起こした水の出所、洪水後の水の処理、化石が含まれている地層の順序、絶滅種が化石の大部分を占めることや、堆積岩の中に土壌や生物が掘った穴の痕が存在することなど、地球規模の洪水説には根本的に解消できない矛盾点が多々ある。一方、対照的に、プレートテクトニクス理論はさまざまな現象を驚くほど合理的に説明できる。たとえば、大西洋で隔てられたアフリカと南米がジグソーパズルのピースのようにぴったり組み合わさるように見えることも説明がつく。また、地形の地理的分布のみならず、世界各地の岩石層の順序や年代、種類の説明もできる。プレートテクトニクス理論はこれまで解けなかった自然界の謎の多くを一つの基本概念で鮮やかに説明し、地質学に革命的な変化をもたらした。

プレートテクトニクス理論が地球科学に革命を起こしていた一九七〇年代の初めに、英国のオープンユニヴァーシティ〔一九六九年に設立された通信制大学〕の科学技術史講師のジェームズ・ムーアは、「エヴァンジェリカル・クォータリー」誌で、独善的な神学が福音主義の思想に脅威を与えていると力説した。

科学者と神学者は共にキリスト教徒でありながら、歴史を顧みずに相手の考え方を非難していることが多い。聖書に記された明らかな真実に関わる大問題と見なしているものが、実はとうの昔に決着がついていたという場合がよくある。延々と反論したり、急ごしらえで論文を書き上げてみたところで、すでに結論が出ていることや明確に否定されたことの蒸し返しにすぎないのだが、それになかなか気づかないようだ。これは許しがたい行為だ。かつて信用をなくした先人がいたが、歴史意識をもたないかぎり、これからも同じ誤りを犯す可能性があるどころか、間違いなく

誤りをくり返すだろうと考えてみてほしかった。(9)

一七世紀の先人のように、現代の創造論者も想像力はとどまるところを知らない。ノアの洪水を字義通りに解釈し、地球規模の天変地異だったとする説の正当性を示すために、実にさまざまな説が持ち出されている。そうした説の中には、地球を覆っていた水蒸気の天蓋が崩壊した、地球の中心核から巨大な間欠泉が噴出した、世界中の海に小惑星が落下したなどという荒唐無稽なものもある。聖書を文字通り読むと、いくらでも独創的な解釈ができるようだ。

しかし、岩石では勝手な解釈はできない。天地創造博物館からの帰り道で、いっしょに行った同僚が道路脇の切通しの崖に三葉虫の化石が入った四億四〇〇〇万年前の石灰岩が露出していることに気づいた。この古大西洋の海底はオハイオ、ケンタッキー、インディアナの各州をまたいで何百キロメートルも露出している。この岩石層は、地球の表面をめちゃくちゃに破壊した大洪水で形成されたものでないことは明らかだ。堆積物が層を作りながら太古の海底に少しずつ降り積もり、ニューファンドランドからアラバマ州まで続く分厚い堆積層が形成されたのである。天地創造博物館は、そこで展示されている地球史に異議を唱える岩石の上に建っているのだ。この皮肉な事実は、地質学と創造論に介在する相容れない相違を如実に示している。

そうはいっても、観察の結果を解釈する理論的枠組がなければ、地質学者も岩石に記録されている地球の歴史を読み間違えることがあるかもしれない。プレートテクトニクス理論が登場して、地形や岩石の種類の地理的分布を明快に説明できるメカニズムがようやく判明したのだ。しかし、科学者と創造論者の違いは、科学者は証拠に照らして仮説を検証するが、創造論者は自分の信念にうまく合うかどうかで観察の結果を解釈することだ。したがって、創造論者たちに信念の数だけ自然観があっても不思議ではない。

13　信念の本質

科学と宗教の間に見られる、押し引きしたり堂々巡りするような歴史は、戦いというよりはダンスに近い。今の私には、両者の相互作用は、パートナー同士がときおりリードを入れ替わっては一歩先んじたり遅れをとったりし、不器用に相手の足を踏みつけることもある、平等でぎこちないワルツのように思える。科学も宗教も、世界を理解したいという人類に共通する強い願望を分かちもっている。ノアの洪水の場合のように、両者の間に見られる軋轢の大半は、現代の知識に照らして古代の説話をどのように解釈するかという問題をめぐって生じている。

ノアの洪水の物語から、私たちはこれ以上、何を学べるだろうか？　ノアの話を文字通りに解釈することはもうできないとしても、まだ学べることはある。科学者は新しいデータを解釈する際に柔軟性を失わないために、また、神学者は岩石が嘘をつくという信じがたい主張をしなければならない状況に逆戻りしないためにも、ノアの洪水の事例から、私たちは皆、立場を超えて学ばねばならない。

洪水伝承の歴史をたどる旅を通して、信仰や信念というものを二通りの見方で考察できることがわかった。信念には、(科学のように) 方法や過程を信じるものと、(科学理論や宗教的信条のように)特定の考えや見方、あるいは結論を信じるものがある。先入観を持たずに探求することで新たな知識が得られるという考え方に基づき、科学者は証拠を最優先に扱い、それに基づいて仮説や理論を組み立てる。科学者にとっては、理論に当てはまらない証拠は千金に値する。新しい発見や知識をもたらしてくれるものだからだ。反対に、証拠より先入観や信念を重視すると、世界に対する好奇心は押さえつけられ、新しい知識の吸収は妨げられる。「論より証拠」なのか、「証拠より論」なのか? この問いが、科学と宗教の境目にはいつもつきまとう。

地質学とキリスト教は何世紀にもわたって対立を続けてきたと一般に考えられているが、対立というより、共進化的な過程をたどったと捉えるべきだろう。地球史の地質学的解釈が一度きりの地球規模の大洪水説から脱皮し、それを否定する証拠が積み重なるにつれて、キリスト教徒は三通りの反応を示した。すなわち、聖書を権威のある書物と見なすのを断念する者、聖書の記述と科学的知見を調和させようとする者、聖書の権威を脅かすと思われる証拠は一切無視する者が現れたのだ。こうしたキリスト教徒の対応はそれぞれ、世俗的な近代主義《モダニズム》、主流のキリスト教の考え方、反動的なファンダメンタリズムに相当する。

私は地質学者として、大洪水の説話をどのように解釈するかという点に大いに興味をそそられる。数世紀にわたる論争や独創的な説明を葬り去るのではなく、人類に数多く伝わる洪水伝承は古代に起きたさまざまな自然災害を反映しているのだと、私たちの皆が認識できればよいと思う。津波、氷河ダムの決壊による洪水、メソポタミアや黒海盆地などの低地に起きた大洪水の地理的パターンは、世界各地に伝わる洪水伝承の内容や場所とよく一致するのだ。地質学と人類学の証拠を合わせて考えると、アフリカに洪水伝承が少ない理由、中国に伝わる洪水譚の内容が異なる理由、洪水伝承が中東、北欧、アメリカ、太平洋地域に広く分布している理由を合理的に説明できるように思われる。大洪水は各地にくり返し甚大な被害をもたらしたので、そこから人類最古の物語が生まれ、世代と文明さえ超えて伝えられ、伝説となったのだ。

毎朝、私は勤務先の地質学研究室へ行く途中で、廊下の壁に掛かっている磨き上げられた石板の脇を通るのだが、その石板はノアの洪水が地球史でたった一度きりの大災害だったという説を鮮やかに否定している。それは目にも鮮やかな石板で、一つの堆積岩の中に砂と色彩豊かな礫や玉石という別の堆積岩が含まれているのが見える。ステノが見つけた「固体の中に固体がある謎」のように、この礫岩は大規模な天変地異（あるいは地質学的循環）が地球史において少なくとも二回起きたことを物語っている。この石板の前に立てば、岩石がみずから地球の歴史を語りかけてくる。それを否定しないかぎり、若い地球説と一度だけの地球規模の洪水を標榜する創造論を受け入れることはできない。

創造論者は、地質学的記録は考古学や進化論に頼らねば解釈できないと主張しているが、それは誤りだ。考古学や進化論は地球史を解釈するうえで、補完的に制約条件を加える存在にすぎない。地質学的記録と化石記録は驚くほど一致している。そこで、両者はそれぞれ、同じ大規模な出来事を別々に記録したという事実を示していると単純に考えなければ、奇跡でも持ち出さないかぎり説明がつかないだろう。

「聖書はこのように読み解ける」と現在のわれわれが解釈するためには、先人たちが聖書を解釈してきた歴史を理解する必要がある。キリスト教徒が現代科学を非難するために聖書を利用するのは誤りだし、また、無神論者が「キリスト教徒は聖書の記述を文字通りに解釈すべきだと求められている」と考えるのも間違っている。しかし、科学と宗教の調和を図ろうとする者は、奇跡という難解な問題に直面せざるを得ない。このように真理の探究方法が異なるので、科学的知見と宗教的信条が相容れない場合には、両者は衝突し、対立することになる。創造論者は、天地創造に費やされた六日間とノアの洪水だけが地球史の記録のすべてだと考えている。そのため、プレートテクトニクス理論や、侵食作用による地形形成には長い時間を必要とするという認識など、現代地質学の重要な知見を受け入れる余地はまったく残されていない。

教会の歴史を通じて神学界の聖書注釈者たちは、ノアの洪水を解釈するために、聖書に記されていない自然界に関する情報をあまねく利用してきた。当然のことながら、誰もが自分に理解できる用語で世界を説明しようとした。そもそも、わけのわからない世界を望む者がいるだろうか？　世界に関する知見が蓄積されるにつれて、世界の形成に関わる説明も増えてきた。その中で、地形の作られ方に関する考え方も、キリスト教神学の発展と歩調を合わせるように変化した。最初は「世界はゆっくりと崩壊している」と信じられていたが、その後、ノアの洪水を説明するために、大規模な天変地異を引き起こす独創的な仕組みがさまざまに提唱されるようになり、それが世界をくり返し破壊する天変地異の循環説に取って代わられた。そして最後に、想像を絶するような悠久の時間が流れる中で世界はくり返し作り変えられるというプレートテクトニクス理論の登場により、惑星の陸地と大気と生命は互いに親密に結びつき、再生しているという現代的な考え方が生まれた。

宗教改革以前、神学者の多くは、一般大衆は聖書に書かれていることをそのまま事実として受け入れるべきだが、ヘブライ語やギリシャ語の原典を読むことができる有識者は行間を読み、より深い意味を見いだすべきだと考えていた。しかし、誰もが聖書を読み、自分なりの解釈をしてよいというプロテスタントの考え方が登場すると、解釈の多様化がもたらされた。ノアの洪水をめぐる神学的論争も、科学理論が合理的な説明を生み出すにつれて徐々に変化を遂げ、キリスト教徒は創世記を解釈し直して、地球は古く、絶えず変化していることを受け入れるようになった。世界を作り上げている岩石と論争しても勝ち目はないと認めるようになったのだ。

現代の創造論はキリスト教のもっとも新しい宗派に属するものだと言われると、今日のファンダメンタリストは驚くかもしれない。しかし、一九六〇年代に若い地球説を標榜する創造論が復活するまでは、ほとんどのファンダメンタリストは地質時代を創世記の冒頭に記されている内容に当てはめるために、断絶説か一日一時代説を認めていたのだ。

実際、ファンダメンタリズムの創始者たちは、科学か宗教かという二者択一は望まなかった。前者は自然界の仕組みに関する知識を増やして理解を深め、後者は私たちを道徳的・精神的に導いてくれる人生や文化、社会の指針の役割を果たすと考えていたからだ。したがって、ノアの洪水の解釈が分かれているのは、いまだに続いているキリスト教の真髄をめぐる戦いの一部とも見なせる。キリスト教は私たちが世界と自分たちの位置を理解し、現代を生き抜く力を与えてくれる宗教でいられるだろうか？　それとも、聖アウグスティヌスが危惧したように、理性との無意味な泥仕合にはまり込んでしまうのだろうか？　時が経てば明らかになるだろう。

現代人にとって、人間と環境との関係に加え、科学と宗教の関係もきわめて重要で難しい問題だ。当然のことながら、こうした問題は互いに結びついている。ここでも、ノアの洪水の教訓が活かせるだろう。おそらく、地球は太陽の周りを回っている居住可能な方舟だと考えるのが賢明なのだと思う。

ノアの洪水物語の今日的な意義は、それが先史時代に起きた特定の洪水をその通りに記述しているかどうかではなく、ノアたちのように、生きとし生けるものを保護する道義的責任が人類にはあるという時代を超えた教訓にある。

創世記の天地創造を文字通りに解釈するのは、その物語の価値を正当に評価することにならないと思う。斜め読みをしても、一日目から三日目までは、四日目から六日目までのお膳立てに費やされたことがわかる。一日目に光を創造したのは、四日目に太陽と月と星を創造する伏線である。二日目に水域と空を分けたのは、五日目に鳥や海の生き物を創造する下ごしらえだ。三日目に陸地を分けたのは、六日目に陸の生き物を創造する下準備だ。このように三という数字をくり返すのは、詩によく見られる古典的技法で、天地創造の物語が史実を記そうとしていたとは思えない。われわれの住む神秘と驚異に満ちた世界とそこに存在するすべてを神が創造したのだと伝えるために書かれた叙事詩という方がふさわしい。どのようにしてそれが創られたかは問題ではないのだ。創世記一章は青銅器時代の科学論文ではなく、古代の一神教信者に宛てた象徴的な論説と解釈した方が説得力があるし、今日でも意義があるだろう。

創世記を文字通りに解釈するのが難しいのは、その簡潔さのためである。天地創造は創世記の一章と二章に五六節で記され、ノアの洪水は六章〜八章にわたる六八節で記述されている。つまり、聖書は「ニューヨークタイムズ」紙の第一面と同じ行数で、四五億年の地球史を説明していることになる。これは、一〇億年にわずか二〇〜三〇行しか割り当てられていない勘定になるだけでなく、そのほとんどがアダムとノアとその一族の時代と生涯の記述で占められているので、地球史のくわしい説明を期待するのは所詮無理な話なのだ。

創世記を文字通りに単純に解釈している分には、簡潔なので明快だと考える向きもあるかもしれないが、神は一日目に光を創造した後、四日目まで太陽を創造していない。そうだとすると、太陽が作られるまで、昼間と夜はどこから来たのか？　昼間と夜がどこからも来なかったのなら、最初の三日間の長さはどうやって決めたのだろうか？　創世記を文字通りに解釈すると、魚はまったく言及されていないので、創造されなかったことになる。同様に、バクテリアやウイルス、昆虫や恐竜も創造されなかったはずだ。ということは、天地創造の後で進化したか、そうでなければ、創世記には地球史が網羅されていないことになるのではないか。このように疑問や他の解釈を許す余地があったので、創世記、特にノアの洪水について解釈の仕方を解説するという習慣が生まれ、歴史上長く続いたのだ。

アメリカ合衆国憲法というもう一つの有名な文書にも解釈の難しさが潜んでいるので、聖書を解釈する際の問題点に光明を投じてくれるかもしれない。合衆国憲法はさほど古くない時代に、わずか数千語の英語で書かれ、署名つきの原典が誰でも見られるように、ガラスのケースに入れて展示されている。それにもかかわらず、その意味をめぐって右派と左派の間で意見の一致が見られていない。一方、聖書は七五万語で書かれた書物のさまざまな版を部分的に寄せ集めたもので、文化を超えて受け継がれてきただけでなく、母音や単語間にスペースのない言語から数回にわたり翻訳されたのだ。聖書の正確な意味をめぐって現代の人が意見の一致を見ないのは驚くべきことだろうか？

私も地質学者の例に漏れず、ノアの洪水譚は古代の人が海の生物の化石が山頂の岩の中で見つかる謎を説明しようとしたおとぎ話だと考えていたが、今は、他の洪水伝承と同様に、真実に根ざした説話だと思うようになった。しかし、ノアの洪水は黒海の氾濫だったのか、それともセム人の故郷を破壊したメソポタミアの大洪水だったのか？　誰にもわからないが、私はノアの洪水が史実かどうかが確かに判明する日は来ないのではないかと思う。しかし、それは重要なことではないとも思っている。科学的発見によって、この世界と宇宙は古代メソポタミア人には想像もつかないほど壮大なものだということがわかってきた。いまだに彼らの目からこの世を見ようとするのは、宇宙の驚異を矮小化するものだろう。

自分を取り巻く世界をどのように解釈するかで、世界観は基本的に形作られる。ものの見方や考え方を決めてしまっていたら、自分の信念や考えの正しさを裏付けてくれる証拠に目が向かいがちだが、偏見や先入観を排して心を開いておけば、思いもしない発見に驚くかもしれない。私たち自身がどのような世界観を選ぶかが、気候変動から公立学校における理科教育のあり方まで、社会のきわめて重要な問題にますます大きな影響を及ぼすように思われる。自然をどのように解釈するか、また、周囲の世界から学び取れるものがあるとすればそれは何かということが問われているのだ。

地質学者は岩石や地形に記録された話を継ぎ合わせていくことで、太古の出来事を理解する。証拠と矛盾しない整合性のある仮説を打ち立てようとするのだ。試みの大半は水泡に帰してしまう。しかし、古い仮説を徹底的に検証して改良を重ねていくという過程のためには、大半の試みが潰えるのも不可欠である。そうは言うものの、新説や不愉快な説よりも、馴染みのある仮説の方が暖かい目で見られるので、科学界にも変化に抵抗する体質がないとは言えない。しかし、科学が宗教と大きく異なるのは、どんなに人気のある説でも、新しい証拠が出たら検証しなければならない点だ。

奇跡は客観的に検証することができないので、科学では意図して扱わないことにしている。シアトルの市民にシアトル名物のどんよりした曇り空を吹き払うことができないように、科学も神の行為や超常現象の解明に取り組むことはできないのだ。創造論者や知的設計論《インテリジエント・デザイン》の信奉者は、この科学的方法の根本的な限界に付け込んで、科学は神の存在を否定していると主張する。しかし、科学の力は、神の存在を否定も肯定もできないのだ。宇宙の物質的特性や属性、歴史などに関する知見がどんなに蓄積されても、宇宙が存在する理由やその属性をもつに至った過程を解き明かすことはできないだろう。この問題は推測、あるいは信念の域を出ることはないだろう。

しかしながら、科学と宗教を競合することのない別々の領域に整然と分けてしまうこともできない。科学的知見の中には特定の宗教的信条と相容れないものもあるからだ。宗教上の考えで検証可能なものは数少ないが、それでも反証できるものはある。たとえば、「われわれは宇宙の中心に位置する、六〇〇〇年前に誕生してノアの洪水ですべての地形ができた惑星に住んでいる」という世界観のような、かつては一般に広く信じられていた考えが誤りであることを科学は証明してきた。宗教と科学はそれぞれの言い分に固執したり、そのせいで墓穴を掘ったりしないかぎり、平和に共存できると思う。そのためには、人間に備わった最大の強味である理性に従い、先入観や偏見に囚われない考え方をすることが必要になる。

科学と宗教では真理を評価する方法が大きく異なるので、両者の間に多少の軋轢が生じることは避けられない。地質学とキリスト教が相互に影響を及ぼし合ってきた歴史は長いので、その間には、互いに強め合うこともあれば、衝突することもあった。ノアの洪水をめぐる事例からわかるように、聖書のどの部分を字義通りに受け取り、どの部分を比喩的に解釈するかによって、キリスト教の宗派ごとに教義が異なる。時が経つうちに、キリスト教の思想はさまざまな信念が乱立する状況に落ち着いたのだ。創造論者と過激な無神論者には共通する考えなどなさそうだが、神と科学は相容れないという信念だけは共有している。この両者は「科学と宗教の間には解消できない対立がある」という現代の考え方を支持し、喧伝しているが、ほとんどの人はこうした両極の中間的なところを信じている。

実際には、神と物質世界の関係に対する考え方（信念）は実にさまざまだ。一方の端には、人生に関与して助けてくれる人格をもった神を信じている人がいる。日常生活を見守り、コイン投げやサッカーの試合などの出来事の成り行きを好ましい方へ導いてくれる守護神を信じている人もいる。また、選挙や戦争のような重大な出来事や歴史の流れを決めるときだけ介入する戦略的な神の存在を信じる人もいる。そのほか、このような身近な存在の神ではなく、宇宙や世界を支配する法則の創造に関わる神を信じている人もいる。神の考え方のもう一方の端には、神は物事の成り行きを事前に指示し、計画したと信じている人や、神は壮大だが無計画に宇宙創造の実験を行なったと考えている人もいる。また、神は宇宙で何の役割も果たしていないと考えている人もいる。

宗教によって科学的な諸問題を満足に解決することはできないが、一方、科学的真理を受け入れても、道徳、人生の目的や意義を捨ててしまうことにはならない。科学が神の存在を肯定も否定もできないからといって、信仰は幻想だと言っているわけではない。ファンダメンタリストが宗教的な主張を科学と偽り、科学者が宗教を子供じみた迷信として取り合わないのでは、科学と宗教の関係について実りある議論をすることは期待できない。共通の敵は無知であると認識できれば、信仰と理性は敵視し合わないですむのだ。人類は解明されていない謎多き宇宙を恐れるべきだろうか？　それとも、単純な知的興味や挑戦なり、実利を得るためなり、神の心を見抜くためなり（どんな神を思い描いているかは人それぞれだが）、人により動機はさまざまだろうが、宇宙の謎や仕組みの解明に取り組むべきだろうか？

地質学者は、大陸が数十億年にわたって地球を移動している間にくり広げられた、生命の栄枯盛衰と地形の形成と再形成の壮大なドラマを明らかにした。さらに、過去に起きた大絶滅の謎や、現代よりも暑い時代や地球全体が氷に覆われた時代をもたらした気候変動の原因も解き明かされつつある。地球にもっとも近い惑星である火星に地質調査用の探査機を送り込む時代を迎えた今日でも、太陽系からはるか遠く離れた恒星を周回する新しい惑星がまだ発見される。そのうち、私たちの未熟な知性の想像をはるかに超える宇宙には、ほかにも生命が住める惑星があるとわかるときが訪れるかもしれない。

生命の起源と進化、悠久の地質時代、今日のような地形を作り上げた複雑な作用をめぐる科学的な話の方が、私が日曜学校で学んだ創世記に記された奇跡の物語よりも、畏怖や驚異の念を抱かせる。奇跡は好奇心や斬新な考えをかき立ててはくれない。地球は数千年前に誕生したという説を受け入れるなら、地質学や物理学、化学や生物学のもっとも基本的な知見を無にしなければならない。一方、宇宙の創造は進行中でまだ完成していないという考えと同様に、地質時代という概念からはまったく新しい創造譚が生まれる。さらに、進化を続ける複雑な世界は、われわれが理解するために心血を注ぐに値するものだろう。個人的には、全貌が明らかにされた世界よりは、探索や探究の余地が残っている世界の方が面白いと思う。

私たちはワクチンから宇宙旅行まで、科学がもたらしたさまざまな恩恵に浴しているが、宗教は科学技術の開発や利用に伴う社会的、道徳的、倫理的決断を下す際に役に立つこともある。もちろん、宗教が征服や支配、迫害に利用された事例も歴史には枚挙にいとまがないほど残っている。宗教を信仰していると声高に表明する人物が、必ずしも倫理的、道徳的な行動をするとは限らないし、一方、宗教がなければ倫理や道徳がまったく存在しなくなるものでもない。信仰と理性は、どちらも世界とわれわれの位置を見て理解するための道具ではあるが、使い方が異なるのだ。

岩石と地形を読み解き、悠久の地質時代を実感したときの感動は、信仰に匹敵すると私は思っている。いずれの場合にも、自分よりはるかに壮大なものや無限を味わうことができるからだ。しかし、真剣に真理を探求する者なら、ましてや地球の驚異に満ちた物語が誰の目にもわかるように岩石に記されている場合には、地質学的発見を否定できないはずだ。聖書の解釈をめぐる議論はこれからも延々と続くかもしれないが、岩石は過去の出来事をありのままに語っている。岩は嘘をつかない。

謝辞

今回も、自宅の食卓の上に何ヵ月もの間積み上げられた本の山に、妻のアンは愚痴一つこぼさず我慢してくれた。草稿に目を通してもらうのを配偶者に頼むのはよくあることだが、アンの助言や提案、洞察は通常以上の貴重なもので、そのおかげで各章ははるかに改善された。本書の編集を担当してくれたW・W・ノートン社のマリア・ガーナシェリには本書の構成に関して貴重な助言をいただくと共に、草稿に大幅に手を入れてもらった。本書を担当し、本作りに携わってくれたことを心より感謝申し上げる。また、その補佐のメラニー・トートロリには、焦点を絞り、簡潔で読みやすい形に直す手伝いをしてくれたことに改めてお礼申し上げる。ジャネット・バーンには入稿用の原稿整理をしてもらった。ハーヴェイ・グリーンバーグには素晴らしい地図を書いてもらった。ヴェロニク・ロビゴーには短時間で優れた模式図やスケッチを描いてもらった。アラン・ウィットションクにも美しいイラストを描いてもらった。この場を借りてお礼申し上げる。スーザン・ラズマッセンとジェシカ・クロムヒーケには資料を探し出してもらい、レイチェル・ウォールコットにはシッカーポイントを訪れる手配をしてもらった。マイク・サマーフィールドには蔵書を利用させていただいた。ルイス・オーウェンには天地創造博物館へ同行してもらった。シャーロット・シュライバー、ブレイク・エドガー、ロナルド・ナンバーズ、ロジャー・ワイン、アート・マッキャラには草稿に目を通してもらい、貴重なご意見をいただいた。レイ・トロールの『ロックス・ドント・ライ〔岩は嘘をつかない〕』という歌に、本書の書名の着想を得た。オリヴァー・コラプとスイス連邦研究所には、草稿の執筆のために長期滞在した折にお世話になった。この本を実現させてくれた出版エージェントのエリザベス・ウェールズには時宜を得た助言や励ましをいただいた。

バーナード・ハレットはヤルツァンポ川のモレーンダムの写真を快く本書に掲載させてくれた。アマンダ・ヘンク・シュミットは第1章で紹介した会話を翻訳してくれた。アラン・ギルスピー、アリソン・アンダース、ノア・フィネガンもチベットに伝わる洪水伝承の解明に尽力してくれた。この場を借りて、ワシントン大学の同僚の厚意や尽力に感謝申し上げる。雄大な景観の中で素晴らしい人たちといっしょに仕事ができることは、地質学の野外調査の醍醐味だ。

本書の執筆の際に参照にさせてもらった著作の著者の中でも、ノーマン・コーン（『ノアの大洪水』〔浜林正夫訳、大月書店〕）、アーサー・マッキャラ（『創造論者の論争』）、ロナルド・ナンバーズ（『創造論者』）、マーティン・ラドウィック（『時の限界を打ち破る』）、デイヴィス・ヤング（『ノアの洪水──聖書以外の証拠に対するキリスト教の反応に関する事例研究』）、ドロシー・ヴィタリアーノ（『地球の伝説──その地質学的起源』）にはとりわけ感謝申し上げる。本書に盛りだくさんの内容を収めるために、地質学的思想や神学的思想の変遷を何名かの代表的な人物の生涯に凝縮しなければならなかった。こうした重要な人物の影響力は無視できないが、往々にして進歩をもたらすのは、少しずつ進んでいく知見の蓄積なのだ。そのおかげで、各時代で問題を考えたり見解を生み出したりするうえで必要な知的背景が形成されるのである。読者にはお気に入りの歴史的人物を取り上げていないとお叱りを受けるかもしれないが、一般の読者を念頭に置いて、登場人物が増えて複雑にならないように執筆したことを理解して勘弁いただきたい。プレートテクトニクス理論を発展させた功労者については、その何人かを取り上げるのではなく、私たちの地球観を変えた人たちのつながりや相互の影響を重視した。

本書は一般の読者を対象にしているので、学術書に見られる伝統的な注釈形式を採らず、参考文献は巻末にまとめた。熱心な読者や懐疑的な読者、憤慨した読者の方はさらに詳細や資料、見解を参照されることをお勧めする。言うまでもないが、本書で取り上げた問題に関する資料の膨大さや意見の多様さから必然的に生じた脱落や不注意な誤りは私一人の責任である。最後に、グランドキャニオンを訪れた話には、少々脚色した部分もあることを認めておく。

訳者あとがき

本書は、西欧世界に大きな影響を与えてきたキリスト教の聖書を切り口にして、科学と宗教の関わりを記した地質学者の総説といえる。総説には、既知の知見をまとめて整理すると共に、そうした知見に基づき、新たな概念や研究の方向性などを示すという意義がある。本書では、地球の成り立ちを記した創世記の解釈をめぐりくり広げられた論争を通して、キリスト教徒と地質学者の世界観や地球観の変遷を紹介している。一方、「人間はなぜ宗教を求めるのか?」という問いは本書が扱う範囲外となるだろう。そのためには、神を求める人間の心理を探る必要があると思われるからだ。

ここで扱われているのは、科学と宗教は絶対に相容れない営みなのか? という大きな問いかけと、それに答えようとしてきた人々の大いなる歴史である。地形の形成にはたした洪水の役割や歴史、各民族や現代の福音派キリスト教徒の洪水観が主題になっているが、話題は多岐にわたっている。

読者は、著者と共に世界各地の名だたる地形を巡り、地層や地形を読み取る野外実習を体験する。

例えば、グランドキャニオンの谷底まで下りて行き、地質学的な説明を受けながら、一〇億年を超える地形の生い立ちを辿る。また、ヒマラヤ山中の深い峡谷に残る大洪水の痕跡やエベレストの頂上付近に見られる海底で堆積した地層に案内される。

その一方で、古代メソポタミアの記録やユダヤの歴史書、さらにアメリカ先住民や東南アジアの海洋民族に伝わる伝承や民話をひもとき、地形の形成を説明しようとした先人たちの試みも紹介される。とりわけ、西欧世界で地球の生い立ちや地形の形成過程をめぐって論争がくり返されてきたくだりには食傷気味になるが、最終章で地形の形成を不思議に思い、その謎を解き明かしたいという願望そのものが思想や科学を進歩・発展させてきた原動力だったこと、そして、キリスト教の教えである聖書もその産物に他ならないことが明らかにされる。著者は地形の形成過程を解き明かそうと試みてきた人類の数千年にわたる歩みを一冊の本に見事にまとめ上げている。

二〇一五年の正月明けに、ヨーロッパでは信者の減少により、閉鎖の危機に晒されているキリスト教会が多くなったという記事が目に入った。記事には、荘厳なステンドグラスの光の中で、スケートボードに乗る少年の写真が掲載されていた。少年たちがスケボーに興じていた場所はオランダの聖ヨゼフ教会で、信者が減少したために、教会の維持が困難になり、身売りをしたそうだ。キリスト教は千年以上の長きにわたり西欧世界に大きな影響を与えてきたが、二一世紀に入った現在、その伝統は大きく様変わりしようとしているのかもしれない。こういう時代に、本書が出版されるのは、宗教と科学という営みに思いをめぐらすためにまことに時宜を得ているといえよう。

本書は、こうした話題に興味を持つ一般の人を読者に想定している。そこで、あまり人口に膾炙《かいしゃ》していないと思われる専門的な用語には、〔 〕で訳者註を施した。また、重要と思われる人物で、年代の記載がない場合には、（　）で生没年代を入れた。人名や地名の発音は、できるだけ原語に近い表記を用いた。

古来、自然の出来事について思索することは自然哲学と呼ばれており、初期には神学や倫理学、哲学などの形而上学と現代的な意味での自然科学との区別はなかった。自然科学が細分化され、地質学や物理学、生物学などの諸分野が生まれたのは主にルネサンス以後、特に一九世紀以後のことである。本書でも、初期の思索家は自然哲学者とし、近代になってからは博物学者や地質学者などそれぞれの分野の名称を使うようにした。

また、専門的な用語で、類似した表現がいくつか登場するが、厳密な定義による区別がなされていると思われない場合は、わかりやすいように、代表的で最も守備範囲の広い用語を使った。例えば、「聖書は完全である」とする立場を表す用語には、「無誤性」と「無謬性」があるが、無誤性は、歴史・科学分野も含めて聖書が完全に正確であるとする立場を指し、無謬性は限定的な無誤性であり、教理や道徳の面では誤って導くことがないとする考えを表している。本書では、両者とも「無誤性」と翻訳した。

聖書の創世記（七章二節～三節、九節、一五節）には「ノアの方舟」に動物たちが乗る話が登場するが、その数が聖書間で異なる問題が本書で取り上げられている。たとえば、最古と考えられているヘブライ語聖書の英訳版には、神は清浄な獣と鳥を七つがい、それ以外は二つがい乗せるように命じ、箱舟に乗ったのはすべて二つがいだったと書かれている。また、日本語口語訳聖書でも、乗船した動物たちの数は同様に記されている。一方、もっとも新しいと考えられる英語の新国際版では、神は清浄な獣と鳥は七つがい、そうでない獣は一つがい乗せるようにと命じ、すべての生き物がつがい

（複数形）で乗ったと記されているが、つがいの数は明記されていない。ノアの箱舟の事例は、聖書の内容が解釈の仕方や時代につれて変遷する可能性のあることを示している。

原書の図の一部に誤りと思われる点があり、原典によって確認できた箇所は訂正したため、訳書では図の文字や説明文の一部が原書とは異なっていることをお断りしておく。

本書を翻訳することになったきっかけは、白揚社の編集担当の方からの依頼であった。訳者は鳥類や生態学が専門で、地質学も思想史も門外漢なので、たいそう躊躇したが、本書を日本の読者の方にも読んで欲しいという強い気持ちを編集担当の方がお持ちで、お手伝いのつもりでお引き受けした。しかし、実際に、いくつも訳語がある用語に当たると、どれを採用してよいのか、専門外の分野だと、適切な判断が下せず、編集担当の阿部明子氏には、関連資料の入手や訳語の選択など、さまざまな面でお世話になった。部分的には共訳者と言っても過言ではない。黒沢隆氏には、訳文を読んでいただき、日本語として流れがよくなるように助言をいただいた。また、白揚社の上原弘二氏には最終原稿を校正していただいた。この場をお借りしてお礼を申し上げたい。

黒沢令子

12　幻の大洪水

1. Whitcomb and Morris, 1961, 第6版への序文。
2. 同上. 118.
3. 同上. 214.
4. 同上. 124.
5. 創造論者によるこのような証拠のでたらめな扱いに関する詳細は、Numbers, 1992, 265-67, Mayor, 2005, 339-41を参照してほしい。
6. マタイによる福音書1章17節にはアブラハムからダビデまで14世代があったと述べているが、歴代誌上の1～2章では、13世代が挙げられている。
7. Young, 1977, 106.
8. Chamberlain, 1928, 87.
9. Moore, 1973, 141.

9　焼き直された物語

1. Allen, 1963, 43.
2. Paine, 1824, 90.
3. 欽定英訳聖書では、ユニコーンが9回登場する。ユニコーンはヘブライ語の「レエム」の訳語に由来するが、ギリシャ語聖書で「モノケロス（一角）」と訳され、それがラテン語聖書で「ウニコルニス」と訳されたのだ（民数記23章22節、24章8節、申命記33章17節、ヨブ記39章9節、39章10節、詩篇22章21節、29章6節、92章10節、イザヤ書34章7節）。現代ではほとんどの英語訳聖書で、「レエム」は「野牛」と訳されているが、非常に力が強く、気性の激しい動物という原典の記述がサイのことを言っているのか、オーロックスのことを表しているのか、よくわかっていない。ちなみに、オーロックスは絶滅してしまったが、家畜牛の野生の祖先種で、古代には横から見た姿に角が一本しか描かれていないことが多かった。
4. Zimmern, 1901, 60.
5. Ryle, 1892, ix.
6. 同上, 112–13.
7. Lenormant, 1883, 488.
8. Frazer, 1918, 335, 359.
9. Lewis, 2006, 30.
10. 同上, 31.
11. Huxley, 1893, 215.

10　楽園の恐竜

1. Numbers, 1982, 74.
2. Numbers, 1982, 540.
3. Schofield, 1917, 3.
4. Miller, 1922, 701, 702, 703.
5. 同上, 1922, 702.
6. Price, 1923, 280.
7. Numbers, 1982, 540.
8. Ramm, 1956, iii.
9. 同上, 32.
10. 同上, 177.

11　異端視された洪水

1. Bretz, 1978, 2.
2. Baker, 1978, 14.
3. Bretz, 1978, 1.

にしかならないマストドンの方は分布域が北米に限られていた。両種は歯にそれぞれ特徴があるので、歯から化石を識別できる。草原に暮らしていたマンモスは草をハサミのように切り取ることができるように、臼歯に細長い畝が付いていたが、森に住んでいたマストドンは葉や小枝、木の皮を押しつぶすことができるように、乳房状の突起がたくさんある臼歯を備えていた。
4. Cuvier, 1978, 15.
5. 同上 , 16.

6 時の試練
1. White, 1910, 215.
2. Playfair, 1805, 73.
3. Hutton, 1788, 304.
4. Kirwan, 1799, 105.
5. Playfair, 1802, 351, 401.
6. 同上 , 471, 472–473.

7 天変地異の地質学的証拠
1. Klaver, 1997, 19.
2. Cuvier, 1978, 171.
3. Buckland, 1820, 23–24.
4. 同上 , 20.
5. 同上 , 146.
6. Sedgwick, 1825, 35.
7. Buckland, 1837, vol.1, 22.
8. 同上 , 18.
9. 同上 , 35.
10. Klaver, 1997, 19.
11. 同上 , 25.
12. Lyell, 1833, 6.
13. 同上 , 270.
14. Wilson, 1972, 310.
15. Klaver, 1997, 49.
16. 同上 , 113.
17. Sedgwick, 1834, 313.

8 粘土板の断片に記された洪水伝承
1. Smith, 1876, 4.
2. 創世記 1 章 21 節。欽定英訳聖書では「クジラ（whales)」と翻訳されている。

でいるので、一筋縄ではいかない。たとえば、イギリスでは1865年に王立地理学会が、インド測量局長官で、初めてこの山を測量して標高と位置を記録したジョージ・エベレスト卿に因んで、「エベレスト」と名づけた。当時、この山は外国人の立ち入り禁止地域だったため、英国人は現地名を知らず、エベレスト卿は「ピークXV（P-15)」と呼んでいた。チベットでは古くから「チョモランマ」と呼ばれていた。ちなみに、チョモランマは「聖なる母」「聖母」「山々の母神」「大地の母神」などと訳されている。ネパール語の呼び名は「サガルマータ」で、直訳すると「空の頭」、つまり「天空の女神」という意味だ。一番新しい名前は中国名の「ジョモランマ」だが、チベット名の音声表記だ。

2. Origen, 1966, 288.
3. Augustine, 1982, 47–48.
4. White, 1910, 8.
5. Luther, 1960, vol.2, 65.
6. 同上, vol.2, 93.
7. White, 1910, 126.
8. Drake, 1957, 181.
9. 同上, 186.
10. White, 1910, 137.

4　廃墟と化した世界

1. Cutler, 2003, 59.
2. Burnet, 1684, 140.
3. 同上, 18.
4. 同上, a2.
5. Nicholson, 1997, 235.
6. Davies, 1969, 73.
7. Burnet, 1684, a.
8. Woodward, 1723, 105.
9. 同上, 105-6.
10. Cutler, 2003, 178.
11. Cohn, 1996, 135.
12. Keill, 1698, 26.
13. 同上, 58.
14. 同上, 151.

5　マンモスをめぐる大問題

1. Cohn, 1996, 88.
2. Levin, 1988, 762, 764.
3. マンモスは北アジアと北米の両方に生息していたが、成長しても体高3メートルほど

註

1　ヒマラヤの堰

1. 元素には、陽子は同数だが、中性子の数が異なる同位体がある。たとえば、炭素12の原子は陽子と中性子をそれぞれ6個ずつ持つが、炭素14の原子は陽子を6個と中性子を8個持っている。したがって、同位体は原子質量が異なるので、質量分析計を用いて、相対存在度を測定できる。
2. 創造論がアメリカの一般大衆に広く受け入れられていることを示す世論調査の結果が出ている。たとえば、2001年にアメリカ国立科学財団が行なった科学リテラシー（科学に関する基礎的な知識と理解）調査によると、人類が出現する前に恐竜が絶滅したことを知らないアメリカ人成人は半数以上に上る。また、2004年のABCニュースによる世論調査によると、半数以上のアメリカ人が、聖書に記された天地創造の話は「文字通り真実」で、ノアの洪水は地球規模だったと信じていると報じている。さらに、2005年の8月5～7日に行なわれたギャラップ世論調査によると、「創造論」が絶対正しい、あるいはおそらく正しいと考えているアメリカ人は半数を超える。

2　大峡谷

1. 米国地質学会と米国地球物理学連合の会長が国立公園局にその著作の販売中止を求め、公園の責任者は要請に応じる決定をしたが、その決定はワシントンの政治任命官に却下されてしまい、その本は特別に設けられた精神世界コーナーに移されることになった。その本は引き続き販売されており、国立科学教育センターの副センター長を務めるグレン・ブランチによると、エレーヌ・セヴィという公園局の広報担当者は「その本は好評を博しているので、店頭から引き上げたくない」（Branch, 2004）と釈明をしたそうだ。
2. 火成岩はマグマが冷えて形成される岩石で、地下で冷えたマグマは貫入岩、火山から噴出して冷え固まったものは噴出岩と呼ばれる。元からあった岩石に高温高圧がかかり、中に含まれている鉱物が別の鉱物に変化（変成）したり、変形したりすると、変成岩ができる。時には、鉱物は水飴のように柔らかくなり、石の内部に流れを示す渦巻き模様ができるものもある。

3　山中の骨

1. エベレスト山の名称や標高については異論がある。科学技術の進歩に伴い、測定の精度は向上しているが、山自体も隆起を続けている。1999年の5月にマルチレシーバーGPS（全地球測位システム）を用いて行なわれた測定の結果、以前の正式標高だった8848メートルが8850メートルに修正された。しかし、名称の方は文化の問題が絡ん

Van de Fliert, J. R. "Fundamentalism and the Fundamentals of Geology." *Journal of the American Scientific Affiliation* 21 (1969): 69–81.
Virgili, C. "Charles Lyell and Scientific Thinking in Geology." *Comptes Rendus Geoscience* 339 (2007): 572–84.
Vitaliano, D. B. "Geomythology." *Journal of the Folklore Institute* 5 (1968): 5–30.
——. *Legends of the Earth: Their Geological Origins*. Bloomington: Indiana University Press, 1973.
Waitt, R. B. "Case for Periodic, Colossal Jökulhlaups from Pleistocene Glacial Lake Missoula." *Geological Society of America Bulletin* 96 (1985): 1271–86.
Weber, C. G. "The Fatal Flaws of Flood Geology." *Creation/Evolution* 1 (1980): 24–37.
Wernicke, B. "The California River and Its Role in Carving Grand Canyon." *Geological Society of America Bulletin* 123 (2011): 1288–1316.
Whitcomb, J. C., and H. M. Morris. *The Genesis Flood: The Biblical Record and Its Scientific Implications*. Philadelphia: The Presbyterian & Reformed Publishing Company, 1961.
White, A. D. *A History of the Warfare of Science with Theology in Christendom*. New York: D. Appleton and Company, 1910.
Wilson, L. G. *Charles Lyell, The Years to 1841: The Revolution in Geology*. New Haven, CT: Yale University Press, 1972.
Woodward, J. *An Essay Towards a Natural History of the Earth and Terrestrial Bodyes, Especialy Minerals: As Also of the Sea, Rivers, and Springs. With an Account of the Universal Deluge: And of the Effects that it Had upon the Earth*. Printed for A. Bettesworth and W. Taylor in Pater-noster Row, R. Gosling at the Middle-Temple-Gate in Fleet-Street, and J. Clarke under the Royal-Exchange in Cornhill, 1723.
Woolley, L. "Stories of the Creation and the Flood." *Palestine Exploration Quarterly* 88 (1956): 14–21.
Yang, S.-H. "Radiocarbon Dating and American Evangelical Christians." *Perspectives on Science and Faith* 45 (1993): 229–40.
Yanko-Hombach, V., A. S. Gilbert, N. Panin, and P. M. Dulokhanov, eds. *The Black Sea Flood Question: Changes in Coastline, Climate and Human Settlement*. Berlin: Springer, 2007.
Young, D. A. *Creation and the Flood: An Alternative to Flood Geology and Theistic Evolution*. Grand Rapids, MI: Baker Book House, 1977.
——. "Scripture in the Hands of Geologists (Part One)." *Westminster Theological Journal* 49 (1987): 1–34.
——. *The Biblical Flood: A Case Study of the Church's Response to Extrabiblical Evidence*. Grand Rapids, MI: Wm. B. Eerdmans Publishing Company, 1995.
Young, D. A., and R. F. Stearley. *The Bible, Rocks and Time: Geological Evidence for the Age of the Earth*. Downers Grove, IL: InterVarsity Press, 2008.
Zimmern, H. *The Babylonian and The Hebrew Genesis*. Trans. H. Hutchison. London: David Nutt, 1901.

Chicago and London: University of Chicago Press, 2005.
Ryan, W., and W. Pitman. *Noah's Flood: The New Scientific Discoveries About the Event That Changed History*. New York: Simon & Schuster, 1998.（ライアン&ピットマン『ノアの洪水』戸田裕之訳、集英社）
Ryan, W. B. F., C. O. Major, G. Lericolais, and S. L. Goldstein. "Catastrophic Flooding of the Black Sea." *Annual Review of Earth and Planetary Science* 31 (2003): 525–54.
Ryle, H. E. *The Early Narratives of Genesis: A Brief Introduction to the Study of Genesis 1–11*. London and New York: Macmillan and Co., 1892.
Sakai, H., et al. "Geology of the Summit Limestone of Mount Qomolangma (Everest) and Cooling History of the Yellow Band under the Qomolangma Detachment." *The Island Arc* 14 (2005): 297–310.
Schneiderman, J. S., and W. D. Allmon. *For the Rock Record: Geologists on Intelligent Design*. Berkeley: University of California Press, 2009.
Schofield, C. I. *Reference Bible*. New York: Oxford University Press, 1917.
Schuchert, C. "The New Geology: A Text-Book for Colleges, Normal Schools and Training Schools; and for the General Reader by George McCready Price." *Science* 59 (1924): 486–87.
Sedgwick, A. "On Diluvial Formations." *Annals of Philosophy* 10 (1825): 18–37.
——. "Address to the Geological Society, delivered on the evening of the 18th of February 1831." *Proceedings of the Geological Society of London* 1 (1834) 281–316.
Smith, G. *The Chaldean Account of Genesis, Containing the Description of the Creation, the Fall of Man, the Deluge, the Tower of Babel, the Times of the Patriarchs, and Nimrod; Babylonian Fables, and Legends of the Gods; From the Cuneiform Inscriptions*. New York: Scribner, Armstrong & Co., 1876.
Smith, G. A. "Missoula Flood Dynamics and Magnitudes Inferred from Sedimentology of Slack-Water Deposits on the Columbia Plateau, Washington." *Geological Society of America Bulletin* 105 (1993): 77–100.
Stuiver, M., B. Kromer, B. Becker, and C. W. Ferguson. "Radiocarbon Age Calibration Back to 13,300 Years BP and the ^{14}C Age Matching of the German Oak and US Bristlecone Pine Chronologies." *Radiocarbon* 28 (1986): 969–79.
Thomson, K. *The Legacy of the Mastodon: The Golden Age of Fossils in America*. New Haven, CT: Yale University Press, 2008.
Tinkler, K. J. *A Short History of Geomorphology*. Totowa, NJ: Barnes & Noble Books, 1985.
Tolmachoff, I. P. "The Carcasses of the Mammoth and Rhinoceros Found in the Frozen Ground of Siberia." *Transactions of the American Philosophical Society* 23 (1929): 11–74.
Turney, C. S. M., and H. Brown. "Catastrophic Early Holocene Sea Level Rise, Human Migration and the Neolithic Transition in Europe." *Quaternary Science Reviews* 26 (2007): 2036–41.
Vail, T. *Grand Canyon: A Different View*. Green Forest, AR: Master Books, 2003.

Paine, T. *The Theological Works of Thomas Paine*. London: R. Carlile, 1824.
Parkinson, W. "Questioning 'Flood Geology.' " *Reports of the National Center for Science Education* 24, no. 1 (2004): 24–27.
Pennock, R. T. *Tower of Babel: The Evidence Against the New Creationism*. Cambridge, MA: MIT Press, 1999.
Pimm, S. L., G. J. Russell, J. L.Gittleman, and T. M. Brooks. "The Future of Biodiversity." *Science* 269 (1995) 347–50.
Plato. *Timaeus and Critias*, London: Penguin Books, 1977.（プラトン『ティマイオス・クリティアス（プラトン全集 12)』種山恭子ほか訳、岩波書店ほか）
Playfair, J. *Illustrations of the Huttonian Theory of the Earth*. London and Edinburgh: Cadell and Davies; William Creech, 1802.
——. "Biographical Account of the Late Dr. James Hutton, F.R.S. Edin." *Transactions of the Royal Society of Edinburgh* 5, part 3 (1805): 39–99.
Pleins, J. D. *When the Great Abyss Opened: Classic and Contemporary Readings of Noah's Flood*. Oxford and New York: Oxford University Press, 2003.
Price, G. M. *The New Geology: A Textbook for Colleges, Normal Schools, and Training Schools; and For the General Reader*. Mountain View, CA: Pacific Press Publishing Association, 1923.
Pognante, U., and P. Benna. "Metamorphic Zonation, Migmatization and Leucogranites along the Everest Transect of Eastern Nepal and Tibet: Record of an Exhumation History." In *Himalayan Tectonics*, ed. P. J. Treloar and M. P. Searle. Geological Society Special Publication 74, 323–40. London: The Geological Society, 1993.
Ramm, B. *The Christian View of Science and Scripture*. Grand Rapids, MI: Wm. B. Eerdmans Publishing Company, 1956.
Rappaport, R. "Geology and Orthodoxy: The Case of Noah's Flood in Eighteenth-Century Thought." *British Journal for the History of Science* 11 (1978): 1–18.
Ranney, W. *Carving Grand Canyon: Evidence, Theories, and Mystery*. Grand Canyon, CO: Grand Canyon Association, 2005.
Raup, D. M., and J. J. Sepkoski. "Mass Extinctions in the Marine Fossil Record." *Science* 215 (1982): 1501–3.
Repcheck, J. *The Man Who Found Time*. Cambridge, MA: Perseus, 2003.（レプチェック『ジェイムズ・ハットン　地球の年齢を発見した科学者』平野和子訳、春秋社）
Rosen, E. "Was Copernicus' Revolutions approved by the Pope?" *Journal of the History of Ideas* 36 (1975): 531–42.
Ross, D. A., E. T. Degens, and J. MacIlvaine. "Black Sea: Recent Sedimentary History." *Science* 170 (1970): 163–65.
Rudwick, M. J. S. "Charles Lyell Speaks in the Lecture Theatre." *British Journal of the History of Science* 9 (1976): 147–55.
——. *Bursting the Limits of Time: The Reconstruction of Geohistory in the Age of Revolution*.

Surface by Reference to Causes Now in Operation, vol. 3. London: John Murray, 1833.
Lyell, K. *Life, Letters and Journals of Sir Charles Lyell*. London: John Murray, 1881.
Mallowan, M. E. L. "Noah's Flood Reconsidered." *Iraq* 26 (1964): 62–82.
Marriott, A. L. "Beowulf in South Dakota." *New Yorker*, August 2, 1952, 46–51.
Mather, K. F., and S. L. Mason. *A Source Book in Geology*, 1400–1900. Cambridge, MA: Harvard University Press, 1970.
Mayor, A. *The First Fossil Hunters: Paleontology in Greek and Roman Times*, Princeton, NJ: Princeton University Press, 2000.
——. *Fossil Legends of the First Americans*. Princeton, NJ: Princeton University Press, 2005.
McAdoo, B. G., L. Dengler, G. Prasetya, and V. Titov. "Smong: How an Oral History Saved Thousands on Indonesia's Simeulue Island During the December 2004 and March 2005 Tsunamis." *Earthquake Spectra* 22 (2006): S661–69.
McCalla, A. *The Creationist Debate: The Encounter Between the Bible and the Historical Mind*. London and New York: T & T Clark International, 2006.
McCoy, F. W., and G. Heiken. "Tsunami Generated by the Late Bronze Age Eruption of Thera (Santorini), Greece." *Pure and Applied Geophysics* 157 (2000): 1227–56.
Miller, A. M. "The New Catastrophism and Its Defender." *Science* 55 (1922): 701–3.
Mitchell, S. G., and D. R. Montgomery. "Polygenetic Topography of the Washington Cascade Range." *American Journal of Science* 306 (2006): 736–68.
Montgomery, D. R., et al. "Evidence for Holocene Megafloods Down the Tsangpo River Gorge, Southeastern Tibet." *Quaternary Research* 62 (2004): 201–7.
Moore, J. R. "Charles Lyell and the Noachian Deluge." *Evangelical Quarterly* 45 (1973): 141–60.
Nicolson, M. H. *Mountain Gloom and Mountain Glory: The Development of the Aesthetics of the Infinite*. Seattle: University of Washington Press, 1997 (1959).（ニコルソン『暗い山と栄光の山』小黒和子訳、国書刊行会）
Numbers, R. L. "Creationism in 20th-Century America." *Science* 218 (1982): 538–44.
——. *The Creationists*. New York: Alfred A. Knopf, 1992.
Nunn, P. D. "On the Convergence of Myth and Reality: Examples from the Pacific Islands." *The Geographical Journal* 167 (2004): 125–38.
Olson, L., and H. L. Eddy. "Leonardo da Vinci: The First Soil Conservation Geologist." *Agricultural History* 17 (1943): 129–34.
Oreskes, N. *The Rejection of Continental Drift: Theory and Method in American Earth Science*. New York and Oxford: Oxford University Press, 1999.
Oreskes, N., ed. *Plate Tectonics: An Insider's History of the Modern Theory of the Earth*. Boulder and Oxford: Westview Press, 2001.
Origen. *On First Principles: Being Koetschau's Text of the De Principiis Translated into English, Together with an Introduction and Notes*. Trans. G. W. Butterworth. New York: Harper & Row, 1966.

Orogen." *Science* 258 (1992): 1466–70.
Huggett, R. *Cataclysms and Earth History: The Development of Diluvialism*. Oxford: Clarendon Press, 1989.
Hutton, J. "Theory of the Earth." *Royal Society of Edinburgh Transactions* 1 (1788): 209–304.
Huxley, T. H. *Science and Christian Tradition*, London: Macmillan, 1893.
Ilg, B. R., K. E. Karlstrom, D. P. Hawkins, and M. L. Williams. "Tectonic Evolution of Paleoproterozoic Rocks in the Grand Canyon: Insights into Middlecrustal processes." *Geological Society of America Bulletin* 108 (1996): 1149–66.
Jacobs, M. *Kalapuya Texts*. University of Washington Publications in Anthropology, vol. 11. Seattle: University of Washington, 1945.
Jahn, M. E. "Some Notes on Dr. Scheuchzer and on Homo *diluvii testis*." In *Toward a History of Geology*, ed. C. J. Schneer, 193–213. Cambridge and London: MIT Press, 1969.
Kaminski, M. A., et al. "Late Glacial to Holocene Benthic Foraminifera in the Marmara Sea: Implications for Black Sea-Mediterranean Sea Connections Following Last Deglaciation." *Marine Geology* 190 (2002): 165–202.
Karlstrom, K. E., et al. "Model for Tectonically Driven Incision of the Younger Than 6 Ma Grand Canyon." *Geology* 36 (2008): 835–38.
Karlstrom, K. E., et al. "^{40}Ar/^{39}AR and Field Studies of Quaternary Basalts in Grand Canyon and Model for Carving Grand Canyon: Quantifying the Interaction of River Incision and Normal Faulting across the Western Edge of the Colorado Plateau." *Geological Society of America Bulletin* 119 (2007): 1283–1312.
Keill, J. *An Examination of Dr. Burnet's Theory of the Earth, Together with some remarks on Mr. Whiston's New Theory of the Earth*. Printed at the Theater, Oxford, 1698.
Kirwan, R. *Geological Essays*. London: Printed by T. Bensley for D. Bremner, 1799.
Klaver, J. M. I. *Geology and Religious Sentiment: The Effect of Geological Discoveries on English Society and Literature Between 1829 and 1859*. Leiden, New York, and Köln: Brill, 1997.
Kulp, J. L. "Deluge Geology." *Journal of the American Scientific Affiliation* 2 (1950): 1–15.
——. "The Carbon 14 Method of Age Determination." *Scientific Monthly* 75 (1952): 2 59–67.
Lenormant, F. *The Beginnings of History*. New York: Scribner's, 1883.
Levin, D. "Giants in the Earth: Science and the Occult in Cotton Mather's Letters to the Royal Society." *The William and Mary Quarterly* 45, Third Series (1988): 751–70.
Lewis, M. E. *The Flood Myths of Early China*. Albany: State University of New York Press, 2006.
Ludwin, R. S., et al. "Dating the 1700 Cascadia Earthquake: Great Coastal Earthquakes in Native Stories." *Seismological Research Letters* 76 (2005): 140–48.
Luther, M. *Luther's Works, Volume 2, Lectures on Genesis*, chapters 6–14. Ed. J. Pilikan. St. Louis, MO: Concordia Publishing House, 1960.
Lyell, C. *Principles of Geology, Being an Attempt to Explain the Former Changes of the Earth's*

Cutler, A. *The Seashell on the Mountaintop*. New York: Dutton, 2003.（カトラー『なぜ貝の化石が山頂に？』鈴木豊雄訳、清流出版）
Cuvier, G. *Essay on the Theory of the Earth*. Ed. C. C. Albritton Jr., trans. R. Kerr. New York: Arno Press, 1978.
Dalley, S. *Myths from Mesopotamia: Creation, The Flood, Gilgamesh, and Others*. Rev. ed. Oxford: Oxford University Press, 2000.
Davies, G. L. *The Earth in Decay: A History of British Geomorphology 1578 to 1878*. New York: American Elsevier Publishing Company, Inc., 1969.
Degens, E. T., and D. A. Ross. "Chronology of the Black Sea Over the Last 25,000 Years." *Chemical Geology* 10 (1972): 1–16.
Desmond, A. J. "The Discovery of Marine Transgression and the Explanation of Fossils in Antiquity." *American Journal of Science* 275 (1975): 692–707.
Drake, S., trans. Letter to the Grand Duchess Christina (1615). In *Discoveries and Opinions of Galileo*, 175–216. Doubleday & Company, New York, 1957.
Dundes, A., ed. *The Flood Myth*. Berkeley: University of California Press, 1988.
Echo-Hawk, R. C. "Ancient History in the New World: Integrating Oral Traditions and the Archaeological Record in Deep Time." *American Antiquity* 65 (2000): 267–90.
Eells, M. "Traditions of the 'Deluge' among the Tribes of the North-West." *The American Antiquarian* 1 (1878): 70–72.
Fleming, J. "The Geological Deluge, as Interpreted by Baron Cuvier and Professor Buckland, Inconsistent with the Testimony of Moses and the Phenomena of Nature." *Edinburgh Philosophical Journal* 14 (1826): 205–39.
Frazer, J. G. *Folk-Lore in the Old Testament*. London: Macmillan and Co., 1918.（フレーザー『旧約聖書のフォークロア』江河徹ほか訳、太陽社）
García Martínez, F., and G. P. Luttikhuizen, eds. *Interpretations of the Flood*. Leiden, Boston, and Köln: Brill, 1998.
Gaster, T. H. *Myth, Legend, and Custom in the Old Testament*. New York: Harper & Row, 1969.
Gilbert, M. T. P., et al. "DNA from Pre-Clovis Human Coprolites in Oregon, North America." *Science* 320 (2008): 786–89.
Giosan, L., F. Filip, and S. Constatinescu. "Was the Black Sea Catastrophically Flooded in the Early Holocene?" *Quaternary Science Reviews* 28 (2009): 1–6.
Goodman, D. C., ed. *Science and Religious Belief, 1600–1900*. Dorchester, UK: The Open University Press, 1973.
Gupta, S., J. S. Collier, A. Palmer-Felgate, and G. Potter. "Catastrophic Flooding Origin of Shelf Valley Systems in the English Channel." *Nature* 448 (2007): 342–45.
Halley, E. "Some Considerations about the Cause of the Universal Deluge, Laid before the Royal Society, on the 12th of December 1694." *Philosophical Transactions of the Royal Society* 33 (1724): 118–23.
Hodges, K. V., et al. "Simultaneous Miocene Extension and Shortening in the Himalayan

National Aeronautics and Space Administration, 1978.
Brown, E. H., R. S. Babcock, M. D. Clark, and D. E. Livingston. "Geology of the Older Precambrian Rocks of the Grand Canyon: Part I. Petrology and Structure of the Vishnu Complex." *Precambrian Research* 8 (1979): 219–41.
Buckland, W. *Vindiciae Geologicae; or the Connexion of Geology with Religion Explained, in an Inaugural Lecture Delivered Before the University of Oxford, May 15, 1819, on the Endowment of a Readership in Geology by His Royal Highness the Prince Regent.* At the University Press for the author, Oxford, 1820.
——. *Reliquiae Diluvianae; or, Observations on the Organic Remains Contained in Caves, Fissures, and Diluvial Gravel, and on Other Geological Phenomena, Attesting the Action of an Universal Deluge.* London: John Murray, 1823.
——. *Geology and Mineralogy, Considered with Reference to Natural Theology.* Philadelphia: Carey, Lea and Blanchard, 1837.
Burnet, T. *The Theory of the Earth: Containing an Account of the Original of the Earth and of All the General Changes Which it Hath Already Undergone, or is to Undergo, Till the Consumation of All Things, The Two First Books Concerning the Deluge, and Concerning Paradise.* Printed by R. Norton, for Walter Kettilby, at the Bishops-Head in St. Paul's Church-Yard, 1684.
Calvin, J. *Commentaries on the First Book of Moses Called Genesis.* Trans. Rev. J. King, v. 1. Grand Rapids, MI: Wm. B. Eerdmans Publishing Company, 1948.
——. *Institutes of the Christian Religion.* Ed. J. T. McNeill, trans. F. L. Battles. Philadelphia: The Westminster Press, 1960.
Chamberlin, R. T. "Some of the Objections to Wegener's Theory." In *The Theory of Continental Drift: A Symposium on the Origin and Movement of Land Masses both Inter-Continental and Intra-Continental, as Proposed by Alfred Wegener*, 83–87. Tulsa, OK: The American Association of Petroleum Geologists, 1928.
Chorley, R. J., A. J. Dunne, and R. P. Beckinsale. *The History of the Study of Landforms or the Development of Geomorphology, Volume One: Geomorphology Before Davis.* London: Frome and Methuen & Co Ltd and John Wiley & Sons, Inc., 1964.
Clark, E. *Indian Legends of the Pacific Northwest.* Berkeley: University of California Press, 1953.（クラーク『アメリカ・インディアンの神話と伝説』山下欣一訳、岩崎美術社）
Clark, R. E. D. "The Black Sea and Noah's Flood." *Faith and Thought: Journal of the Transactions of the Victoria Institute* 100 (1972): 174–79.
Cohn, N. *Noah's Flood: The Genesis Story in Western Thought.* New Haven, CT: Yale University Press, 1996.（コーン『ノアの大洪水』浜林正夫訳、大月書店）
Colenso, J. W. *The Pentateuch and the Book of Joshua Critically Examined, Part IV.* London: Longman, Green, Longman, Roberts, & Green, 1864.
Cressman, L. S. et al. "Cultural Sequences at The Dalles, Oregon," *Transactions of the American Philosophical Society* 50 (1960): 1–108.

参考文献

Aksu, A. E., et al. "Persistent Holocene Outflow from the Black Sea to the Eastern Mediterranean Contradicts Noah's Flood Hypothesis." *GSA Today* 12, no. 5 (2002): 4–10.

Allen, D. C. *The Legend of Noah: Renaissance Rationalism in Art, Science, and Letters.* Urbana: University of Illinois Press, 1963.

Allen, J. E., M. Burns, and S. C. Sargent. *Cataclysms on the Columbia.* Portland, OR: Timber Press, 1986.

Anon. "The scientific meeting at York." *Chambers' Edinburgh Journal.* New Series, vol. 1, no. 47 (Nov. 23, 1844): 322–23.

Attridge, H. W., ed. *The Religion and Science Debate: Why Does It Continue?* New Haven, CT: Yale University Press, 2009.

Augustine. *The Literal Meaning of Genesis.* Trans. J. H. Taylor. New York: Newman Press, 1982.

Arnold, J. R., and W. F. Libby. "Age Determinations by Radiocarbon Content: Checks with Samples of Known Age." *Science* 110 (1949): 678–80.

Baker, V. R. "The Channeled Scabland: A Retrospective." *Annual Review of Earth and Planetary Sciences* 37 (2009): 393–411.

——. "The Spokane Flood Controversy." In *The Channeled Scabland: A Guide to the Geomorphology of the Columbia Basin, Washington*, edited by V. R. Baker and D. Nummedal, 3–15. Washington, DC: National Aeronautics and Space Administration, 1978.

Barber, E. W., and P. T. Barber. *When They Severed Earth from Sky: How the Human Mind Shapes Myth.* Princeton, NJ: Princeton University Press, 2004.

Berger, W. H. "On the Discovery of the Ice Age: Science and Myth." In *Myth and Geology*, edited by L. Piccardi and W. B. Masse, 271–78. Special Publication 273. London: Geological Society, 2007.

Branch, G. "Flood Geology in the Grand Canyon." *Reports of the National Center for Science Education* 24, no. 1 (January–February 2004).

Bretz, J. H. "The Spokane Flood Beyond the Channeled Scabland." *Journal of Geology* 33 (1925): 97–115, 236–59.

——. "Bars of Channeled Scabland." *Geological Society of America Bulletin* 39 (1928): 643–701.

——. Introduction to *The Channeled Scabland: A Guide to the Geomorphology of the Columbia Basin, Washington*, edited by V. R. Baker and D. Nummedal, 1–2. Washington, DC:

タ行

ナ行

ハ行

索引

ア行

カ行

デイヴィッド・R・モンゴメリー (David R. Montgomery)
ワシントン大学地球宇宙科学科教授。スタンフォード大学で理学士、カリフォルニア大学バークレー校で博士号取得。専門は地形学。地形とその発達過程が生態系と人間社会に及ぼす影響などについて研究。著書に『土の文明史』（築地書館）などがある。シアトル在住。妻と、盲導犬訓練に落ちこぼれた黒いラブラドール・レトリーバーと共に暮らす。

黒沢令子（くろさわ　れいこ）
鳥類生態学研究者、翻訳家。米国コネチカットカレッジで動物学修士、北海道大学で地球環境学博士を取得。現在は、NPO法人バードリサーチの研究員の傍ら、翻訳に携わる。主な訳書に『フィンチの嘴』（共訳、早川書房）、『鳥の起源と進化』（平凡社）、『極楽鳥全種』（日経ナショナル ジオグラフィック社）、『羽』（白揚社）などがある。

ISBN 978-4-8269-0180-2

岩《いわ》は嘘《うそ》をつかない

二〇一五年三月二〇日　第一版第一刷発行

著　者　デイヴィッド・R・モンゴメリー
訳　者　黒《くろ》沢《さわ》令《れい》子《こ》
発行者　中村幸慈
発行所　株式会社　白揚社　©2015 in Japan by Hakuyosha
〒101-0062　東京都千代田区神田駿河台1-7
電話03-5281-9772　振替00130-1-25400
装　幀　岩崎寿文
印刷・製本　中央精版印刷株式会社